职业院校教学用书（电子技术专业）

电梯控制及维护技术

朱坚儿　王为民　主编
袁建军　刘建芬　副主编
　　黄　志　主审

電子工業出版社

Publishing House of Electronics Industry

北京·BEIJING

内 容 简 介

本书从常见电梯电气控制系统的实际应用出发，全面系统地论述了各种电梯的工作原理、控制方式、主要线路、安装调试及电梯的常见故障及排除。全书共5章，第1章详细介绍了电梯电气控制系统的特点、组成、发展和分类，电梯电气控制系统的主要电气部件、主要环节、主要线路和系统；第2、3、4章分别介绍了继电器、PLC、微机等几种自动控制电梯的基本原理、控制功能；第5章主要介绍了电梯电气装置的安装和故障分析。

本书注重实际操作，强调应用，理论与实践操作融为一体，对电梯控制系统的设计研究、安装调试、维修具有指导意义。

本书可供电梯工程技术人员在设计、安装、调试、维护工作中阅读参考，也可作为各类院校电梯控制系统课程的专业教材。

未经许可，不得以任何方式复制或抄袭本书之部分或全部内容。
版权所有，侵权必究。

图书在版编目(CIP)数据

电梯控制及维护技术/朱坚儿,王为民主编. —北京：电子工业出版社,2011.2
职业院校教学用书. 电子技术专业
ISBN 978-7-121-12863-9

Ⅰ. ①电… Ⅱ. ①朱… ②王… Ⅲ. ①电梯–电气控制–专业学校–教材 ②电梯–维修–专业学校–教材 Ⅳ. ①TU857

中国版本图书馆 CIP 数据核字(2011)第014840号

策划编辑：白　楠
责任编辑：贾晓峰
印　　刷：北京七彩京通数码快印有限公司
装　　订：北京七彩京通数码快印有限公司
出版发行：电子工业出版社
　　　　　北京市海淀区万寿路173信箱　邮编100036
开　　本：787×1092　1/16　印张：16　字数：410千字
版　　次：2011年2月第1版
印　　次：2023年7月第10次印刷
定　　价：29.80元

凡所购买电子工业出版社图书有缺损问题，请向购买书店调换。若书店售缺，请与本社发行部联系，联系及邮购电话：(010)88254888,88258888。
质量投诉请发邮件至 zlts@phei.com.cn，盗版侵权举报请发邮件至 dbqq@phei.com.cn。
本书咨询联系方式：(010)88254592,bain@phei.com.cn。

前言

电梯作为一种很实用的交通工具，在高层建筑和公共场所中已经成为不可或缺的建筑设备，同时计算机技术和电力电子技术的发展，也使得现代电梯成为典型的机电一体化产品。

随着国民经济的发展，人民生活水平的提高，机场、商场、地铁等大型公共设施的建设及房地产市场的快速发展，人们对电梯的需求越来越大，我国已成为了全球电梯的制造中心和最大的电梯消费市场。

目前我国智能楼宇不断涌现，建筑电气自动化技术也迅猛发展，各种电梯控制系统已得到普遍应用和发展，对该领域专业人才的需求也越来越大。了解电梯控制系统的基本原理，掌握电气控制系统的分析方法，具有实际问题的分析和解决能力，是对该应用型专业技术人才的基本要求。而与之相对应的是对产品的设计、制造、机电一体化及产品的售后安装维保的要求提高。进入电梯行业特别是整机制造领域，对产品开发、设计、管理和安装维保人员的专业素质要求都较高，需要一定时间的技术积累，在很大程度上形成了进入该行业的技术壁垒和人才壁垒。

本书是各院校电梯电气设备安装与维修专业的一体化专业教材，全面系统地论述了现代电梯自动控制系统的电力拖动系统与自动控制系统，并根据我国电梯的发展过程详细分析了早期生产的继电器控制电梯、中期过渡生产的 PLC 控制电梯及现代生产的微机控制电梯的工作过程和检修方法，可作为从事电梯工作的工程技术人员的参考书和各院校电梯专业的专业课教材。

通过本书的学习，可使学生全面掌握各种现代电梯的自动控制工程过程，并能熟练地安装、维修各种电梯的电气设备，提高其独立分析和解决电梯电气设备故障的能力。

本书由朱坚儿、王为民任主编，袁建军、刘建芬任副主编，白云生、张国良参编，黄志任主审。

在编写本书的过程中，得到了广东省技师学院、天津市源峰科技发展有限责任公司、日立电梯（中国）有限公司、广州广日电梯厂的大力支持和帮助，并参阅了大量的相关资料，在此对相关人员表示衷心的感谢和敬意。

由于编者水平有限，书中难免有不妥之处，恳请有关专家和读者批评指正。

为了方便教师教学，本书还配有电子教学参考资料包，请有此需要的教师登录华信教育资源网（www.hxedu.com.cn）免费注册后再进行下载，遇到问题时请在网站留言或与电子工业出版社联系（E-mail：hxedu@phei.com.cn）。

目 录

第1章 电梯的电气控制系统 ... 1
1.1 电梯电气控制系统的特点、组成与发展 ... 1
1.1.1 电梯各种控制方式的特点 ... 1
1.1.2 电梯电气控制系统的组成与发展 ... 3
1.2 电梯电气控制系统的分类 ... 4
1.2.1 按控制方式分类 ... 4
1.2.2 按用途分类 ... 5
1.2.3 按拖动系统的类别和控制方式分类 ... 5
1.2.4 按管理方式分类 ... 6
1.3 几种常用电梯电气控制系统的电梯性能 ... 6
1.3.1 几种常用控制方式的单机运行电梯性能 ... 7
1.3.2 两台并联和多台群控电梯的性能 ... 8
1.3.3 选择性能 ... 8
1.4 电梯电气控制系统的主要电气部件 ... 8
1.4.1 电梯电气控制系统常用电气部件的文字符号 ... 8
1.4.2 电梯电气控制系统中的主要电气部件 ... 12
1.5 电梯自动控制系统中的主要环节 ... 22
1.5.1 各类电梯安全可靠运行的充分与必要条件 ... 22
1.5.2 电梯自动开、关门的控制环节 ... 22
1.5.3 电梯的方向控制环节 ... 25
1.5.4 发出制动减速信号的控制环节 ... 29
1.5.5 主驱动控制环节 ... 30
1.5.6 电梯的安全保护环节 ... 33
技能训练1 ... 37
1.6 电梯自动控制中的主要电路和系统 ... 37
1.6.1 电梯的内外召唤指令的登记与消除 ... 37
技能训练2 ... 40
1.6.2 电梯的信号指示系统 ... 41
技能训练3 ... 45
1.6.3 电梯的消防控制系统 ... 45
技能训练4 ... 48
1.6.4 电梯的群控系统 ... 48
技能训练5 ... 55
习题1 ... 56

第2章 继电器自动控制电梯 ... 57
2.1 KJX-A-Ⅱ交流集选控制电梯电路原理说明 ... 57

		2.1.1 交流集选电梯的自动控制系统	57
		2.1.2 自动（无司机）和司机操作工作状态的选择	72
		2.1.3 自动开关门	72
		2.1.4 电梯的启动、加速和满速运行	73
		2.1.5 电梯的停层、减速和平层	74
		2.1.6 电梯停站信号的发生及信号的登记和消除	74
		2.1.7 电梯行驶方向的保持和改变	75
		2.1.8 音响灯光信号及指示灯	76
		2.1.9 电梯的安全保护	77
		2.1.10 电梯的消防工作状态及其控制	77
		2.1.11 两台电梯并联时的工作原理说明	78
	技能训练 6		79
	2.2 DYN-2-1KS 交流调速电梯电气控制电路原理说明		80
		2.2.1 DYN-2-1KS 交流调速电梯的自动控制系统	80
		2.2.2 自动和维修工作状态的选择	99
		2.2.3 自动开、关门	99
		2.2.4 电梯的启动、加速和满速运行	100
		2.2.5 电梯减速和停层	101
		2.2.6 电梯停站信号的发生及信号的登记和消除	102
		2.2.7 电梯行驶方向的保持和改变	102
		2.2.8 灯光信号及指示灯	103
		2.2.9 电梯必需的安全保护	103
		2.2.10 附加环节——电梯的消防工作状态	105
	技能训练 7		105
	习题 2		106
第 3 章 PLC 自动控制电梯			107
	3.1 PLC 控制基本原理		107
		3.1.1 定义	107
		3.1.2 PLC 及其在电梯电气控制系统中应用的技术基础	107
		3.1.3 电梯 PLC 控制系统的基本结构	116
	技能训练 8		118
	3.2 交流双速 PLC 集选控制电梯		118
		3.2.1 PLC 控制系统基本结构	118
		3.2.2 系统工作原理	121
		3.2.3 控制程序	124
	技能训练 9		125
	3.3 交流变频调压调速 PLC 控制电梯		125
		3.3.1 交流变频调压调速 PLC 电梯的自动控制系统	125
		3.3.2 交流单速异步电动机安川变频器全闭环调频调压调速拖动、$v \leq 1.0$m/s 集选 PLC 控制电梯电路原理	127
	技能训练 10		134
	习题 3		135

第4章 微机自动控制电梯 ………………………………………………………… 136
4.1 微机控制基本原理 ………………………………………………………… 136
4.1.1 微机系统在电梯控制系统中的应用原理 ……………………………… 136
4.1.2 一位微机系统的附加控制功能 ………………………………………… 144
4.2 VVVF 变压变频微机控制电梯 …………………………………………… 145
4.2.1 VVVF 变压变频微机电梯的自动控制系统 …………………………… 145
4.2.2 有/无司机状态和自动检修状态的选择 ………………………………… 154
4.2.3 自动开关门 ……………………………………………………………… 155
4.2.4 电梯运行方向的产生、保持和有司机时的换向 ……………………… 155
4.2.5 电梯的启动、加速和满速运行及减速停车运行 ……………………… 155
4.2.6 单层和多层运行 ………………………………………………………… 156
4.2.7 电梯的安全保护和其他灯光信号指示等 ……………………………… 156
技能训练 11 ……………………………………………………………………… 157
4.3 现代 60-VF 变频调压电梯 ………………………………………………… 157
4.3.1 控制柜简介 ……………………………………………………………… 157
4.3.2 调试 ……………………………………………………………………… 162
4.3.3 工作原理 ………………………………………………………………… 168
4.3.4 逆变器故障显示码和故障排除 ………………………………………… 173
技能训练 12 ……………………………………………………………………… 174
习题 4 …………………………………………………………………………… 175

第5章 电梯电气装置的安装和故障分析 ………………………………………… 176
5.1 电梯电气装置的安装 ……………………………………………………… 176
5.1.1 机房电气装置安装 ……………………………………………………… 176
5.1.2 井道电气装置安装 ……………………………………………………… 177
5.1.3 轿厢电气装置安装 ……………………………………………………… 179
5.1.4 层站电气装置安装 ……………………………………………………… 181
5.1.5 电梯供电和控制电路安装 ……………………………………………… 181
技能训练 13 ……………………………………………………………………… 185
5.2 电梯的常见故障及排除 …………………………………………………… 186
5.2.1 电梯故障的类别 ………………………………………………………… 186
5.2.2 常用测量仪表与工具 …………………………………………………… 187
5.2.3 查找电气故障的方法 …………………………………………………… 192
5.2.4 电梯常见故障 …………………………………………………………… 195
5.2.5 故障的分析及逻辑排除 ………………………………………………… 204
技能训练 14 ……………………………………………………………………… 235
习题 5 …………………………………………………………………………… 237

附录 A 电梯电气安装作业人员考核大纲理论知识考试内容 …………………… 238
A.1 基本知识 …………………………………………………………………… 238
A.2 电梯专业与安全知识 ……………………………………………………… 238
A.2.1 电梯基本原理及整体构造 ……………………………………………… 238
A.2.2 安全规程 ………………………………………………………………… 239

  A.2.3 电气专业知识 ············ 239
  A.2.4 电梯电气安装 ············ 240
  A.2.5 电梯安装维修安全操作规程 ············ 240

附录 B 电梯电气安装实际操作技能考试内容 ············ 241
 B.1 电梯电气安装 ············ 241
 B.2 常用仪表的使用 ············ 241

附录 C 电梯电气维修作业人员理论知识考试内容 ············ 242
 C.1 电梯的构造 ············ 242
  C.1.1 电梯概述 ············ 242
  C.1.2 机房部分 ············ 242
  C.1.3 井道部分 ············ 242
  C.1.4 轿厢部分 ············ 243
  C.1.5 层站（厅站）部分 ············ 243
  C.1.6 电梯的安全装置 ············ 244
 C.2 电子基础 ············ 244
  C.2.1 整流与稳压电路 ············ 244
  C.2.2 电动机与电力拖动 ············ 244
  C.2.3 电梯用电动机的特点和机械特性 ············ 244
  C.2.4 变频器基本原理 ············ 245
 C.3 电梯的控制电路 ············ 245
 C.4 电梯安装维修安全操作规程 ············ 245

附录 D 电梯电气维修作业人员实际操作技能考试内容 ············ 246

参考文献 ············ 247

第1章 电梯的电气控制系统

1.1 电梯电气控制系统的特点、组成与发展

1.1.1 电梯各种控制方式的特点

电梯信号控制系统主要有继电器控制和计算机控制两种控制方式。由于计算机种类很多,根据计算机控制系统的组成方法及运行方式的不同,计算机控制又可分为 PLC 控制与微机控制两种方式。这些控制方式反映了电梯技术的不断发展,适用于不同层次的电梯设计、保养和维修,它们均具有各自的特点。

1. 继电器控制

目前我国国产在用电梯仍有部分为继电器控制方式。

(1) 继电器控制系统的优点。

① 所有控制功能及信号处理均由硬件实现,电路直观,易于理解和掌握,与一般技术人员和工人的现有技术水平相符。

② 系统的保养、维修及故障检查无需较高深的技术和特殊的工具、仪器。

③ 大部分电器均为常用控制电器,更换方便,价格较低。

④ 多年来我国一直生产这类电梯控制系统,技术成熟。已形成系列化产品,技术资料和图纸齐全,熟悉掌握的人员较多。

(2) 继电器控制系统的缺点。

① 系统触点繁多、电路复杂。如前面介绍的几种电梯信号控制系统,少则几十个,多则上百个继电器和接触器,另外还有选层器。这些有触点的电器,触点容易被烧坏磨损,造成接触不良,因而故障较多。

② 用普通控制电器及硬件接线方法难以实现较复杂的控制功能,使系统控制功能不易增加,技术水平难以提高。

③ 电器的电磁机构及触点动作速度较小,机械和电磁惯性大,系统控制精度难以提高。

④ 系统结构庞大,能耗较高,机械动作噪声大。

⑤ 由于电路复杂,易出故障,因而维修保养工作量大、费用高。而且检查故障困难,费时费工。

电梯继电器控制系统故障率高,这大大降低了电梯的运行可靠性和安全性,经常造成停梯,给乘用人员的生活和工作带来了不便和惊忧。一旦冲顶蹲底,不但会造成电梯机械部件

的损坏，还可能出现人身损伤事故，因而传统的电梯控制系统的更新换代势在必行。用计算机控制方式取代继电器控制方式是保证和提高电梯运行可靠性和安全性的唯一途径。

2. 计算机控制

随着微电子技术的发展，CPU 等芯片的性价比越来越高，功能更强。电梯的微机控制无论在整机产品方面，还是在在用电梯的改造方面均已得到越来越广泛的应用。

（1）计算机控制电梯主要表现在以下 4 个方面。

① 信号处理及运行过程自动控制。由软件完成呼梯信号登记、定向、关门、启动、运行、截梯、换速、平层、指层、消号、开门等一系列控制功能，同时还可实现按时间或预定程序决定其运行方式（如上班程序、住宅梯自动返回上基站、办公楼客梯自动返回下基站准备应召服务等）。

② 拖动系统的速度控制。计算机根据运行状态和控制要求选择在 EPROM 中所存储的不同速度给定曲线，并与速度反馈信号进行比较，通过运算采用数字调节，由程序控制电梯的启动、稳速运行、减速停车整个运行过程。最大限度地满足乘坐舒适性，提高其运行效率。

③ 梯群的管理、调度和控制。根据客流和各部电梯的运行状态，决定投入运行的电梯数量及电梯调配方式和运行程序，如实现分区运行等。

④ 电梯的运行监控和故障诊断。实时监控电梯各种运行状态，对电梯的故障和故障隐患发出警告和显示，并自动实施安全保护。

（2）电梯计算机控制的形式。

① 单微机控制。通常仅是信号控制系统由计算机控制，呼梯信号登记、定向、换速、平层、开关门控制等由程序实现，如迅达电梯公司的 MICONIC-B 控制系统即是单微机控制。

② 双微机控制。除信号控制采用计算机处理外，速度控制也由计算机进行数字调节。信号控制与速度控制分别采用两个 CPU 进行运算控制。

③ 三微机控制。除信号系统和调速系统由两个 CPU 控制外，还可用计算机对召唤指令的串行传输进行控制。例如三菱电梯公司的 VVVF 电梯具有完成控制与管理的 CC-CPU（8085）、进行驱动控制的 DR-CPU（8086）和实现召唤信号处理的 ST-CPU（8085）3 个中央处理器。

④ 多微机控制。除上述计算机控制外，还可使用微机对群梯调配进行控制；对呼梯信号采用串行传输，由 CPU 对各层呼梯指令进行处理。

（3）计算机控制的特点。

① 采用计算机控制，用软件实现对电梯运行的自动控制，将大部分有触点的电气控制改为无触点程序控制，电梯可靠性大大提高。

② 去掉了选层器及大部分继电器，控制系统结构简单，外部电路简化。

③ 可实现各种复杂的控制，方便地增加或改变控制功能。

④ 可进行故障自动检测与报警显示，提高了电梯运行的安全性，并且便于检修。

⑤ 用于群控调配和管理，可提高电梯的运行效率。

3. PLC 控制

PLC 是一种用于自动化控制的专用计算机，实质上属于计算机控制方式。但它具有与普通计算机控制不同的特点。

(1) PLC 控制与用微机控制一样，主要表现在以下几方面。

① 信号处理及运行过程自动控制。

② 梯群的控制、调度和管理。

③ 电梯的运行监控和故障诊断。

④ 新型 PLC 已具有 PID 运算、模拟量控制、位置控制等功能，拖动系统的速度控制处于研究开发阶段。

(2) PLC 控制电梯的方式。

① 通常以一台主机或再加扩展单元实现控制。

② 当两台以上电梯并联运行或群控时，才使用两台以上的主机。

(3) PLC 内部所使用的 CPU。

① 八位机。如三菱 F 系列为 8039 及 8049，东芝 EX 系列为 8051，立石 C 系列 P 型机为 HD63、BO3XP，C200H 为增强型八位机 MC68BO9CP。

② 十六位机。如 8096、8086、μ68000、增强型十六位机 V30MP70116 等。

PLC 与普通微机一样，以通用 CPU 作为字处理器，实现通道（字）的运算和数据存储，另外还有位处理器（布尔处理器）进行点（位）运算和控制。

(4) PLC 控制电梯具有前述计算机控制的 5 个优点（在此不再赘述）。

(5) PLC 还具有与普通计算机控制不同的明显特点。

① PLC 在设计和制造上采取了许多抗干扰措施，输入/输出均有光电隔离，能在较恶劣的环境下工作。因而可靠性更高，适合于安全性要求较高的电梯控制。

② PLC 将 CPU、存储器、I/O 接口等做成一体，使用方便，扩展容易。用户可根据控制要求直接进行电路设计和软件开发，设计、研制、安装周期短，便于现场调试，特别适用于在用电梯的技术改造。

③ PLC 使用梯形图和专用指令编程，沿用并发展了电气控制的概念和设计思想，对于熟悉电气控制的普通工程技术人员易于学习掌握，很适合于目前我国的国情。而研制计算机控制系统，要求技术人员较深入全面地掌握计算机软、硬件的结构和原理，这一点恰恰是当今我国电梯行业的一个弱项。

④ PLC 系统的成本与 I/O 点数（即层站数）成正比，目前的价格比自己开发的同类计算机控制系统略高。为了减少 PLC 的 I/O 点数，降低成本，可采用矩阵或编码输入、译码输出等方法，但这样会使电梯的可靠性和性能受到影响。

综上所述，电梯 PLC 控制系统功能强、可靠性高、寿命长、噪声低、能耗小、维护保养方便。目前已有不少采用 PLC 控制的电梯产品，如首都电梯厂的 PLCJT-90 型 PLC 控制交流调速电梯、广州南方电梯厂的 HT-A2W 及 HT2000-WAPM 系列电梯、西安电梯厂的 PLC/JXF 交流双速电梯、上海三菱电梯公司与天津市津翔电梯厂生产的多种类型 PLC 控制电梯等。由于前述的特点，PLC 控制更适合于在用电梯的技术改造和控制系统的更新换代。目前这项工作正在广泛深入地展开，PLC 控制技术已成为电梯行业的一个热点。

1.1.2 电梯电气控制系统的组成与发展

电气控制系统是电梯的两大系统之一。电气控制系统由控制柜、操纵箱、顶层灯箱、召唤箱、限位装置、换速平层装置、轿顶检修箱等十几个部件，以及曳引电动机、制动器线圈、开关门电动机及开关门调速开关、极限开关等几十个分散安装在电梯井道内、外和各相关电梯部件中的电气部件构成。

电梯电气控制系统与机械系统相比，变化范围较大。当一台电梯的类别、额定载重量和额定运行速度确定后，机械系统各零部件就基本确定了，而电气控制系统则有较大的选择范围，必须根据电梯的安装使用地点及乘载对象进行认真选择，这样才能最大限度地发挥电梯的使用效益。

电气控制系统决定着电梯的性能、自动化程度和运行可靠性。随着科学技术的发展和新技术引进工作的进一步开展，电气控制系统更新换代的步伐也正在加快。在国产电梯中，在中间逻辑控制方面，已淘汰继电器控制，采用 PLC 和微机控制；在拖动方面，除速度 $v \leq 0.63 m/s$ 的低速梯仍有部分产品采用交流双速电动机变极调速拖动外，对于速度 $v \geq 1.0 m/s$ 的电梯，均采用交流调压调速和交流调频调压调速拖动系统。

新电气控制系统和拖动系统的出现，不但改善了电梯的性能，而且提高了电梯的运行可靠性，使我国的电梯工业提高到一个新的水平，基本实现了乘用安全、可靠、舒适的目标。

1.2 电梯电气控制系统的分类

电梯电气控制系统的分类比较烦琐，一般可按下列方法进行分类。

1.2.1 按控制方式分类

（1）轿内手柄开关控制电梯的电气控制系统。由电梯司机控制轿内操纵箱的手柄开关，实现控制电梯运行的电气控制系统。

（2）轿内按钮开关控制电梯的电气控制系统。由电梯司机控制轿内操纵箱的按钮，实现控制电梯运行的电气控制系统。

（3）轿内、外按钮开关控制电梯的电气控制系统。由乘用人员自行控制厅门外召唤箱或轿内操纵箱的按钮，实现控制电梯运行的电气控制系统。

（4）轿外按钮开关控制电梯的电气控制系统。由使用人员控制厅门外操纵箱的按钮，实现控制电梯运行的电气控制系统。

（5）信号控制电梯的电气控制系统。将厅门外召唤箱发出的外指令信号、轿内操纵箱发出的内指令信号和其他专用信号等加以综合分析判断后，由电梯专职司机控制电梯运行的电气控制系统。

（6）集选控制电梯的电气控制系统。将厅门外召唤箱发出的外指令信号、轿内操纵箱发出的内指令信号和其他专用信号等加以综合分析判断后，由电梯司机或乘用人员控制电梯运行的电气控制系统。

（7）两台集选控制作为并联控制运行的电梯电气控制系统。两台电梯共用厅外的召唤信号，由专用微机或两台电梯 PLC 与并联运行控制微机通信联系，调配和确定两台电梯的启动、向上或向下运行的控制系统。

（8）群控电梯的电气控制系统。对集中排列的多台电梯，共用厅门外的召唤信号，由微机按规定顺序自动调配、确定其运行状态的电气控制系统。

1.2.2 按用途分类

按用途分类主要指按电梯的主要乘载任务分类。由于乘载对象的特点、对电梯乘坐的舒适感及平层准确度的要求不同,在一般情况下电气控制系统是有区别的。用这种方式分类有下列几种。

(1) 载货电梯、病床电梯的电气控制系统。这类电梯的提升高度一般比较小,运送任务不太多;对运行效率没有过高的要求,但对平层准确度的要求则比较高。按控制方式分类的轿内手柄开关控制电梯的电气控制系统、轿内按钮开关控制电梯的电气控制系统,以往都作为这类电梯的电气控制系统,但是随着科学技术的发展,货、病梯的自动化程度已经日益提高。

(2) 杂物电梯的电气控制系统。杂物电梯的额定载重量只有 100~200kg,运送对象主要是图书、饭菜等物品,其安全设施不够完善。国家有关标准规定,这类电梯不许乘人,因此控制电梯的上、下运行的操纵箱不能设置在轿厢内,只能在厅外控制电梯的上、下运行。按控制方式分类的轿外按钮开关控制电梯的电气控制系统,多作为这类电梯的电气控制系统。

(3) 乘客或病床电梯的电气控制系统。装在多层站,客流量大的宾馆、医院、饭店、写字楼和住宅楼里,作为人们上下楼交通运输设备的乘客或病床电梯,要求有比较大的运行速度和较高的自动化程度,以提高其运行工作效率。按控制方式分类的信号控制电梯电气控制系统、集选控制电梯电气控制系统、两台并联和三台以上群控电梯电气控制系统等都作为这类电梯的电气控制系统。

1.2.3 按拖动系统的类别和控制方式分类

按拖动系统的类别和控制方式分类主要有以下几种。

(1) 交流双速异步电动机变极调速拖动(以下简称交流双速)、轿内手柄开关控制电梯的电气控制系统。采用交流双速,控制方式为轿内手柄开关控制。适用于速度 $v \leqslant 0.63 \text{m/s}$ 的货、病梯的控制系统。

(2) 交流双速、轿内按钮开关控制电梯的电气控制系统。采用交流双速,控制方式为轿内按钮开关控制。适用于速度 $v \leqslant 0.63 \text{m/s}$ 的货、病梯的电气控制系统。

(3) 交流双速、轿内外按钮开关控制电梯的电气控制系统。采用交流双速,控制方式为轿内外按钮开关控制。适用于在客流量不大,速度 $v \leqslant 0.63 \text{m/s}$ 的建筑物里作为上下运送乘客或货物的客货梯电气控制系统。

(4) 交流双速、信号控制电梯的电气控制系统。采用交流双速,控制方式为信号控制,具有比较完善的性能。适用于速度 $v \leqslant 0.63 \text{m/s}$,层站不多,客流量不大且较均衡的一般宾馆、医院、住宅楼、饭店的乘客电梯电气控制系统(近年来已很少采用)。

(5) 交流双速、集选控制电梯的电气控制系统。采用交流双速,控制方式为集选控制,具有完善的工作性能。适用于速度 $v \leqslant 0.63 \text{m/s}$,层站不多,客流量变化较大的一般宾馆、医院、住宅楼、饭店、办公楼和写字楼的电梯电气控制系统。

(6) 交流调压调速拖动、集选控制电梯的电气控制系统。采用交流双速电动机作为曳引电动机,设有对曳引电动机进行调压调速的控制装置,控制方式为集选控制,具有完善的工作性能。适用于速度 $v \leqslant 1.6 \text{m/s}$,层站较多的宾馆、医院、写字楼、办公楼、住宅楼、饭店的电梯电气控制系统。

（7）直流电动机拖动、集选控制电梯的电气控制系统。采用直流电动机作为曳引电动机，设有对曳引电动机进行调压调速的控制装置，控制方式为集选控制，具有完善的工作性能。适用于多层站的高级宾馆、饭店的乘客电梯电气控制系统（我国从1987年后不再生产）。

（8）交流调频调压调速拖动、集选控制电梯电气控制系统。采用交流单绕组单速电动机作为曳引电动机，设有调频调压调速装置，控制方式为集选控制，具有完善的工作性能，适用各种速度和层站及各种使用场合的电梯电气控制系统。

（9）交流调频调压调速拖动、2～3台集选控制电梯作为并联运行的电梯电气控制系统。采用交流调频调压调速拖动、2～3台集选控制电梯并联运行，以减少2～3台电梯同时扑向一个指令信号而造成扑空的情况，进而提高电梯的工作效率，还可以省去1～2套外指令信号的控制和记忆装置。适用于宾馆、饭店、写字楼、医院、办公楼、住宅楼，层站比较多，速度 $v \geqslant 1.0 \text{m/s}$ 的电梯电气控制系统。

（10）群控电梯的电气控制系统。采用交流调频调压调速拖动，具有根据客运任务变化情况自动调配电梯运行状态的完善性能。适用于大型高级宾馆、饭店、写字楼内具有多个梯群的电气控制系统。

1.2.4 按管理方式分类

任何电梯不但应该有专职人员管理，而且应该有专职人员维修。按管理方式分类，主要指有无专人负责监管及忙时由专职司机去控制，闲时由乘用人员自行控制电梯的运行。按这种方式分类有下列几种。

（1）有专职司机控制的电梯电气控制系统。按控制方式分类的轿内手柄开关控制电梯电气控制系统、轿内按钮开关控制电梯电气控制系统和信号控制电梯电气控制系统，都是需要专职司机进行控制的电梯电气控制系统。

（2）无专职司机控制的电梯电气控制系统。按控制方式分类的轿内外按钮开关控制电梯电气控制系统、群控电梯电气控制系统和轿外按钮开关控制电梯电气控制系统，都是不需要专职司机进行控制的电梯电气控制系统。

（3）有（无）专职司机控制电梯的电气控制系统。按控制方式分类的集选控制电梯电气控制系统，就是有（无）专职司机控制电梯的电气控制系统。采用这种管理方式的电梯，轿内操纵箱上设置一个具有"有、无、检"三个工作状态的钥匙开关，司机可以根据乘载任务的多少，以及出现故障等情况，用专用钥匙扭动钥匙开关，使电梯分别置于有司机控制、无司机控制、故障检修控制三种状态下，以适应不同乘载任务和检修工作需要的电梯电气控制系统。

对于无专职司机控制的电梯，应有专人负责开放和关闭电梯，以及经常巡查监督乘用人员是否正确使用和爱护电梯，并做好日常维护保养等工作。

1.3 几种常用电梯电气控制系统的电梯性能

电梯的性能主要指电梯的自动化程度。电梯的自动化程度取决于电梯的控制方式。

1.3.1 几种常用控制方式的单机运行电梯性能

几种常用控制方式的电梯单机运行状态下的性能如表 1-1 所示。

表 1-1 几种常用控制方式的电梯在单机运行状态下的性能

1. 轿内手柄开关控制、自动平层、自动开关门电梯电气控制系统 （1）有专职司机控制。 （2）自动开关门。 （3）到达预定停靠的中间层站时，提前自动将额定快速运行切换为慢速运行，平层时自动停靠开门。 （4）到达两端站时，提前自动强迫电梯由额定快速运行切换为慢速运行，平层时自动停靠开门。 （5）厅外有召唤装置，而且召唤时：① 厅外有记忆指示灯信号；② 轿内有音响信号和召唤人员所在层站位置及要求前往方向记忆指示灯信号。 （6）厅外有电梯运行方向和所在位置指示灯信号。 （7）自动平层。 （8）召唤要求实现后，自动消除轿内外召唤位置和要求前往方向记忆指示灯信号。 （9）开电梯时，司机必须左或右扳动手柄开关，放开手柄开关有一定范围，需要在上平层传感器离开停靠站前一层站的平层隔磁板至准备停靠站的平层隔磁板之间放开手柄开关，手柄开关放开后，电梯仍以额定速度继续运行，到预定停靠层站时提前自动把快速运行切换为慢速运行，平层时自动停靠开门	2. 轿内按钮开关控制、自动平层、自动开关门电梯电气控制系统 （1）~（8）同第 1 款中的（1）~（8）。 （9）开电梯时，司机只须点按轿内操纵箱上与预定停靠楼层对应的指令按钮，电梯便能自动关门、启动、加速、额定满速运行，到预定停靠层站时提前自动将额定快速运行切换为慢速运行，平层时自动停靠开门
3. 轿内外按钮开关控制、自动平层、自动开关门电梯电气控制系统 （1）无专职司机控制。 （2）~（4）同第 1 款中的（2）~（4）。 （5）厅外有召唤装置，乘用人员点按装置的按钮时：① 装置上有记忆指示灯信号；② 电梯在本层时自动开门，不在本层时自行启动运行，到达本层站时提前自动将快速运行切换为慢速运行，平层时自动停靠开门。 （6）~（8）同第 1 款中的（6）~（8）。 （9）电梯到达召唤人员所在层站停靠开门，乘用人员进入轿厢后只须点按一下操纵箱上与预定停靠楼层对应的指令按钮，电梯便自动关门、启动、加速、额定速度运行，到预定停靠层站时提前自动将额定快速运行切换为慢速运行，平层时自动停靠开门。乘用人员离开轿厢 4~6s 后电梯自行关门，门关好后就地等待新的指令任务	4. 轿外按钮开关控制、自动平层、手动开关门电梯电气控制系统 （1）同第 3 款中的（1）。 （2）手动开关门。 （3）到达预定停靠的中间层站平层时自动停靠。 （4）到达两端站平层时强迫电梯停靠。 （5）厅外有控制电梯的操纵箱，使用人员通过该操纵箱召来电梯和送走电梯。 （6）同第 1 款中的（7）。 （7）使用人员使用电梯时通过厅外的操纵箱可以召来和送走电梯。 ① 若电梯不在本站，只须点按操纵箱上对应本楼层的指令按钮，电梯立即启动向本层站驶来，在本层停靠。 ② 若电梯在本层，只须点按操纵箱上对某层站的指令按钮，电梯便启动驶向某层站，在某层站平层停靠
5. 信号控制电梯的电气控制系统 （1）~（8）同第 1 款中的（1）~（8）。 （9）开电梯时司机可按乘客要求做多个指令登记，然后通过点按启动或关门启动按钮启动电梯，在预定停靠层站停靠开门，乘客出入轿厢后，仍通过点按启动按钮或关门启动按钮启动电梯，直到完成运行方向的最后一个内外指令任务为止。若相反方向有内、外指令信号，电梯将自动换向，司机通过点按启动按钮或关门启动按钮启动运行电梯。电梯运行前方出现顺向召唤信号时，电梯到达有顺向召唤指令信号的层站能提前自动将快速运行切换为慢速运行，平层时自动停靠开门。在特殊情况下，司机可通过操纵箱的直驶按钮，实现直驶	6. 集选控制电梯的电气控制系统 （1）有/无专职司机控制。 （2）~（8）同第 1 款中的（2）~（8）。 （9）在有司机状态下，司机控制程序和电梯性能与信号控制电梯相同。在无司机状态下除与轿内外按钮控制电梯相同外，还增加了轿内多指令登记和厅外顺向召唤指令信号截梯性能等

1.3.2 两台并联和多台群控电梯的性能

1. 两台并联运行电梯的性能

甲乙两台电梯并联控制运行时,其单机多为集选控制,这种控制方式的电梯并联运行时,如果两台电梯均在正常运行和自动(无司机)运行状态下,便投入并联运行状态,具体性能如下。

(1)甲乙两台电梯先后返回基站关门待命时,一旦出现外召唤信号,先返回基站的甲梯予以响应。

(2)甲梯向上行驶过程中,其下方出现上召唤信号时乙梯予以响应。

(3)甲梯在基站待命时,乙梯返回基站过程中顺向外召唤信号予以响应,上行外召唤信号和乙梯上方的外召唤信号甲梯予以响应。

(4)上述情况外的外召信号是否响应,由设计人员根据层站数和时间原则确定。

2. 群控电梯的性能

群控电梯的运行状态类似公共汽车,除具有并联电梯的性能外,还具有根据客流量大小调节发梯时间,确保乘客合理安排等待乘梯时间的性能。

1.3.3 选择性能

随着社会的发展及人们文化素质的提高,电梯工业也逐渐发展,电梯生产厂家为满足不同用户和不同使用场合的需要,常在各种标准电梯性能的基础上,提供部分可选择的性能,如防捣乱、独立服务、消防等功能,以满足各类电梯用户的需求。

其中常见的消防性能如下。

(1)在用电梯的控制系统一旦收到消防信号:

① 处于上行时立即就近停靠,但不开门立即返回基站停靠开门;

② 处于下行时,直驶基站停靠开门;

③ 处于基站以外停靠开门的电梯立即关门返回基站停靠开门;

④ 处于基站关门待命的电梯立即开门。

(2)返回基站或在基站开门后,电梯处于消防工作状态,在消防工作状态下,外召唤指令失效,电梯的关门启动运行和准备前往层站由消防员控制。

1.4 电梯电气控制系统的主要电气部件

1.4.1 电梯电气控制系统常用电气部件的文字符号

本书将沿用我国 20 世纪 80 年代中期以前各电梯生产厂家采用的文字符号,该符号目前仍有部分厂家在继续采用。国内各合资企业和外资企业的文字符号各不相同,今后国家是否有规范的电气部件文字符号,尚不清楚。

1. 确定和编写电气部件文字符号的原则

电气部件的文字符号是按照《电工设备文字符号编写通则》确定和编写的。

文字符号由数字序号、辅助符号、基本符号、附加符号 4 部分组成，其组成格式如下：

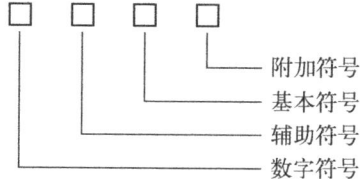

文字符号所用字母，除国际惯用基本符号外，均用汉语拼音，且均为大写印刷体，数字均用阿拉伯数字。

2. 电梯电气控制系统中常用电气部件的文字符号（如表 1-2 所示）

表 1-2　电气部件的文字符号

文字符号	名　　称	简　　称	文字符号	名　　称	简　　称
YZC	电动机主回路接触器	原主触	KMJ	开门控制继电器	开门继
XLC	星形连接接触器	星连触	GMJ	关门控制继电器	关门继
JLC	角形连接接触器	角连触	YSJ	运行时间继电器	运时继
LYC	晶闸管励磁装置电源接触器	励源触	ABJ	安全触板继电器	安板继
YC	电压接触器	压触	SJJ	司机操作继电器	司机继
YXC	运行接触器	运行触	SJJ_1	司机操作辅助继电器	司机继辅
SXC	向上运行接触器	上行触	JXJ	检修继电器	检修继辅
XXC	向下运行接触器	下行触	JXJ_1	检修辅助继电器	检修继辅
KC	快速接触器	快触	BMJ	厅外本层开门继电器	本门继
HKC	换接快速接触器	换快触	SFJ	向上方向继电器	上方继
MC	慢速接触器	慢触	XFJ	向下方向继电器	下方继
ZDC	制动接触器	制动触	TSJ	停站时间继电器	停时继
TYC	调压接触器	调压触	SXJ	向上运行继电器	上行继
KQC	开门启动发电机组接触器	开启触	XXJ	向下运行继电器	下行继
GTC	关门停闭发电机组接触器	关停触	SDJ	速度继电器	速度继
CSJ	超负荷时间继电器	超时继	SKJ	上行控制继电器	上控继
CFJ	超负荷继电器	超负继	CXJ	超载信号继电器	超信继
QSJ	启动关门时间继电器	启时继	SPJ	向上平层继电器	上平继
YXJ	运行继电器	运行继	IXPJ	向下平层继电器	下平继
MSJ	门联锁继电器	门锁继	KQJ	开门区域继电器	开区继
XBJ	消防准备继电器	消备继	ZJ	直驶专用继电器	直继
XTJ	消防状态继电器	消态继	FMJ	蜂鸣继电器	蜂鸣继
XJJ	消防员专用继电器	消专继	1~4SZJ	1~4 站向上召唤继电器	1~4 上召继
1CJ	1 层基站继电器	1 基继	2~5XZJ	2~5 站向下召唤继电器	2~5 下召继
FSJ	发电机组启动时间继电器	发时继	1~5NLJ	1~5 站轿内指令继电器	1~5 内令继
FQJ	发电机组启动继电器	发启继	DJJ	电动机激磁继电器	电激继
TKJ	停站控制继电器	停控继	TFJ	自动停闭发电机组时间继电器	停发继
DTJ	单层运行停站继电器	单停继	DLJ	最大电流继电器	电流继
TJ	停站继电器	停继	RJ	电动机热继电器	热继

续表

文字符号	名称	简称	文字符号	名称	简称
SHJ	向上换向继电器	上换继	KRJ	快速绕组热继电器	快热继
XHJ	向下换向继电器	下换继	MRJ	慢速绕组热继电器	慢热继
KJ	快速继电器	快继	YJ	电压继电器	压继
CZJ	超载继电器	超载继	XKJ	下行控制继电器	下控继
KCJ	开车继电器	开车继	DYJ	电平检测继电器	电压继
TLJ	停止溜车继电器	停留继	DBJ	倒向保护灵敏继电器	倒保继
QJ	启动继电器	启继	KYC	控制电源接触器	控源触
MYJ	满载延时继电器	满延继	DKJ	断相控制继电器	断控继
XJ	相序继电器	相继	DKC	断相控制接触器	断控触
SCJ	速度电平检测继电器	速测继	FCJ	方向保持继电器	方持继
1ZSJ	1级制动时间继电器	1制时继	FMK	蜂鸣器控制开关	蜂鸣开
2ZSJ	2级制动时间继电器	2制时继	GZK	后开关门控制开关	关制开
1~5THJ	1~5站停车换速继电器	1~5停换继	TA$_N$	轿内急停按钮	停按$_内$
1~5HFJ	1~5站换速辅助继电器	1~5换辅继	TA$_D$	轿顶急停按钮	停按$_顶$
SC	上行方向接触器	上触	ZA	直驶按钮	直按
XC	下行方向接触器	下触	1~5NLA	1~5站轿内指令按钮	1~5内指按
KJC	快速加速接触器	快加触	1~4SZA	1~4站上行召唤按钮	1~4上召按
1MJC	1次慢速加速接触器	1慢加触	2~5XZA	2~5站下行召唤按钮	2~5下召按
2MJC	2次慢速加速接触器	2慢加触	NSA	轿内上行操作按钮	内上按
3MJC	3次慢速加速接触器	3慢加触	NXA	轿内下行操作按钮	内下按
ZYJ	占用继电器	占用继	JLA	警铃按钮	警铃按
TYK	厅外开关门钥匙开关	厅钥开	KMA$_N$	轿内开门按钮	开门按$_内$
JTK	轿顶急停开关	轿停开	KMA$_D$	轿顶开门按钮	开门按$_顶$
ACK	安全窗开关	安窗开	GMA$_D$	轿顶关门按钮	关门按$_顶$
XSK	限速器开关	限速开	GMA$_N$	轿内关门按钮	关门按$_内$
DSK	限速器断绳开关	断绳开	1~4SZC	1~4站上行召唤触钮	1~4上召触
DZK	选层器钢带涨紧开关	带张开	2~5XZC	2~5站下行召唤触钮	2~5下召触
AQK	安全钳开关	安钳开	1~5NLC	1~5站轿内指令触钮	1~5内指触
DTK	底坑检修急停开关	坑停开	MSA$_N$	轿内慢上按钮	慢上按$_内$
SYK	司机转换钥匙开关	司钥开	MSA$_D$	轿顶慢上按钮	慢上按$_顶$
MZK	满载开关	满载开	MXA$_N$	轿内慢下按钮	慢下按$_内$
CZK	超载开关	超载开	MXA$_D$	轿顶慢下按钮	慢下按$_顶$
XFK	消防开关	消防开	DZ	电抗器	电抗
JSK	轿门锁电联开关	轿锁开	SPG	上平层干簧管传感器	上平感
1~5TSK	1~5站厅门电联锁开关	厅锁开	XPG	下平层干簧管传感器	下平感
1KMK	1级开门行程开关	1开门开	KQG	开门区域干簧管传感器	门区感
1GMK	1级关门行程开关	1关门开	1~n RD	(1~n) 个熔断器	(1~n) 熔断
2KMK	2级开门行程开关	2开门开	YB	控制电源变压器	源变
2GMK	2级关门行程开关	2关门开	ZLB	整流变压器	整流变
3GMK	3级关门行程开关	3关门开	ZLD	硒整流二极管	整流管
1~3SXK	1~3上行限位开关	1~3上限开	YZL	调压整流器	压整流
1~3XXK	1~3下行限位开关	1~3下限开	YD	原电动机（或）曳引电动机	原（曳）电
SK	手柄开关	手开	ZD	直流电动机	直电
1~5XHK	1~5站定向转换开关组	1~5向换开	ZF	直流发电机	直发
JHK$_D$	轿顶检修转换开关	检转开$_顶$	MD	自动门电动机	门电
JZK	轿内照明灯开关	轿照开	CSF	测速发电机	测速发
FSK	风扇开关	风扇开	YR	电压继电器经济电阻	

续表

文字符号	名　　称	简　称	文字符号	名　　称	简　称
KJK	底坑检修灯开关	坑检开	JR	制动器经济电阻	
DJK	轿顶检修灯开关	顶检开	FR	制动器放电电阻	
HK	机房检修转换开关	换开	1～5NLR	1～5站内指令消号电阻	
1～4DK	1～4活轿底联锁开关	1～4底开	1～4SZR	1～4站上召唤消号电阻	
CDK	测速发电机断带保护开关	测断开	2～5XZR	2～5站下召唤消号电阻	
ABK	安全触板开关	安板开	MDR	自动门电动机串接电阻	
FZK	负载开关	负载开	GMR	关门分路电阻	
ZZK	控制开关	控制开	KMR	开门分路电阻	
JZK$_N$	轿内照明灯开关	轿照开$_内$	FM	蜂鸣器	蜂鸣
JZK$_D$	轿顶照明灯开关	轿照开$_顶$	JL	警铃	警铃
MZK	电梯照明灯总闸刀开关	明总开	FS	风扇	风扇
ZWY	稳压电源	稳压源	JZD$_N$	轿内照明灯	轿照灯$_内$
TKR	停站控制继电器延时调整电阻		NLD	轿内指令信号灯	内令灯
TLR	停止溜车继电器延时调整电阻		JZD$_D$	轿顶照明灯	轿照灯$_顶$
KSR	快速加速时间继电器延时调整电阻		KJD	底坑检修灯	坑检灯
1～3MSR	1～3次慢速加速时间继电器延时调整电阻		CXD	超载信号灯	超载灯
TSR	停站时间继电器延时调整电阻		JJD	紧急照明灯	紧急灯
TSR1	停站时间辅助继电器延时调整电阻		1～5TCD	1～5站厅外楼层指示灯	1～5厅层灯
MYR	满载继电器延时调整电阻		1～5NCD	1～5站轿内楼层指示灯	1～5内层灯
CXR	超载信号继电器延时调整电阻		TSD	厅外上行方向灯	厅上灯
DJR	直流电动机励磁线圈调整电阻		TXD	厅外下行方向灯	厅下灯
FSR	发电机组启动继电器延时调整电阻		2～5XZD	2～5站下行召唤信号灯	2～5下召灯
CSR	超负荷继电器延时调整电阻		NSD	轿内上行方向灯	内上灯
ABR	安全触板继电器延时调整电阻		NXD	轿内下行方向灯	内下灯
QSR	启动关门时间继电器延时调整电阻		1～4SZD	1～4站上行召唤信号灯	1～4上召灯
CFR	测速机并接电阻		MDQ	自动门电动机励磁线圈	门电圈
TLC	停止溜车时间继电器延时调整电容		ZCQ	制动器电磁线圈	制磁圈
TSC	停站时间继电器延时调整电容		FJQ	发电机检修绕组线圈	发检圈
MYC	满载延时继电器延时调整电容		FXQ	发电机消磁线圈	发消圈
CXC	超载信号继电器延时调整电容		DJQ	直流电动机励磁线圈	电动圈
FQC	发动机组启动继电器延时调整电容		CDJ$_D$	指层灯静触点	层灯静$_点$
CSC	超负荷继电器延时调整电容		SFD$_D$	向上召唤复位动触点	上复动$_点$
ABC	安全触板继电器延时调整电容		SFJ$_D$	向上召唤复位静触点	上复静$_点$

续表

文字符号	名　称	简　称	文字符号	名　称	简　称
QSC	启动关门继电器延时调整电容		XFD_D	向下召唤复位动触点	下复动$_点$
YSC	运行辅助继电器延时调整电容		XFJ_D	向下召唤复位静触点	下复静$_点$
TKC	停站控制继电器延时调整电容		XMD_D	向下厅外本层开门动触点	下门动$_点$
2DCZ	2孔轿顶插座	2顶插座	XMJ_D	向下厅外本层开门静触点	下门静$_点$
3DCZ	3孔轿顶插座	3顶插座	SMD_D	向上厅外本层开门动触点	上门动$_点$
2KCZ	2孔底坑插座	2坑插座	SMJ_D	向上厅外本层开门静触点	上门静$_点$
XL	消防铃	消铃	XJD_D	消防专用动触点	消专动$_点$
TJ_D	停站静触点	停静$_点$	XJJ_D	消防专用静触点	消专静$_点$
LFD_D	指令复位动触点	令复动$_点$	SXD_D	上行消号动触点	上消动$_点$
LFJ_D	指令复位静触点	令复静$_点$	XXD_D	下行消号动触点	下消动$_点$
$1CD_D$	1层基站动触点	1基动$_点$	XBD_D	消防准备动触点	消备动$_点$
$1CJ_D$	1层基站静触点	1基静$_点$	XBJ_D	消防准备静触点	消备静$_点$
CDD_D	指层灯动触点	层灯动$_点$	TKD_D	厅外控制动触点	厅控动$_点$
XDD_D	下行单层动触点	下单动$_点$	TKJ_D	厅外控制静触点	厅控静$_点$
XDJ_D	下行单层静触点	下单静$_点$	SDD_D	上行单层动触点	上单动$_点$
STD_D	上行停站动触点	上停动$_点$	SDJ_D	上行单层静触点	上单静$_点$
XTD_D	下行停站动触点	下停动$_点$			

注：(1) 新标准 GB 7159—87 刚实施，各行各业没得及贯彻，暂时按 GB 315—64 处理。
　　(2) 图形符号已采用 GB 4728—85。

1.4.2　电梯电气控制系统中的主要电气部件

为了便于制造、安装、调试和维修，常把电气控制系统中几百至成千上万的电气部件组装在操纵箱、控制柜等部件内。但是，有些电气部件组装到各电气部件中后，反而会给制造、安装、调试、维修带来困难或不便，这时，则将这部分电气部件分散装到各相关电梯部件中。电气控制系统常用的主要电气部件如下。

1. 操纵箱

操纵箱一般位于轿厢内，是司机或乘用人员控制电梯上下运行的操作控制中心。

操纵箱装置的电气部件与电梯的控制方式、停站层数有关。按控制方式分的轿内按钮开关控制电梯操纵箱如图1-1所示。

操纵箱上装配的电气部件一般包括下列几种。发送轿内指令任务、命令电梯启动和停靠层站的元件，如轿内手柄控制电梯的手柄开关 SK；轿内按钮控制、轿内外按钮控制、信号和集选控制电梯的轿内指令按钮（1～n）NLA；控制电梯工作状态的手指开关或钥匙开关，KMK 或 SYK；控制开关 ZZK；急停按钮 TAN；短接（1～n）TSK 和 JSK 的应急按钮 JA；点动开关门按钮 KMAN 和 GMAN；轿内照明灯开关 JZKN、电风扇开关 FSK；蜂鸣器 FM；外召唤人员所在位置指示灯（N）SXD 和（N）XXD；厅外召唤人员要求前往方向信号灯 XZD 和 SZD 等。

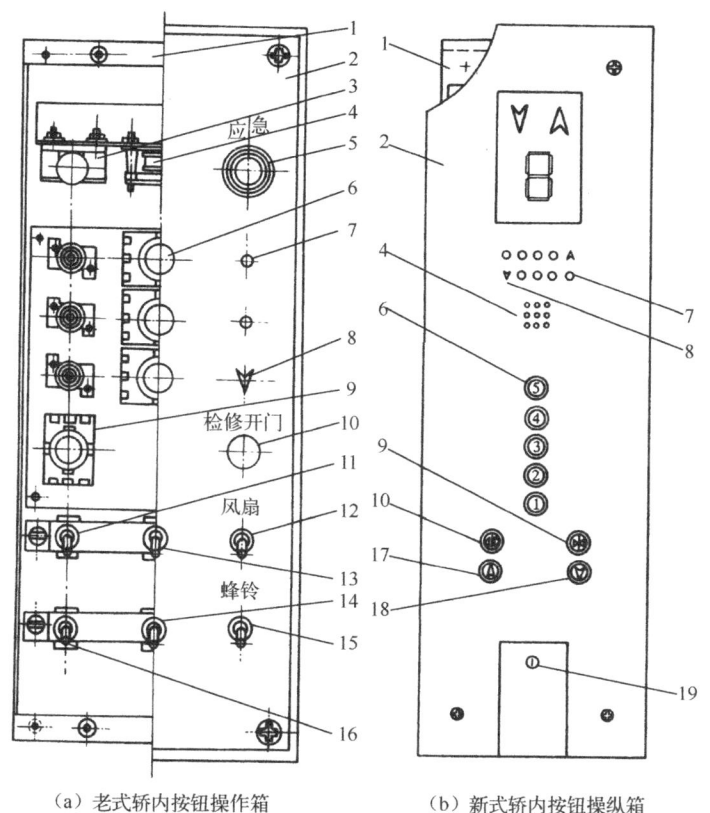

(a) 老式轿内按钮操作箱　　　　(b) 新式轿内按钮操纵箱

1—盒；2—面板；3—急停按钮；4—蜂鸣器；5—应急按钮；6—轿内指令按钮；7—外召唤下行位置灯；
8—外召唤下行箭头；9—关门按钮；10—开门按钮；11—照明开关；12—风扇开关；13—控制开关；
14—运、检转换开关；15—蜂鸣器控制开关；16—召唤信号控制开关；17—慢上按钮；18—慢下按钮；19—暗盒

图 1-1　轿内按钮操纵箱

但是近年来已出现操纵箱和指层灯箱合为一体的新型操纵指层箱，如图 1-1（b）所示。图 1-1（b）中暗盒内装设的元器件，一般不让乘用人员接触。

2. 指层灯箱

指层灯箱是给司机，轿内、外乘用人员提供电梯运行方向和所在位置指示灯信号的装置。

除杂物电梯外，一般电梯都在各停靠站的厅门上方设置有指层灯箱。但是，当电梯的轿厢门为封闭门，而且轿门上没有开设监视窗时，在轿厢内的轿门上方也必须设置指层灯箱。位于厅门上方的指层灯箱称厅外指层灯箱，位于轿门上方的指层灯箱称轿内指层灯箱。同一台电梯的厅外指层灯箱和轿内指层灯箱在结构上是完全一样的，如图 1-2 所示。近年来出现把指层灯箱合并到轿内操纵箱和厅外召唤箱中去的情况，而且采用数码显示，如图 1-1（b）和图 1-2（b）所示。

指层灯箱内装置的电气部件包括电梯上下运行方向灯 TSD 与 NSD 或 TXD 与 NXD、电梯所在层楼指示灯 (1~n) TCD 与 (1~n) NCD 等。

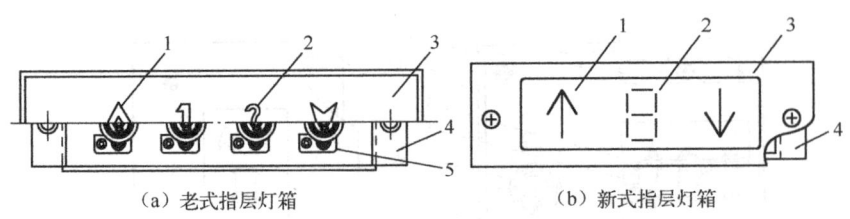

(a) 老式指层灯箱　　　　　　(b) 新式指层灯箱

1—上行箭头；2—层楼数；3—面板；4—盒；5—指示灯

图 1-2　指层灯箱

3. 召唤按钮（或触钮）箱

召唤按钮箱是设置在电梯停靠站厅门外侧，给厅外乘用人员提供召唤电梯的装置。

根据召唤按钮所处位置的不同，召唤按钮箱可分为位于上端站只装设一个下行召唤按钮（N）XZA 或位于下端站只装设一个上行召唤按钮 1SZA 的单钮召唤箱。但是在下端站又作为基站时，召唤箱上还需要加装一个厅外控制自动开关门的钥匙开关 TYK。位于中层站者，则是装设一个上行召唤按钮和一个下行召唤按钮的双钮召唤箱。老式单钮召唤箱如图 1-3（a）所示。

近年来又出现召唤和电梯位置及运行方向合为一体的新式单钮召唤箱，如图 1-3（b）所示。

4. 轿顶检修箱

轿顶检修箱位于轿厢顶上，以便于检修人员安全、可靠、方便地检修电梯。检修箱装设的电气部件一般包括控制电梯慢上、慢下的按钮 MSA_D 和 MXA_D，点动开关门按钮 KMA_D 和 GMA_D，急停按钮 TA_D，轿顶正常运行和检修运行检修转换开关 JHK_D，轿顶检修灯开关 JZK_D 等，如图 1-4 所示。

5. 换速平层装置（也称井道信息装置）

换速平层装置一般是低速或快速梯实现到达预定停靠站时，提前一定距离把快速运行切换为平层前慢速运行、平层时自动停靠的控制装置。

20 世纪 80 年代中期前采用的是永磁式干簧管传感器作为开关器件的换速平层装置，它由固定在桥架上的换速隔磁板和上、下平层传感器 SPG、XPG，以及固定在轿厢导轨上的换速传感器 （1~n）THG 和平层隔磁板构成，如图 1-5 所示。

装置中的换速传感器和平层传感器在结构上是相同的，均由塑料盒、永久磁铁、干簧管 3 部分组成。这种传感器相当于一个永磁式继电器，其结构和工作原理如图 1-6 所示。图 1-6（a）表示未放入永久磁铁时，干簧管由于没有受到外力的作用，其常开触点是断开的，常闭触点是闭合的。图 1-6（b）表示把永久磁铁放进传感器后，干簧管的常开触点闭合，常闭触点断开，这一情况相当于电磁继电器得电动作。图 1-6（c）表示把一块具有高导磁系数的铁板（隔磁板）放入永久磁铁和干簧管之间时，由于永久磁铁所产生的磁场被隔磁板旁路，干簧管的触点失去外力的作用，恢复到如图 1-6（a）的状态，这一情况相当于电磁继电器失电复位。根据干簧管传感器这一工作特性和电梯运行特点设计、制造出来的换速平层装置，利用固定在轿架或导轨上的传感器和隔磁板之间的相互配合作用，具有位置检测功能，用做各种控制方式的低速、快速电梯电气控制系统实现到达预定停靠站时提前一定距离换速、平层时停靠的自动控制装置。

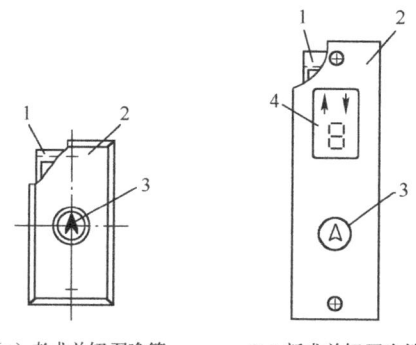

(a) 老式单钮召唤箱　　(b) 新式单钮召唤箱

1—盒；2—面板；3—辉光按钮；
4—位置、方向显示

图 1-3　单钮召唤箱

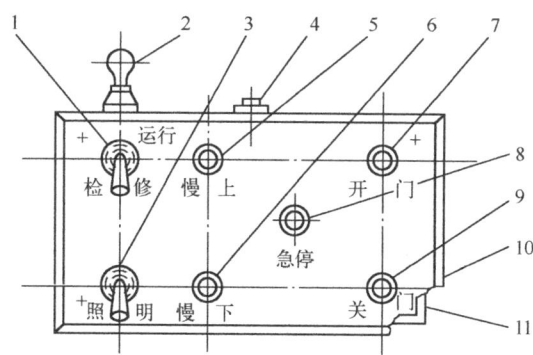

1—运行检修转换开关；2—检修照明灯；3—检修照明灯开关；
4—电源插座；5—慢上按钮；6—慢下按钮；7—开门按钮；
8—急停按钮；9—关门按钮；10—面板；11—盒

图 1-4　轿顶检修箱

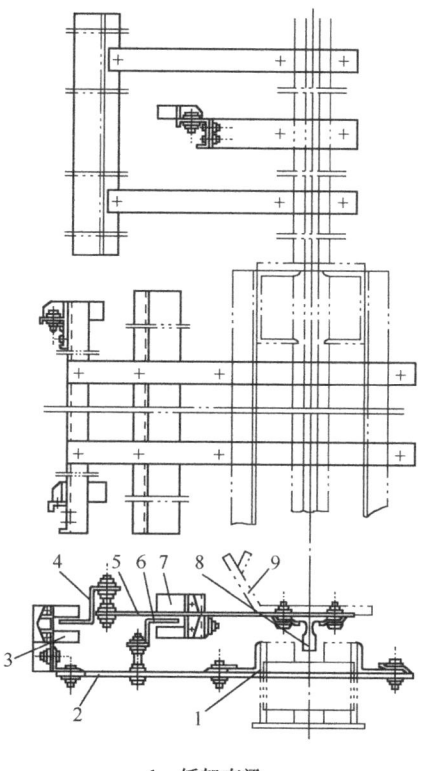

1—轿架直梁；
2—换速隔磁极及平层传感器固定架；
3—平层传感器；4—平层隔磁板；
5—平层隔磁板固定架；6—换速隔磁板；
7—换速传感器；8—轿厢导轨；9—撑架

图 1-5　干簧管传感器换速平层装置

提前换速点与停靠站楼面的距离与电梯额定运行速度有关，速度越大，距离越长。一般可按如表 1-3 所示的参数进行调整。

表 1-3　提前换速点与停靠站楼面的距离与电梯额定运行速度的关系

额定速度（m/s）	距离（mm）	额定速度（m/s）	距离（mm）
$v \leq 0.25$	$400 \leq S \leq 500$	$0.5 < v \leq 1.00$	$750 \leq S \leq 1800$
$0.25 < v \leq 0.5$	$500 \leq S \leq 750$	$1.0 < v \leq 2.00$	$1800 \leq S \leq 3500$

20 世纪 80 年代中期以来，国内的电梯生产厂家和电梯安装、维修企业，开始采用双稳态磁性开关（以下简称双稳态开关）作为电梯换速平层装置的器件。这种装置是由位于轿顶上的双稳态开关和位于井道的圆柱形磁铁（以下简称磁豆）构成的，如图 1-7 所示。双稳态开关的结构如图 1-8 所示。

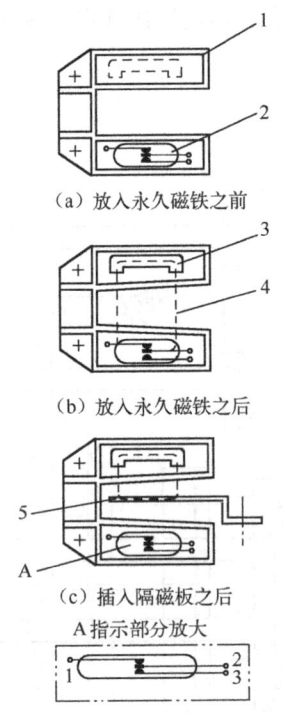

(a) 放入永久磁铁之前
(b) 放入永久磁铁之后
(c) 插入隔磁板之后
A指示部分放大

1—盒；2—干簧管；3—永久磁钢；
4—磁力线；5—隔磁板

图 1-6　干簧管传感器

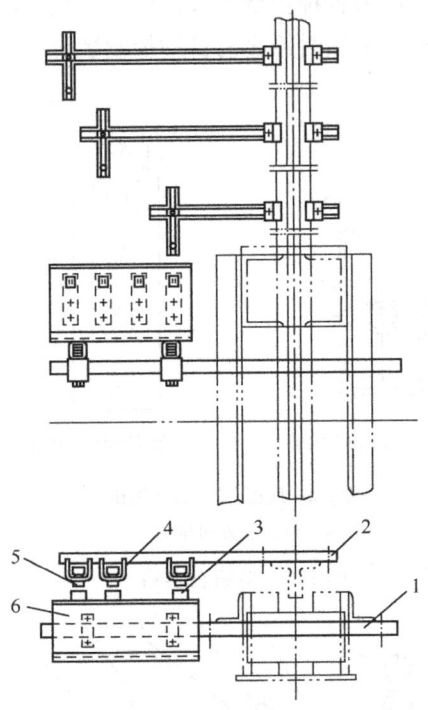

1—双稳态开关座板固定架；2—磁豆固定架；
3—双稳态开关；4—磁豆固定塑料架；
5—磁豆；6—双稳态开关座板

图 1-7　双稳态开关换速平层装置

比较图 1-5 和图 1-7 可知，图 1-5 所示在井道内安装的是干簧管传感器，因此必须把干簧管的引出线接到机房的控制柜；而图 1-7 所示则不必如此处理。

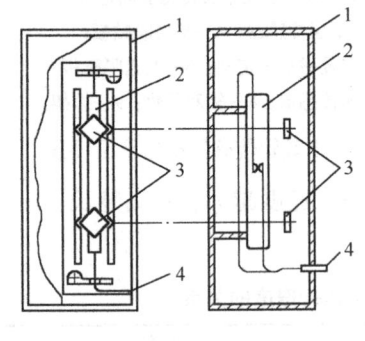

1—外壳；2—干簧管；
3—方块磁铁；4—引出线

图 1-8　双隐态开关的结构

比较图 1-6 和图 1-8 可知，图 1-6 的结构原理比较简单，当将隔磁板插入传感器的凹形口时，隔磁板旁路永久磁铁产生的磁场，干簧管的常闭触点接通，以此控制相关电路，而图 1-8 所示的结构原理比较复杂，其中两个方块磁铁的 N 极和 S 极构成一个闭合的磁场回路，它类似于两个电池顺向串接成的电路。两个方块磁铁产生的磁场力用于克服干簧管内触点的弹力，使干簧管触点维持在断开或闭合中的某一状态。只有电梯在上下运行中，当双稳态开关接近或路过磁豆时，磁豆 N 极和 S 极之间的磁场与两个方块磁铁构成的磁场叠加，才能使干簧管的触点翻转改变连接状态，以此控制相关电路。

两个方块磁铁的 N 极和 S 极所产生的磁场强度，与单个方块磁铁的磁场强度及两个方块磁铁的距离有关，如果产生的磁场强度太大，接近或路过磁豆时干簧管的触点状态不会改变，如果太小则不能使触点维持改变后的状态。因此双稳态开关对方块磁铁、干簧管、磁豆的安装位置及尺寸等的质量要求都是比较严格的。

实际使用过程中,当电梯向上运行时,双稳态开关接近或路过磁豆的 S 极时动作,接近或路过 N 极时复位;反之电梯向下运行时双稳态开关接近和路过磁豆的 N 极时动作,接近或路过 S 极时复位,以此输出电信号,实现控制电梯到站提前换速或平层停靠。双稳态开关与磁豆的距离应控制在 6mm 和 8mm 之间。

6. 限位开关装置

为了确保司机、乘用人员、电梯设备的安全,在电梯的上端站和下端站处,设置了限制电梯运行区域的装置,称为限位开关装置。在国产电梯产品中,限位开关装置分下列两种。

(1) 适用于低速梯的限位开关装置。这种装置由用角铁制成、长约 3m、固定在轿架上的开关打板和通过扁铁固定在导轨上的专用行程开关两部分组成,如图 1-9 所示。

除杂物电梯外,一般电梯产品的上端站和下端站均设置有两个限位开关。

上、下端站的第 1 限位开关 1SXK 和 1XXK,作为电梯到达端站楼面之前,提前一定距离强迫电梯将额定快速运行切换为平层停靠前慢速运行的装置。提前强迫换速点与端站楼面的距离与电梯额定运行速度有关,可按略大于换速传感器的换速点进行调整。

上、下端站第 2 限位开关 2SXK 和 2XXK,作为当第 1 限位开关失灵,或由于其他原因造成轿厢超越上、下端站楼面一定距离时,切断电梯上、下运行控制电路,强迫电梯立即停靠的装置。作用点与端站楼面的距离不得大于 100mm。

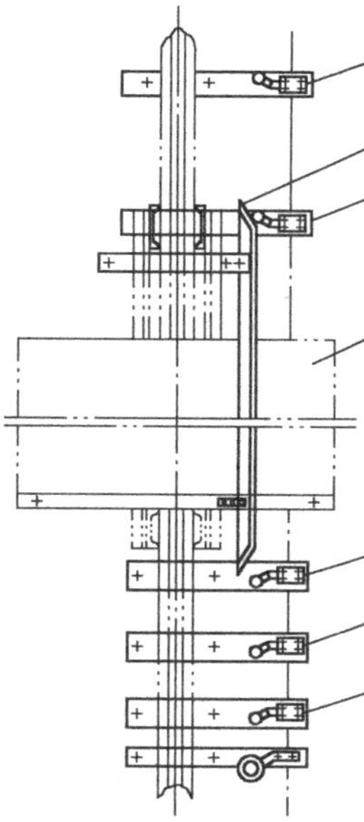

1—上行第 2 限位开关;2—开关打板;
3—上行第 1 限位开关;4—轿厢;
5—下行第 1 限位开关;
6—基站厅外开关门厅控制开关;
7—下行第 2 限位开关

图 1-9 限位开关装置

(2) 20 世纪 80 年代末以前用于直流快速梯和高速梯的端站强迫减速装置。这种装置包括两副用角铁制成、长约 5m、分别固定在轿厢导轨上、下端站处的打板,以及固定在轿厢顶上、具有多组动开触点的特制开关装置两部分。开关装置部分如图 1-10 所示。

电梯运行时,设置在轿顶上的开关装置随轿厢上下运行,达到上、下端站楼面之前,开关装置的橡皮滚轮左、右碰撞固定在轿厢导轨上的打板,橡皮滚轮通过传动机构分别推动预定触点组依次切断相应的控制电路,强迫电梯到达端站楼面之前提前减速,超越端站楼面一定距离时停靠。作用点与端站楼面的距离,可按限位装置和极限开关的相应参数调整。

7. 极限开关装置

极限开关是一种在 20 世纪 80 年代中期以前,用于交流双速电梯,作为当限位开关装置失灵,或因其他原因造成轿厢超过端站楼面 100~150mm 距离时,切断电梯主电源的安全装置,常用符号 JXK 表示。

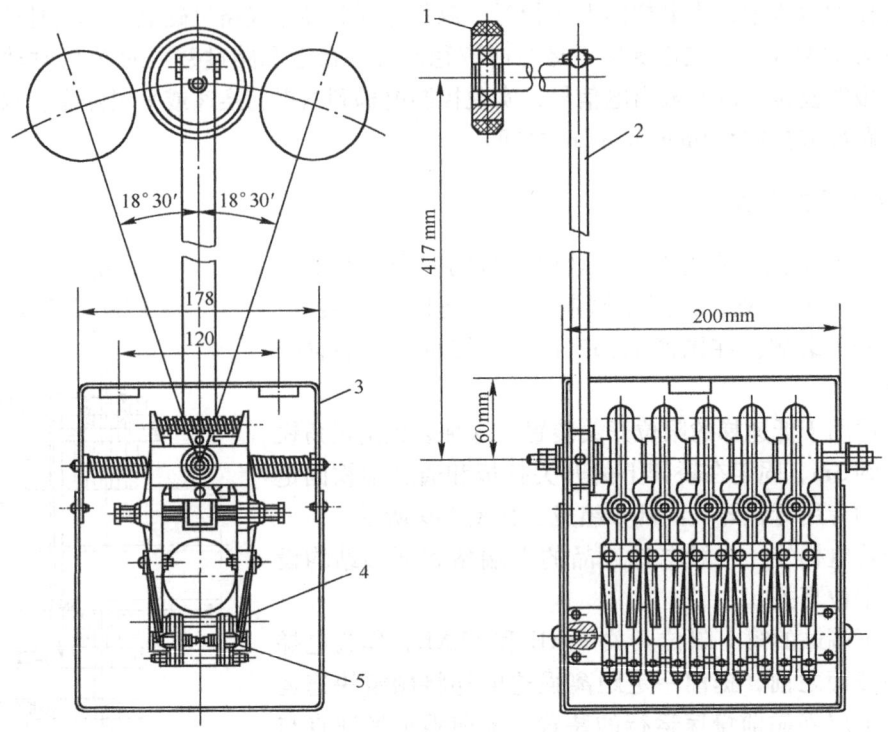

1—橡皮滚轮；2—连杆；3—盒；4—动触点；5—定触点

图 1-10　端站强迫减速开关装置

极限开关由位于机房经改制的铁壳开关、固定于轿厢导轨上的上下滚轮组、固定于轿厢架的打板（和限位开关装置合用一个打板）及连接铁壳开关和上、下滚轮组的钢丝绳构成，如图 1-11 所示。

电梯运行过程中，由于某种原因造成电梯轿厢超过端站楼面，达到极限开关的作用点时，位于轿厢架的打板碰撞上滚轮组或下滚轮组，上、下滚轮组通过钢丝绳强行打开铁壳开关，切断电梯的总电源，强迫电梯立即停靠。

由于这种装置的结构较复杂，开关的故障率较高，20 世纪 80 年代中期以后，国内不少电梯生产厂家采用如图 1-9 所示的形式，在井道两端站各装一个限位开关，由限位开关打板碰压，由限位开关控制一个接触器，由接触器切断电梯总电源的方法取代极限开关装置。

8. 选层器

选层器设置在机房或隔音层内，是模拟电梯运行状态，向电气控制系统发出相应电信号的装置。

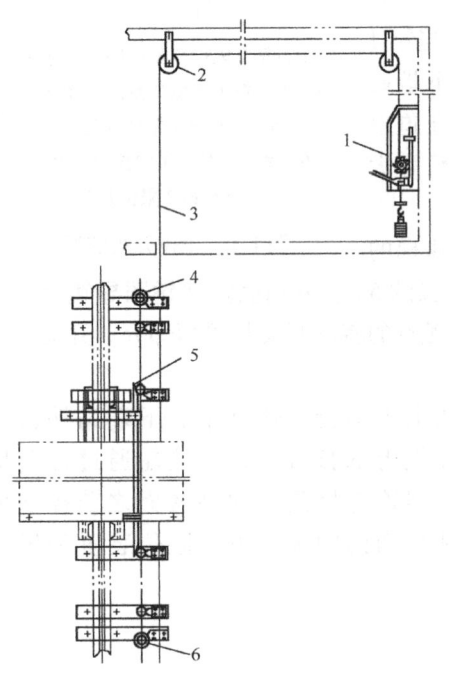

1—铁壳开关；2—导向轮；
3—钢丝绳；4—上滚轮组；
5—打板；6—下滚轮组

图 1-11　极限开关结构原理示意图

这种装置在 20 世纪 80 年代中期后，国内各电梯生产厂家已不再生产，但国内至今仍有采用这种装置的在用电梯。

按与电气控制系统配套使用情况，选层器可分为以下两种。

（1）用于货、医梯电气控制系统的层楼指示器。层楼指示器是选层器的一种，但功能较少，由于货、医梯电气控制系统的自动化程度较低，仍能满足要求。层楼指示器的结构比较简单，如图 1-12 所示。

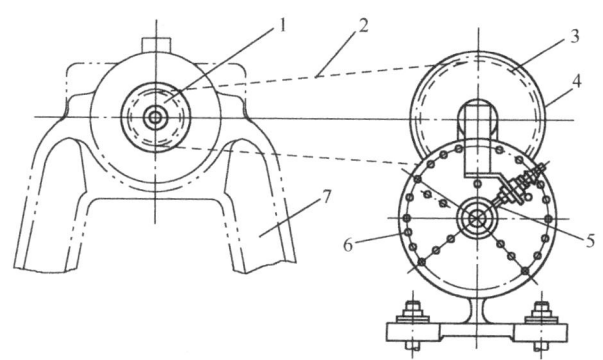

1—主动链轮；2—自行车链条；3—减速链轮；4—减速牙轮；
5—动触点；6—定触点；7—曳引机轴架

图 1-12　层楼指示器

层楼指示器由固定在曳引机主轴上的主动链轮部分及通过自行车链条带动的指示器部分组成。指示器部分由自行车链轮、减速牙轮、定触点、塑料固定板、动触点及其固定架构成。电梯上下运行时，固定在曳引电动机主轴上的主动链轮随其转动，主动链轮通过自行车链条、减速牙轮副带动指示器的 3 个动触点，在 270°的范围内往返转动，3 个动触点与对应的 3 组定触点配合，向电气控制系统发出 3 个电信号。通过这 3 个电信号，实现轿厢位置自动显示，自动消除厅外上、下召唤记忆指示灯信号。

（2）用于客梯电气控制系统的选层器。用于客梯的选层器除具有层楼指示器的功能外，还可以自动消除轿内指令登记信号，根据内外指令登记信号，自动确定电梯的运行方向，到达预定停靠站时提前一定距离向控制系统发出减速信号和提前开门信号，有的还能发出到站平层停靠信号等，如图 1-13 所示。与客梯控制系统配套使用的选层器具有比较完善的性能，不但可以简化电气控制系统，便于安装、调试和维修，还可以降低电梯故障率，提高电梯运行可靠性。

近几年，随着科学技术的发展，特别是电子技术的发展，为电梯电气控制系统配套设计的选层器，在品种上不断增加，除 20 世纪 60 年代以前设计、制造的机械选层器外，20 世纪 70 年代

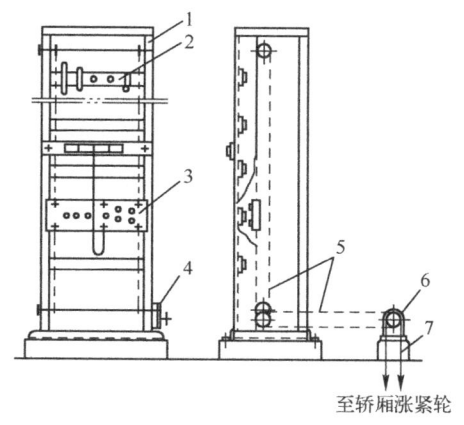

1—机架；2—层站定滑板；3—动滑板；4—减速箱；
5—传动链条；6—钢带牙轮；7—冲孔钢带

图 1-13　选层器

上海自动化设备成套所研制了数控选层器。近年来，通过各电梯制造厂、研究所、大专院校

的共同努力，又先后研制成功了微机选层器。控制技术的发展及 PLC 和微机在电梯电气控制系统中的普遍采用，使电梯电气控制系统对井道信息的采集，用一个或几个永磁式传感器或双稳态开关、光电开关，就可以满足控制需求。因此进入 20 世纪 90 年代，机械选层器已被淘汰。

9. 控制柜

控制柜是电梯电气控制系统完成各种主要任务，实现各种性能的控制中心。

控制柜由柜体和各种控制电气部件组成，如图 1-14 所示。

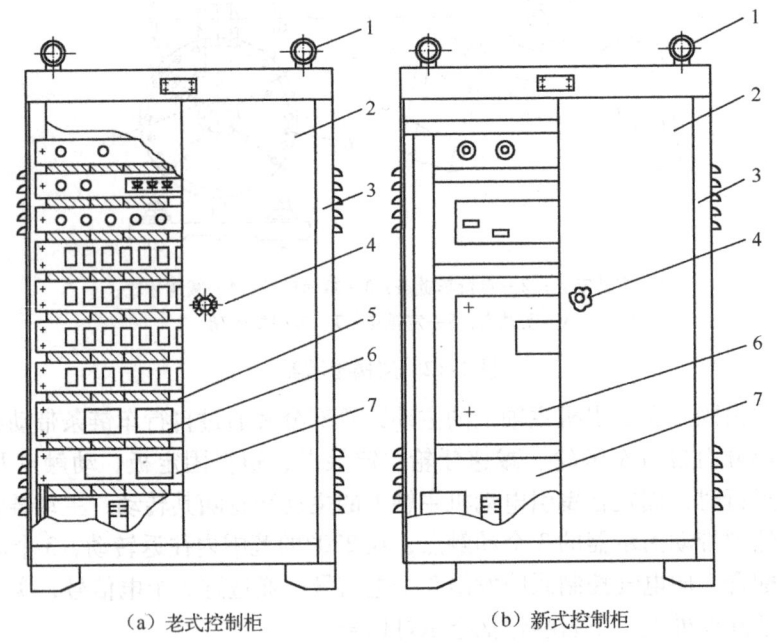

（a）老式控制柜　　　　（b）新式控制柜

1—吊环；2—门；3—柜体；4—手把；5—过线板；6—电气部件；7—电气部件固定板

图 1-14　电梯控制柜

控制柜中装配的电气部件，其数量和规格主要与电梯的停层站数、额定载荷、速度、控制方式、曳引电动机类别等参数有关，不同参数的电梯，采用的控制柜不同。

10. 开门机电阻器箱

国产电梯从 20 世纪 60 年代末以来，多采用直流电动机作为实现自动开、关门的拖动电动机。

直流电动机具有良好的调速性能，便于控制和调节电梯的开、关门速度，既有较高的开、关门效率，又有较低的噪声。

由于他励直流电动机的运行速度与电枢两端的电压成正比。因此只要控制和调节电枢两端的电压，就能控制和调节电梯的开、关门速度。

开门机电阻器箱内装置的器件，就是用来控制电枢两端电压的 3 个电阻器。为了便于调试，该电阻器箱一般装置在开关门电动机旁。

进入 20 世纪 90 年代，除采用电阻和有触点开关对直流门电动机进行调速外，还出现了采用微机对直流门电动机进行调速，也有采用交流调频调压调速的电梯门拖动控制系统，可供选择的品种多，技术日趋先进。

11. 晶闸管励磁装置

晶闸管励磁装置自 20 世纪 60 年代末至 20 世纪 80 年代中期，一直是国内各种快速和高速直流电梯的主要电气控制装置。

晶闸管励磁装置是将交流电转换成直流电，作为发电机－电动机组发电机励磁绕组的直流电源。根据电梯的运行特点和要求，该直流电源极性可变，电压值可按预定规律改变，从而使发电机输出的电压满足曳引直流电动机启动、制动时的要求，以实现按预定的速度曲线运行，并进行速度调节和控制。

在实际应用中，用于快速直流梯和高速直流梯的晶闸管励磁装置略有不同，其调速系统的结构原理如图 1-15 所示。随着直流梯的淘汰，这种装置也不再生产。

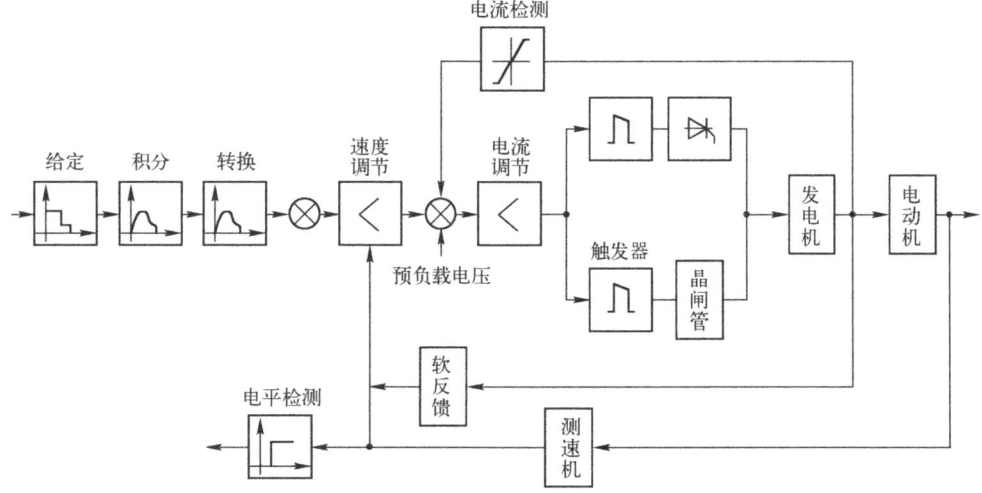

（a）高速直流电梯速度自动调节系统结构图

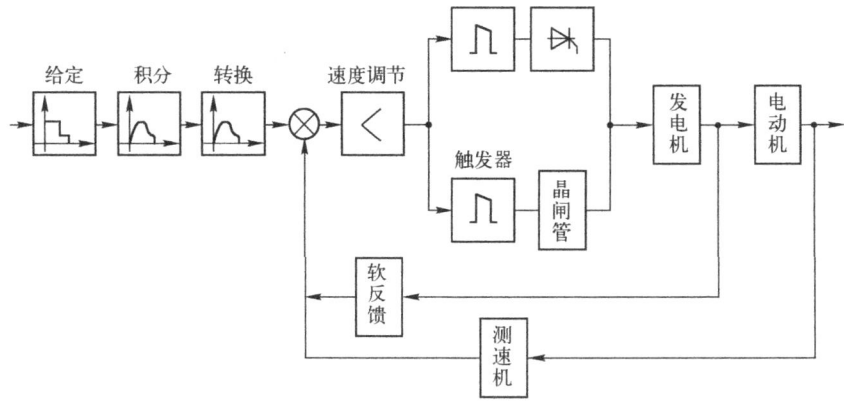

（b）快速直流电梯速度自动调节系统结构图

图 1-15 直流电梯速度自动调节系统结构图

1.5 电梯自动控制系统中的主要环节

1.5.1 各类电梯安全可靠运行的充分与必要条件

电梯安全可靠运行的充分与必要条件有如下几种。

（1）必须把电梯的轿厢门和各个层楼的电梯层门全部关好——这是电梯安全运行的关键，是保障乘客和司机等人身安全的最重要保证之一。

（2）必须要有明确的电梯运行方向（上行或下行）——这是电梯的最基本的任务，即把乘客（或货物）送上或送下到需要停层的层楼。

（3）电梯系统的所有机械及电气机械安全保护系统有效而可靠——这是确保电梯设备工作正常和乘客人身安全的基本保证。

根据上述电梯安全可靠运行的充分与必要条件，以及电梯的运行工艺过程，下面将对一般电梯的控制系统的各个主要控制环节及其结构原理进行说明。

1.5.2 电梯自动开、关门的控制环节

从前面所述中可知，任何种类的电梯均要有开、关门的机构，该机构可以是人工手动的，也可以是电气机械自动的。但现今已很少见到手动开、关门的电梯了，仅仅对小型杂物电梯和简易居民住宅电梯才使用手动开、关门。现对两种驱动类型的自动开、关门环节的工作原理进行说明。

1. 对自动开、关门机构（或称为"自动门系统"）的要求及其速度调节方法

（1）要求。

① 自动门机构必须随电梯轿厢移动，即要求把自动门机构安装于轿厢顶上，除了能带动轿厢门启闭外，还应能通过机械方法使电梯轿厢在各个层楼门区安全范围内方便地使各层的外层门随轿厢门的启闭而同步启闭。

② 当轿厢门和某层楼的层门闭合后，应由电气机械设备的机械钩子和电气触点予以表现和考核。

③ 开、关门动作平稳，不得有剧烈的抖动和异响，按国家标准规定，开、关门系统在开、关门过程中其运行噪声不得大于65dB（A级）。

④ 关门时间一般为3~5s，而开门时间一般为2.5~4s。

⑤ 自动门系统调整简单方便，便于维修。

⑥ 门电动机要具有一定的堵转能力。

（2）速度调节方法。为了使电梯的轿厢门和某层层门在启闭过程中达到快、稳的要求，必须对自动门机系统进行速度调节，以满足对自动门机系统的要求，一般调速方法有如下两种。

① 用小型直流伺服电动机作为自动门机的驱动时，常用"电阻"的串、并联调速方法（即"电枢分流法"，将在后面详述）。

② 用小型三相交流力矩电动机作为自动门机的驱动力时，常用施加涡流制动器的调速

方法，例如，瑞士迅达电梯公司的 QKS9/10 门机系统就是一个这样的系统。现多用小功率变频调速方法。

2. 常用的自动开、关门系统的电气控制电路原理

目前，国内外仍有电梯生产厂家用小型直流伺服电动机作为自动门系统的驱动力，其电气控制电路原理如图 1-16 所示。

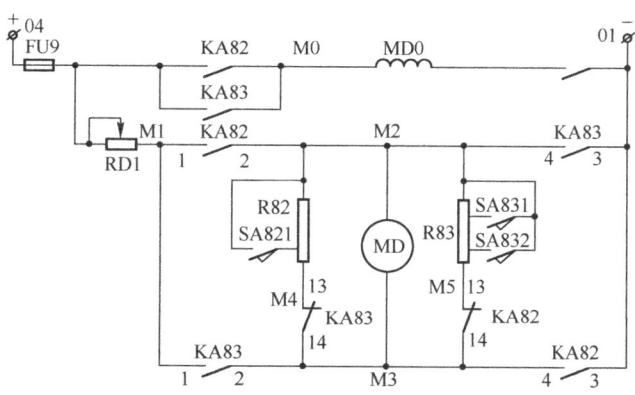

图 1-16　自动开、关门系统的电气控制电路原理图

其工作原理如下（以关门为例）。

当关门继电器 KA83 吸合后，直流 110V 电源的"＋"极（04 号线）经熔断器 FU9，首先给直流伺服电动机（MD）的励磁绕组 MD0 供电，同时经可调电阻 RD1→KA83 的 1、2 常开触点→MD 的电枢绕组→KA83 的 3、4 常开触点至电源的"－"极（01 号线）；另一方面，电源还经开门继电器 KA83 的 13、14 常闭触点和电阻 R82 进行"电枢分流"而使门电动机 MD 向关门方向转动，电梯开始关门。

当门关至门宽的 2/3 时，限位开关 SA831 动作，电阻 R83 被短接一部分，使流经电阻 R83 中的电流增大，则总电流增大，从而使限流电阻 RD1 上的压降增大，也就是使电动机 MD 的电枢端电压下降，此时 MD 的转速随其端电压的降低而减小，即关门速度自动减小。当门继续关闭至尚有 100~150mm 的距离时，限位开关 SA832 动作，又短接了电阻 R83 的很大一部分，使电流增大，RD1 上的电压降更大，电动机 MD 电枢端的电压更低，电动机转速更低，关门速度更小，直至轻轻地、平稳地完全关闭为止，此时关门限位开关动作，使 KA83 失电复位。至此关门过程结束。对于开门情况完全与上述的关门过程一样，这里不再赘述。

当开、关门继电器（KA82，KA83）失电复位后，电动机 MD 所具有的动能将全部消耗在电阻 R83 和 R82 上了，即进入强烈能耗（电阻 R83 由于开关 SA832 仍处于被接通状态，其阻值很小）制动状态，很快使电动机 MD 停车，这样直流伺服电动机的开、关门系统中就无需机械制动器（刹车）来迫使电动机停转。

上述这种用直流伺服电动机（如型号为 11SZ56）的自动开、关门控制系统在国内外的所有电梯中得到了极为广泛的使用。在今后的电梯维修与保养工作中肯定会遇到这种或类似的开、关门系统。

3. 其他类型开、关门系统的电气控制系统

除了上述最常用的直流伺服电动机作为电梯自动开、关门机的动力外，还有其他类型的小型电动机作为电梯自动开、关门机的动力的。例如，在维修过程中，可能遇到用小型三相交流力矩电动机驱动的自动开、关门控制系统，或是用小型三相交流电动机加涡流制动器驱动的自动开、关门控制系统，瑞士迅达电梯公司的 QKS9/10 型的自动开、关门控制系统就是这样的一个门机系统。以下对该门机系统控制电路原理及其工作原理进行说明，如图 1-17 所示。

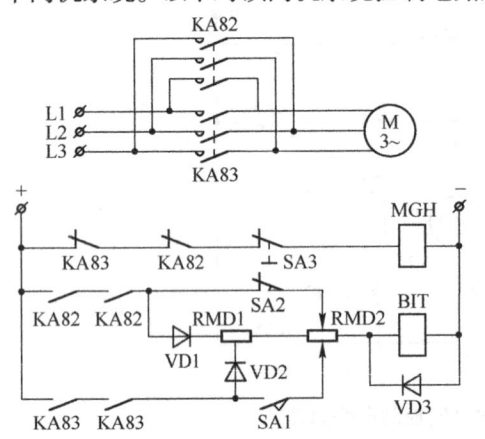

图 1-17　QKS9/10 型的自动开、关门控制电路原理图

从图 1-17 中可知，在关门（或开门）过程中，为减缓门闭合时的撞击和提高其运行平稳性而需要调节门电动机的速度，这时只要通过改变它与电动机同轴的涡流制动器绕组"BIT"内的电流大小即可达到调速的目的。而其运行性能也不亚于前述的最常用的直流电动机系统。因此，在瑞士迅达电梯公司及其各类新、旧电梯自动门的控制中，就是应用这种门机系统控制电梯自动开、关门的。

QKS9 门机系统的控制电路的工作原理如下（以关门为例）：

当接到关门指令后→KA83 吸合→使三相交流电动机 M 获得供电而向关门方向转动。与此同时，与电动机同轴的涡流制动器绕组 BIT 经 KA83 常开触点和二极管 VD2、减速电阻 RMD1 和 RMD2 而获得供电，产生一定的制动转矩，使电动机 M 平滑启动、运行，从而使关门过程平稳而无噪声。当门关至门宽的 3/4 时，开关 SA1 闭合，短接了全部 RMD1 电阻和部分 RMD2 电阻，从而使流经 BIT 的电流及产生的涡流制动力矩增大，门电动机 M 的输出转速大大减小，同时继续关门，直至关门限位开关动作为止→KA83 断电→电动机 M 断电停车。然后使锁紧线圈 MGH 获得供电而门电动机 M 牢牢锁紧在已停车的位置，因此这种门机系统与前述的直流门机系统一样，均不需要机械制动器（刹车）；开门情况则与上述情况相反。

常用的直流门机控制系统与交流门机系统相比，各有所长。

（1）直流门机系统传动机构简单，调速方法也较为简单，且在低速时门电动机发热较少。交流门机系统的传动机构和调速方法也是比较简单的，但在低速时门电动机发热厉害，因此对交流门机电动机的堵转性能及绝缘要求均较高。

（2）由于两种门机的传动机构各不相同，致使电梯系统停电后有不同的结果。直流门机系统要实现开门放客很难；而交流门机系统则要容易得多。目前，交流门机系统较易达到电梯安全规范（GB 7588—95 的《电梯制造与安装安全规范》）的要求。

（3）交流门机系统在低速运行时发热厉害，因此门电动机内必须备有过热保护装置，一旦过热保护装置失灵，就很容易烧坏三相交流门电动机；而直流门机系统则很少有此顾虑。

4. 自动开关门运行过程的控制

这里以 KJX-A 控制电路（见图 2-1）为例进行说明。主要可以分为以下几种情况。

（1）有司机时的开、关门。在有电梯运行方向（KA11↓或KA21↓）情况下，由经过专门培训的专职司机揿按轿厢内操纵箱上的已点亮方向的开车按钮（SB17或SB18）即可使电梯自动开、关门系统进入关门控制状态，其继电器动作程序如下：

按 SB17（SB18）按钮 → $\begin{cases} KA17↑（或 KA18↑）\\ KA11↑（或 KA21↑）\end{cases}$ → KA32↑ → KA83↑ → 关门。

在电梯门尚未完全闭合之前，若发现有乘客要进入电梯轿厢，司机只要揿按轿厢内操纵箱上的开门按钮即可使电梯门重新开启，即按 SB82 按钮 → KA85 $\begin{cases} KA82↑\\ KA83↓\end{cases}$ → 开门。

（2）无司机时的开、关门。此时门系统在电梯到达某层停车后开门，并开始计时，经事先调定的时间自动关门，即 KA94↓→KAT3→KA32→KA83↑。该过程与是否有电梯运行方向无关。因此在电梯无司机状态下，电梯停于某层楼时是关着门时，若该层有乘客要乘用电梯，则只须揿按该层楼的厅外召唤按钮即可使电梯门开启。例如，电梯在 5 层时按 SB205（或 SB305）→KA87↑→KA85↑→KA82↑→开门。

（3）检修状态下的开、关门。在检修情况下检修人员检查和修理自动门机和轿门时，电梯的开关门动作和操作程序不同于正常时的动作程序，最大的区别在于电梯门的开或关动作是点动断续的，即要使门关闭必须连续揿按关门按钮（SB83）才行。如果要使门关至某一位置停住不动，即刻松开关门按钮（SB83）就可使电梯门停于某一位置（按 SB83 →KA83↓→关门→松开 SB83 →KA83↑→停止不动）。

这样电梯检修人员就能方便地进行电梯门的检修工作。开门情况也是一样的，只要连续揿按开门按钮（SB82）即可使电梯门开启，如开至某一位置松开 SB82，则停止开门，并保持在某一位置（按 SB82 →KA85↑→KA82↑→开门）。

1.5.3　电梯的方向控制环节

任何类别的电梯，其运行的充分与必要条件之一是"要有确定的电梯运行方向"，因此所有电梯的确定运行方向的控制环节（简称"定向环节"）在所有电梯的整体控制系统中也与电梯的自动开关门控制环节一样，是一个至关重要的控制环节。

所谓电梯的方向控制环节，是根据电梯轿厢内乘客欲往层楼的位置信号或各层楼大厅乘客的召唤信号位置与电梯所处层楼的位置信号进行比较：凡是在电梯位置信号上方向的轿内或层楼厅外召唤信号，则电梯定上行方向；凡在其下方向的，则定下行方向。

在方向控制环节中，一般集选电梯必须满足下列几点要求。

（1）轿内指令信号优先于各层楼厅外召唤信号而定向，即当空轿厢电梯被某层厅外乘客召唤到达该层后，某层的乘客才能进入电梯轿厢内而揿按指令按钮令电梯定上行方向（或下行方向）；当该乘客进入轿厢内且电梯门未关闭同时尚未揿按指令按钮（即电梯尚未定出方向），出现其他层楼的厅外召唤信号时，如果此召唤信号指令电梯的运行方向有别于已进入轿厢内的乘客要求指令电梯的运行方向，则电梯的运行方向应由已进入轿厢内的乘客要求而定向，而不是根据其他层楼厅外乘客的要求而定向。这就是所谓的"轿内优先于厅外"。

只有在电梯门延时关闭而轿内又无指令定向的情况下，才能按各层楼的召唤信号的要求而定出电梯运行方向，如果定出了电梯运行方向，再有其他层楼的召唤信号就不能更改已定的运行方向了。

（2）要保证最远层楼召唤信号所要求的电梯运行方向不能被轻易地更改，这样以保证最高层楼（或最低层楼）乘客能乘用电梯，而只有在电梯完成最远层楼乘客的要求后，方能改变电梯的运行方向。

（3）在有司机操纵电梯时，在电梯尚未启动运行的情况下，应让司机有强行改变电梯运行方向的可能性。这在我国电梯尚未广泛普及，又以"有司机"操纵为主的使用情况下，这一"强行换向"也是必要的。

（4）在电梯检修状况下，电梯的方向控制应由检修人员直接揿按轿厢内操纵箱上或轿厢顶的检修箱上的方向按钮使电梯定向上（或向下）运行；松开方向按钮即可使电梯运行方向消失并使电梯立即停车。

1. 电梯定向控制的各种方法

因各类电梯的自动化程度不同，电梯的应用场合、电梯的定向控制方法也不尽相同，大致有以下几种。

（1）手柄开关定向。电梯司机或电梯管理人员通过扳动手柄开关直接接通电梯运行方向继电器（或方向接触器）。这种方法是最简单、最原始而又最直接的方法。现在可能还能见到以前各个电梯生产厂家生产的手柄开关控制的载货电梯（如 KP、KPM 型货梯），今后将不再生产这些电梯了，因电梯司机在电梯运行过程中始终要把持着手柄开关于某一运行方向，这样电梯司机劳动强度大，且操作不灵活，容易造成误操作。

手柄开关定向示意如图 1-18 所示。

（2）井道分层转换开关的定向控制。它是利用装于井道内各层楼位置的一个三位置（左、中、右）开关的预置位置来定向的，如图 1-19 所示。

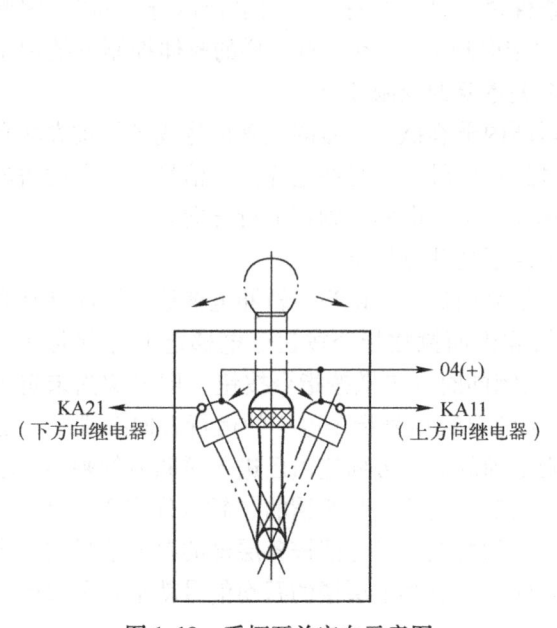

图 1-18 手柄开关定向示意图

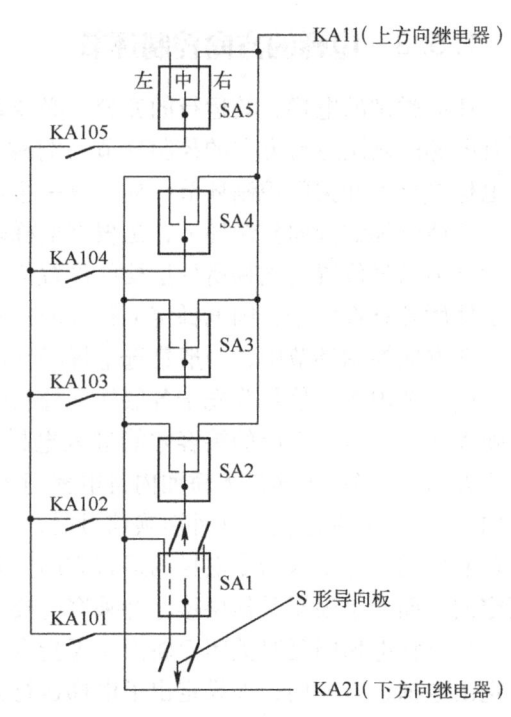

图 1-19 井道内分层转换开关定向示意图

只有当电梯停在某层楼时，该层的分层开关才处于中间位置。当电梯向上运行时，其下方各层的分层开关处于可接通向下方向继电器的位置；而当电梯向下运行时，在电梯的上方各层的分层开关处于可接通向上方向继电器的位置。这样当电梯轿厢所在层楼上方出现"内、外"召唤信号时就可令电梯定为向上运行；而在下方时，则定为向下运行。

这种定向方法要比手柄开关定向方法高明、简捷得多，因此在小型杂物电梯和普通货梯中得到了极为广泛的应用。但是由于这种分层开关是特制的，且在使用过程中有撞击声，因此只能应用于电梯额定速度较小（0.63m/s）的电梯中。另外，由于开关是特制的，这样给电梯的维修、保养带来了很大不便，因此这种定向方法只能在杂物梯中和小载重量货梯中有广泛的应用，而在其他梯种中就很少被采用了。

实际上，所谓自动定向，就是根据电梯的位置来说的，即在电梯上方的信号定上向信号，而在下方的，则定下向。因此自动定向控制的关键是如何确定某一时刻的电梯位置信号，据此可有以下几种方法。

① 由井道永磁开关与继电器组成的逻辑电路定向。它是利用井道中与各层楼相对应的磁感应开关带动一个继电器，然后经继电器组成逻辑电路，有顺序地反映出电梯的位置信号，如图1-20所示，然后再与各层楼的内、外召唤信号进行比较而定出电梯的运行方向。

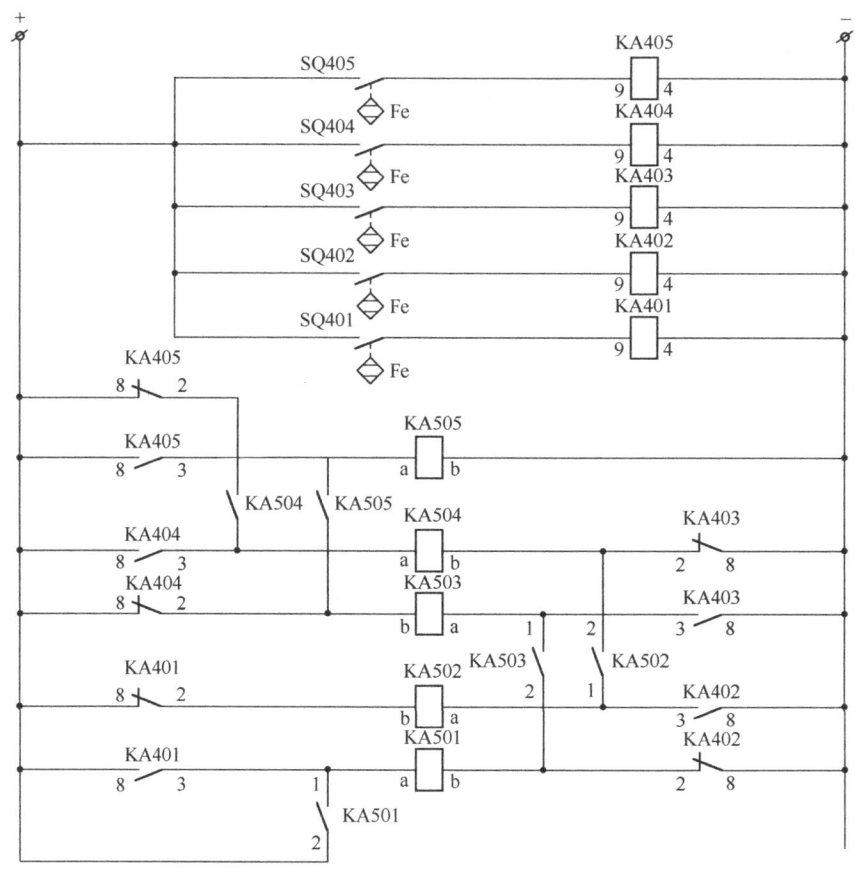

图1-20　由永磁开关与继电器组成的逻辑电路

这种定向方法虽较复杂，但准确可靠，且可进行多台电梯的综合控制，因此凡是用继电器控制的电梯，绝大部分使用这一方法定出电梯的运行方向。

② 机械选层器的定向。直至今天，国内仍有一些电梯生产厂家利用机械－电气形式的"选层器"的方法进行电梯的定向控制。而选层器实质上是按一定比例缩小了的电梯，其上、下运动的滑动拖板（或"撞块"）即相当于电梯的轿厢。因此可以将电梯井道中的电气部件和各层楼的情况集中于选层器上。这样就能容易确定出电梯的位置信号及其与内、外召唤信号的比较结果——电梯的运行方向。选层器不仅可用来定向，而且还可用来发出减速信号等。但由于它是按比例缩小的电梯井道，因此稍有误差就可导致电梯运行时出现很大的误差，这就对选层器机械部件制造的精度要求很高，而且加工困难。所以现在选层器已被很少采用；而在很大程度上被上述井道内永磁感应开关与继电器逻辑电路所取代。

③ 由井道中的双稳态磁开关与数字电路所组成的定向。这种方法当前被广泛采用。其工作原理是：装于电梯轿厢上的双稳态磁开关随着电梯轿厢运行而经过井道内各个层楼的永久磁铁时的变化量经"异或非"电路转化成二进制信号，并输入计算机比较环节而确定出电梯的运行方向。这种定向方法快速而准确，必将随着电梯控制系统中微机的广泛应用而不断发展。

2. 电梯常用自动定向环节电气原理说明

由上述可知，所谓的电梯自动定向就是电梯的位置信号与各层楼的轿内指令信号或各层楼厅外召唤信号（实际上也是一个位置信号）进行比较，若内、外召唤信号在电梯位置上方，则定上方向；在下方则定下方向。因此电梯的位置信号产生是至关重要的，通过将其与召唤信号进行比较而定出运行方向。现分别说明如下。

（1）电梯位置信号的产生。这里以图1-20为例进行说明。在电梯井道内对应于每个层楼的停层位置处，设置一个永磁感应开关（SQ401～SQ405），该永磁感应开关在正常情况下（即隔磁铁板未插入其缝隙），其干簧管中的触点组被永久磁钢磁化，使其常闭触点断开，常开触点闭合，其常用的是一对常开触点。因此，在隔磁铁板未插入前触点组保持断开状态；当电梯轿厢停靠或通过某层时，装于轿厢边上的隔磁铁板插入磁开关的缝隙而将永久磁钢的磁回路分路（或称磁短路），于是干簧管中的触点片去磁，其触点复位，接通相应的层楼继电器（KA401～KA405），并与层楼控制继电器（KA501～KA505）组成步进式逻辑电路以反映电梯所在层楼的位置（包括瞬时状况的位置）。其步进动作程序可举例说明如下。

假设电梯轿厢由1层向3层运行，而电梯停在1层时，SQ401↑→KA401↑→KA501↑并自保；而当电梯轿厢离开1层向上运行时，即装于轿厢旁的隔磁铁板离开SQ401时，SQ401↑→KA401↓，但KA501继电器不会释放，因KA501继电器通过2楼的KA402继电器的2#、8#常闭触点和KA403继电器的2#、8#常闭触点进行自保。当电梯轿厢到达2层楼区域时，SQ402↓→KA402↑→KA502↑→KA501↓，以后依次类推。

由上述可知，电梯的位置信号实际上是由层楼继电器KA401、KA402、……和层楼控制继电器KA501、KA502……来反映的。

（2）电梯运行方向的产生。通常，电梯的自动定向电路如图1-21所示。

电梯运行方向的确定是根据电梯的位置信号（KA501↑、KA502↑……）同各个层楼大厅的召唤信号的比较而确定的。

例如，电梯在 1 层，即继电器 KA501↑，而其常闭触点打开（见图 1-21），轿内指令信号为 3 层（即电梯轿厢内的乘客欲去往 3 层），这样 3 层的轿内指令继电器 KA103↑；此时电源的电流不能流向下方向继电器 KA21，因电梯停在 1 层，其 KA501 的常闭触点打开，故电流不能经 KA103 继电器触点而流向 KA21 继电器，只能经 KA502…KA505 的常闭触点而流向上方向继电器 KA11，这样使得电梯在轿内 3 层指令继电器的作用下，确定出电梯向上方向运行（即 KA11 继电器吸合）。

又如，电梯停在 4 层时（即 KA504↑），其 13#、14# 和 15#、16# 常闭触点打开，3 层的轿内指令信号（继电器 KA103↑），只能使电流经 KA103 继电器而流向下行方向继电器 KA21，并使继电器 KA21↑，从而使电梯确定出向下运行的方向。

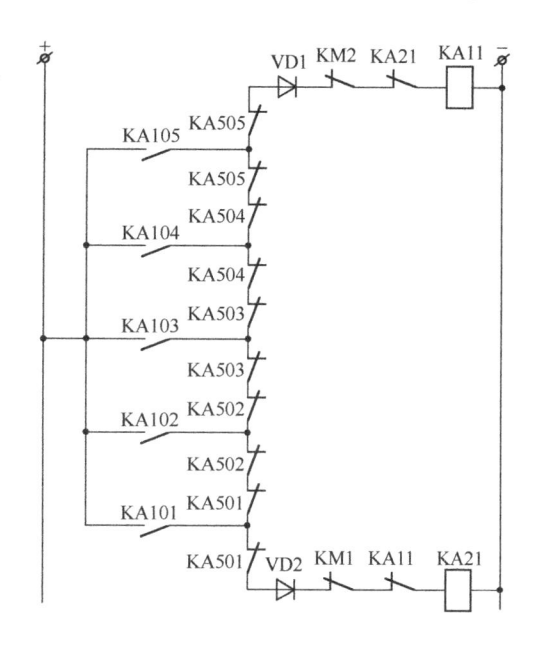

图 1-21　常用自动定向电路原理图

（3）电梯运行方向的保持。当电梯向上运行时，向上的停层信号逐一被应答。当电梯执行完这个方向的最后一个命令而停靠到某层楼时，方向继电器 KA11↓。此时司机或乘客又可以登记下向轿内指令和厅外召唤信号，而使下方向继电器 KA21↑，即电梯反向向下运行，并逐一应答被登记的向下指令、召唤信号。当完成这个方向（下方向）的最后一个信号时，其下方向继电器释放（即 KA21↓）。

但不管何种情况，只有当电梯完成某一方向最远的一个信号时，才可以改变电梯的运行方向，从而可以保证最远一层楼的厅外乘客能够乘坐电梯。

（4）电梯运行方向的人为变更。电梯运行方向的人为变更，只能在电梯处于有专职司机操纵的情况下才可以进行，而且这一操作必须在电梯停止运行或切断控制电路电源的条件下方可进行。此时可由电梯的专职司机根据乘客的临时要求或司机的意愿而改变电梯的运行方向。

1.5.4　发出制动减速信号的控制环节

无论何种电梯，为了达到"快、稳、准"中"准"的要求，必须令电梯在到达目的层楼之前的某一位置开始进行减速，以保证准确停车时所需的尽可能低的速度。为此，各种不同类型的电梯，其发出减速信号的位置是不一样的；但无论何种电梯，其减速制动信号的发出可以归结为两大类。

（1）人工的。即由电梯的专职司机凭经验判断而发出的，如手柄开关操纵的各种载货电梯等均属此类。

（2）自动的。电梯能够根据轿内指令信号或在各层楼厅外的召唤信号方向与电梯运行方向一致时，按预先确定的位置而自动发出减速信号。

现就自动发出减速信号的控制环节，举例说明如下，其常用电路原理如图 1-22 所示。

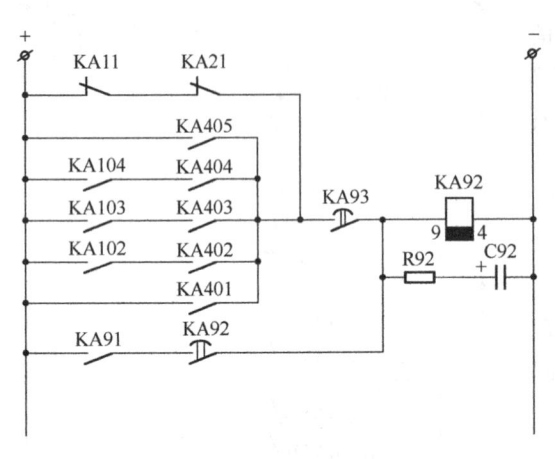

图 1-22　自动发出减速信号的电路原理图

例如，电梯根据3楼的向上召唤信号（继电器 KA203↑）而向上运行，当电梯到达预置的3楼减速位置点时，通过井道内的3楼永磁感应器（SQ403）的动作，而使3层继电器 KA403↑，并经方向继电器 KA11 的已闭合的常开触点和尚未延时打开的停站触发继电器 KA93 的常开触点而使减速信号继电器 KA92 吸合，从而导致快速启动继电器 KA32↓和快速运行继电器 KA33↓，电梯从快速运行状态转为制动减速状态。这一过程是由与电梯运行方向一致的厅外召唤信号引起的，称"顺向截车"控制。

但若电梯轿厢满载或专用时，专用继电器 KA73 吸合，其常闭触点处于断开位置，则电梯虽经3楼的 SQ4O3 永磁感应器（即 KA403↑）但减速信号继电器 KA92 不能吸合，即电梯不发出减速信号。这样的过程称"直驶不停"控制。

如果电梯应答最远的一个与电梯运行方向相反的厅外召唤信号，则当电梯到达该层减速位置点时，KA400 + n↑—KA500 + n↑—KA11↓（或 KA21↓），从图 1-22 中可看出，在电梯没有方向时（即 KA11、KA21↓）也能使减速信号继电器 KA92↓，从而使电梯转为制动减速状态。这样的过程常称为"反向截车"控制或称为"断方向减速"控制。这里包括了最高层和最低层（或称最远层）的减速信号发出，因为在两端站时，电梯的运行方向会随着减速信号发出点（即永磁感应器或两端站的强迫减速开关 SQ1、SQ2）的动作而使 KA11↓（或 KA21↓），这样就导致电梯自动发出减速信号。

1.5.5　主驱动控制环节

对速度不同和自动化程度不一样的电梯，其主驱动系统是不一样的。这里主要对交流双速、交流调速和直流高速3类电梯的主驱动系统控制操作方法进行叙述。

1. 交流双速电梯的主驱动控制电路原理简介

任何交流双速电梯，其主驱动系统的控制电路原理可如图 1-23 所示。

由图 1-23 可知，当电梯有了方向（即 KA11↑或 KA21↑）后，在电梯的轿门和各层的层门均关闭的情况下（即 KA81↑或门锁触点 SAB101 ~ SAB100 + n 全部闭合），即可令快速启动运行继电器 KA33↑，从而使快速运行接触器 KM3 和辅助继电器 KA31↑，这样便使运行方向工作接触器 KM1↑（或 KM2↑），此后一方面使电磁制动器 YB 通电松闸，另一方面使曳引电动机 M 定子在串接一定的电阻 RQK 下启动，电梯也随即启动运行，经 0.8 ~ 1.0s 延时后，KA61 继电器释放，其常闭触点复位，使快速加速接触器 KM5↑，短接了 RQK 电阻，进而使曳引电动机 M 继续加速至稳速运行。上述动作过程可概括如下：

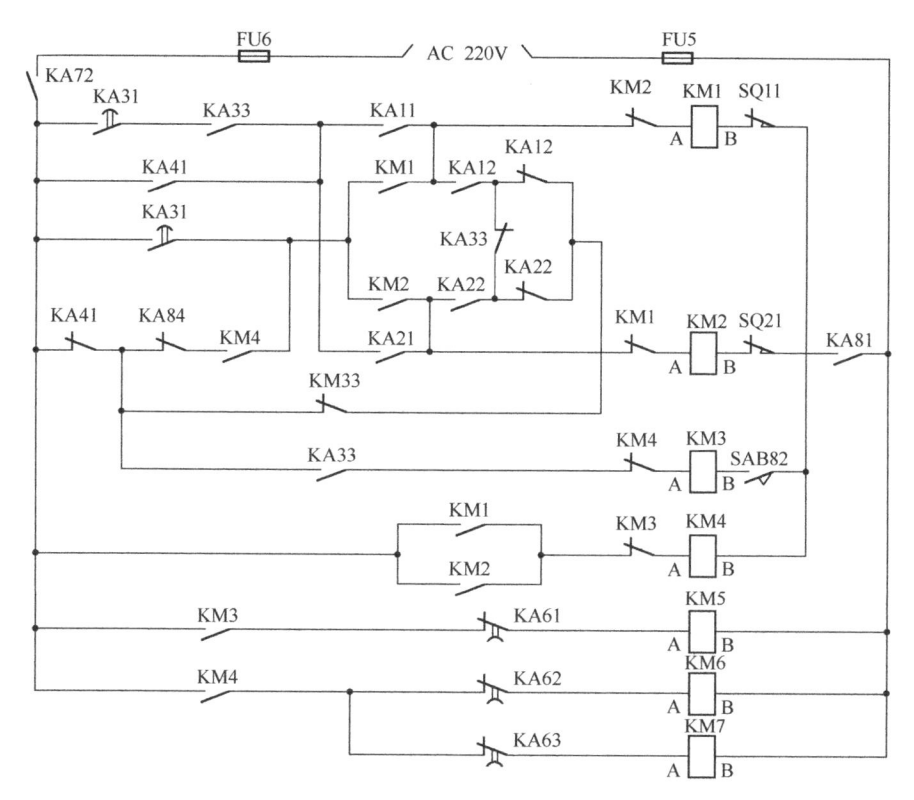

图 1-23 交流双速电梯的主驱动系统控制电路原理图

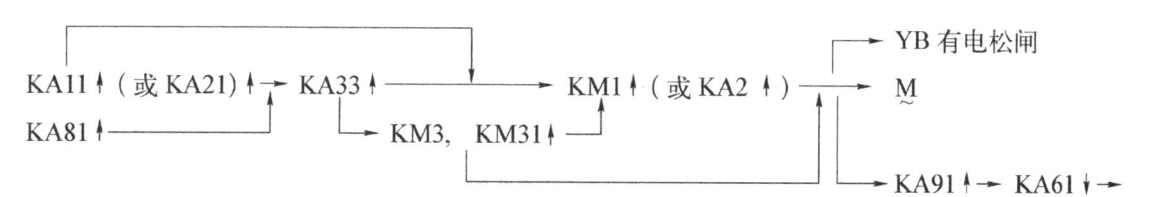

KM5↑→短接 RQK→M 处于正常稳速运行状态。

当电梯发出减速信号后，即 KA92↓-KA32↓、KA33↓→KM3↓→KM4↑→M 进入再生发电制动减速状态，电梯制动减速，直至慢速稳速运行。

当电梯慢速运行至欲停层楼的楼平面时，经平层停车永磁感应器 SQ12 和 SQ22（即 KA12 和 KA22）的作用而使 KM1↓（或 KM2↓）→M 断电停运 →电梯准确地停在欲停层楼的楼平面处。

2. 常用交流调速电梯主驱动控制电路原理简介

这种电梯的主驱动控制电路原理如图 1-24 所示。由图 1-24 可知，电梯定出运行方向（即 RR-U↑或 RR-D↑）即可使运行方向工作接触器 SR-U↑（或 SR-D↑）并导致制动器接触器 SB↑，即制动器松闸。这样在快速运行命令继电器 RW1↑→RF↑→RFK↑的情况下，使启动接触器 SH1↑，电梯运行启动。待加速至约 650r/min 时，继电器 RTRV1↑，从而使正常快速运行接触器 SH2↑，电梯进入正常稳速运行状态，而后又使 SH1↓。如果电梯仅运行一个层楼，则接触器 SH2 就不会再吸合了，也就是电梯仅运行一个层楼时只有接触器 SH1 吸合，电梯的速度也仅只有额定速度的三分之一多点。因为交流调速电梯的额定速度一般不小于 1.5m/s，通常运行一层是达不到额定速度的。

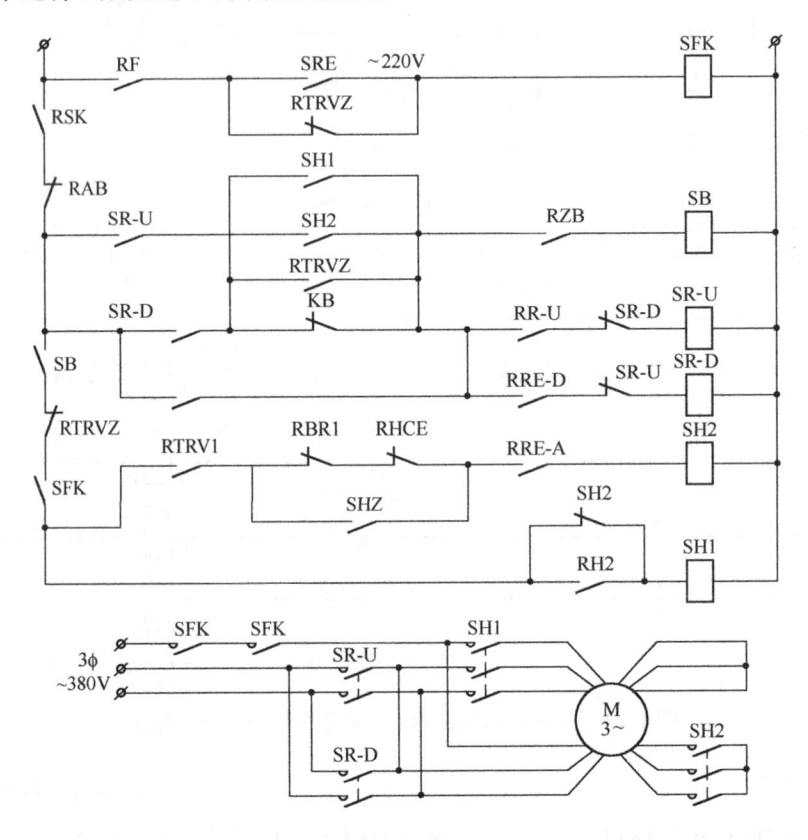

图 1-24　DYN-2 驱动的交流调速电梯主驱动系统控制电路原理图

当电梯到达欲停层楼前的一定距离时，通过装于轿厢顶的双稳态永磁开关——KBR-U（或 KBR-D）与井道内各层相应位置的永久圆磁体的相互作用而发出减速信号，经电子调速装置 EGD4，一方面使接触器 SH2↓（单层运行时为 SH1↓），使曳引电动机从电网切出，另一方面由 EGD4 电子调速装置输出按距离变化的涡流制动器电流，由涡流制动器的制动力矩使电梯所具有的动能按距离制动减速，直至精确平层停车为止。

3. 晶闸管励磁的直流高速电梯主驱动控制电路原理简介

这种电梯最常见的主驱动系统控制电路原理（如 GJX 电梯的电路原理）如图 1-25 所示。

由图 1-25 可知，一旦电梯有了方向（KM11↑或 KA21↑）及电梯门闭合后，快速启动继电器 KA33↑、KA32↑，从而使电梯运行方向继电器 KA15↑、KA151↑（或 KA16↑、KA161↑）、KA91↑、接触器 KM5↑（使曳引电动机上的电磁制动器 YB 通电松闸），导致晶闸管励磁控制柜有给定输出，经与测速反馈信号比较后输入至放大调节器中，经放大调节后控制晶闸管的移相脉冲触发器即可使晶闸管整流器（SCR）按预定的给定曲线输出激励直流发电机励磁绕组的励磁电流，从而使发电机的输出电压也按给定曲线进行变化，即曳引电动机的转速（电梯的速度）按给定曲线进行平滑启动加速，直至稳速运行。

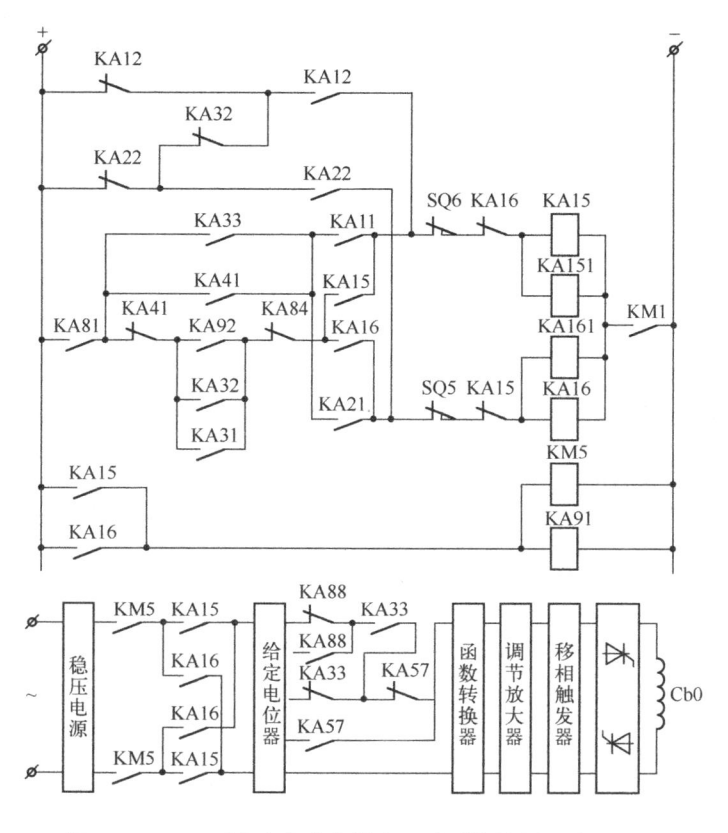

图 1-25 GJX 型直流高速电梯主驱动系统控制电路原理图

当电梯将要到达欲停层楼前的一定位置时，通过选层器上的超前电刷和所触发的 KA401～KA400+n 继电器及 KA95 灵敏继电器发出停层减速信号（即减速信号继电器 KA92 ↑、KA921 ↑）→KA33 ↓、KA32 ↓ 晶闸管励磁柜中的给定输出也按一定曲线下降，这样使晶闸管整流器组的输出减小，也就是使发电机的励磁电流减小，导致其输出电压和电动机的转速（即电梯的速度）按一定曲线制动减小，直至进入欲停层楼的平层区域和最后平层停车。

由于这种电梯的运行速度在 2.5m/s 以上，一般运行一个层楼是达不到额定转速的。因此这种电梯具有电超前的环节，即按电梯的实际运行速度进行电平检测，并分成 KV1～KV10。另外，由于电的反应速度远大于机械机构的反应速度。因此当电气电平已达到某一数值时，机械传动系统的实际值尚须经一定延时后方能达到与前述相对应的速度，这就是所谓的电超前原理。因此根据电梯运行的层楼间距和实际速度而发出相应的减速信号，从而保证电梯有最有效的运行结构。

1.5.6 电梯的安全保护环节

前已述及，电梯运行的充分与必要条件中的第三点就是电梯的各种安全保护必须可靠有效。这是为了保证电梯最安全、最可靠地运行。我国近几年来电梯的安全标准已向国际上的电梯安全标准接近，且基本上相等效，并在 1987 年颁布了 GB 7588—87 的《电梯制造与安装安全规范》。这一新标准与国际上正在执行的 EN 81—1（或英国的 BS 5655）《电梯制造与安装安全规范》等效，并于 1995 年进行了修订。

根据电梯安全标准的要求，无论何种电梯均要符合标准中的安全保护要求。现就一般电梯常用的且必不可少的安全保护环节简介如下。

1. 超速断绳保护

按 GB7 588—95 标准的规定，当电梯下降速度达到额定速度的 115% 时，限速器上的第一个开关动作，使电梯自动减速；而当达到 140% 时，限速器上的第二个开关动作，切断控制回路使电梯停止运行，与此同时，限速器通过机械结构使限速器钢丝绳卡死不动，而电梯轿厢仍在向下运行，这样被卡住的限速器钢丝绳产生一个向上提拉力，从而把它及与其相关的轿厢安全钳向上提起，使仍在下行的轿厢被安全钳楔块紧紧地卡在电梯导轨上，这样使下行的电梯轿厢被掣停于某一位置而不再下降；同时把与其相对应的安全钳开关断开，进一步使电气控制电路切断，强令电梯停止。

这一保护是很重要的，凡是在有可能使各类人员进入电梯轿厢内的电梯，必须设置这一保护，它是极为重要的保护环节，绝不能等闲视之，但只有在不允许，也不能进入各类人员的小型杂物电梯上才可不设置这一保护环节。

2. 层门锁保护

前面曾述及，电梯运行的 3 个充分与必要条件之一是：电梯必须关闭好门后方可运行。因此电梯门（包括轿厢门和各层楼的所有层门）必须闭锁；若没有闭锁好，是不允许电梯运行的，并且还要求不能随意强制拨开各个层楼的层门。所以各层楼的层门必须要有机械和电气的联锁保护，即只有当各个层门确实关闭好后，机械的钩子锁锁紧后电气触点才能接通，这样电梯就可安全地运行。

由上述可知，层门闭锁保护是机械和电气不可分割的环节。因此在电梯安装竣工验收时必须提供某一类型的层门闭锁保护装置的型式试验报告和性能检测报告。

3. 电梯门的安全保护环节

这一保护环节主要是指在关门过程中防止夹伤乘客等的保护装置。一般有安全触板、光电保护或电子光幕保护装置和关门力限制保护装置等。这些保护装置可任选一种或两种以上均可。

这些保护装置是在电梯关门过程中才起作用的。当有乘客或其他人员在电梯关门过程中碰撞（或接近）电梯门扇时使电梯门停止关闭，并立即开启，从而使乘客不致被门扇夹痛（伤）。

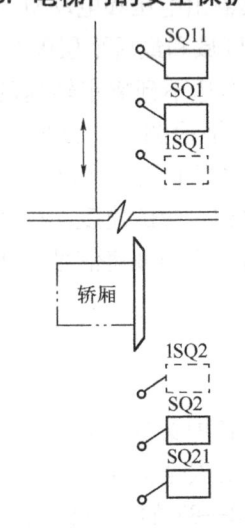

图 1-26 电梯两端站的保护装置动作示意图

4. 上、下端站的强迫减速保护

为了防止电梯在两端站的永磁感应器或选层器触点等失效而产生不了减速信号所导致的快速冲顶或蹲底，根据电梯安全标准规定，必须在电梯井道内的两端设置强迫减速装置。该装置的动作示意如图 1-26 所示。

当两端站的正常减速信号因某种原因而不能发出减速信号时，则通过图 1-26 中 SQ2（SQ1）的动作，使快速运行继电器 KA33↓、KA32↓，从而迫使电梯强行减速。

当电梯运行速度不小于 1.6m/s 时，端站的减速保护还分为单层和多层保护，即需要增加图 1-26 中虚线所示的 1SQ1（或 1SQ2）2 个限位开关。图 1-26 中的 1SQ1（或 1SQ2）为多层运行时（即电梯以额定速度运行）起减速保护作用；而当电梯在端站的前一层站向端站运行时（即单层运行），则应使 SQ1（或 SQ2）开关起作用，但此时应将 1SQ1（1SQ2）通过速度继电器的触点将其短接起来，以保护单层的正常运行。

5. 上、下方向限位保护及终端保护

当电梯运行至两端站时，若平层停车装置（永磁感应器或开关）不起作用，则应通过图 1-26 中的 SQ11（或 SQ21）开关起作用而切断电梯的运行方向继电器（或接触器），从而使电梯强行停车。

对于速度不大于 1m/s 的交流双速电梯，应另设置终端极限开关。当方向限位保护不起作用时，要通过碰铁使极限开关动作，切断电梯的动力电源，迫使电梯强行停止。

6. 缺相、错相保护

如果供给电梯用电的电网系统，由于检修人员检修不慎而造成三相动力线的相序与原相序有所不同，进而使电梯原定的运行方向变为相反的方向，这样就会给电梯运行带来极大的危险性，出现不堪设想的后果，此外也为防止电梯曳引电动机（或电动机）在电源缺相情况下的不正常运转而导致烧损电动机现象的出现，要求在电梯控制系统中必须设置缺相、错相的保护继电器。这一要求在新的和旧的《电梯制造与安装安全规范》中均有明确的条文规定。

当输入交流曳引电动机（或直流电梯中的交流电动机或主变压器）接线端子前的任意一部分（如热保护继电器、接触器的主触头、熔断器、总电源开关等）出现问题而导致缺相时，均应通过缺相、错相保护继电器的动作而切断控制电路中的安全保护回路。图 2-1 中的 KA71 即为此保护器，一旦 KA71↓→KA72↓→切断所有控制回路，强迫电梯停止运行。

现在，人们常将缺相和错相两种保护合并在一个继电器内，这就是通常所说的缺相、错相保护继电器，常用的缺相、错相保护继电器型号有 XJ-3 型和 XQJ-86-Ⅱ型等。图 1-27 给出了该继电器的工作原理。

7. 电梯电气控制系统中的短路保护

一般的电气设备均应有短路保护，电梯的电气控制系统也与其他电气设备一样，均用容量不同的熔断器进行短路保护。熔断器中的熔丝保护特性如图 1-28 所示。

8. 曳引电动机（或直流电梯中的交流电动机或主变压器）的过载保护

一般最常用的过载保护是热继电器保护，当电梯长时间过载（即电动机中的电流大于额定电流）时，热继电器中的双金属片经过一定时间（该时间将随电动机中电流大小变化而变化）后变形而断开串接在安全保护回路中的热继电器触点，从而切断全部控制电路，强迫电梯停止运行，从而保护电动机（或主变压器）不因长时间过载而烧损。例如，图 2-1 中的 FR1、FR2 均属于此种保护。该热继电器的保护动作示意如图 1-29 所示。

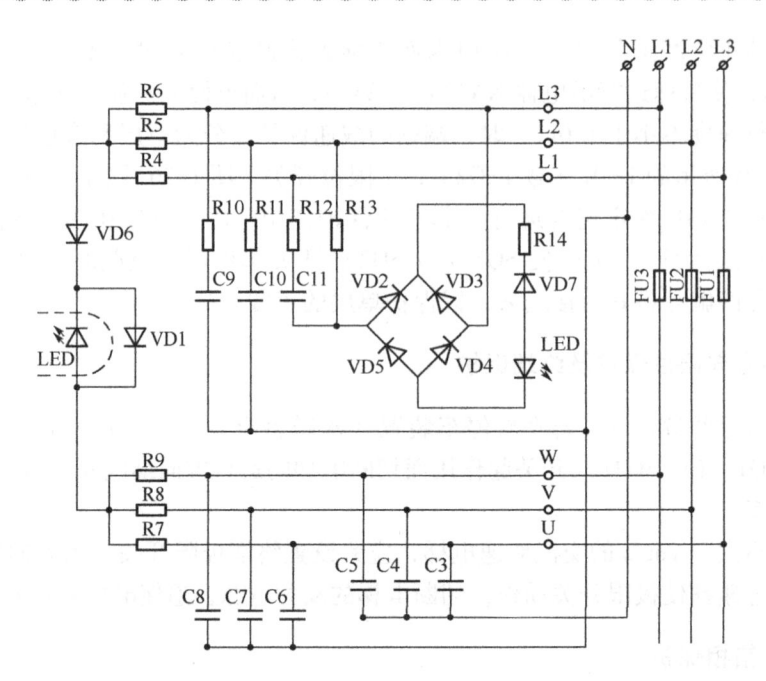

图 1-27 缺相、错相保护继电器工作原理示意图

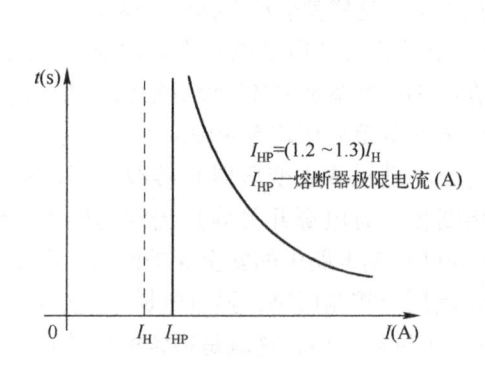

图 1-28 常用熔断器的保护特性曲线图

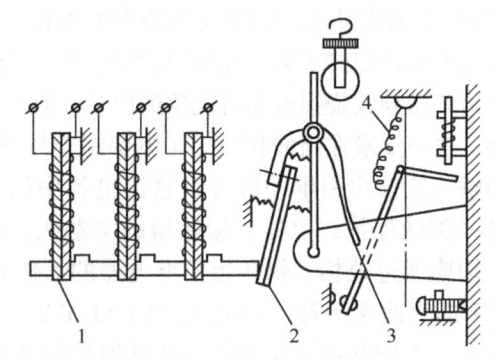

1—发热元件；2—双金属片；3—杠杆；4—拉簧

图 1-29 热继电器的保护动作结构示意图

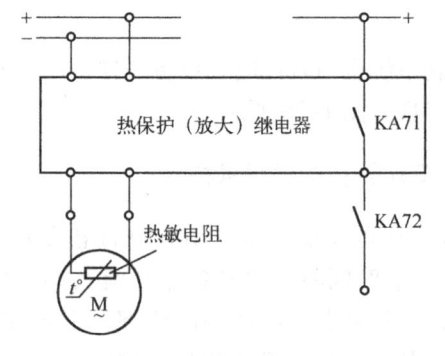

图 1-30 热敏电阻式过载保护接线示意图

现在，也有通过电动机（或主变压器）绕组中的热敏电阻（或热敏开关）进行过载保护的，即因过载发热而引起的阻值变化量经放大器放大，使微型继电器吸合，断开其串接在安全保护回路中的常闭触头，从而切断电梯的全部控制电路。强迫电梯停止运行，从而保护电动机（或主变压器）不被烧坏。这种过载保护的接线示意如图 1-30 所示。

除了上述的短路保护和过载保护外，现在也常用带有失压、短路过载等保护作用的空气自动开关作为电梯电源的主控制开关，在失压、短路、过载情况下，迅速切断电梯总电源。因此选用合适的电梯总电源开关也是十分重要的。

技能训练 1

1. 实习目的和要求

（1）了解在电梯自动控制系统中有哪些主要控制环节。
（2）掌握各个控制环节电路的动作过程和原理。

2. 设备、工具

主要设备、工具有电梯控制柜、常用电工工具。

3. 实习内容

（1）元件识别：掌握有关电气部件的文字符号和实际安装位置。
（2）动作元件：在电梯控制柜中找出电梯运行时相应动作的元件。
（3）动作过程与原理分析：写出电路运行时元件的动作过程并根据原理图分析其工作原理。
（4）故障排除：了解电路常见的故障现象，分析其原因并排除。

1.6 电梯自动控制中的主要电路和系统

1.6.1 电梯的内外召唤指令的登记与消除

电梯既然作为高层大楼内的垂直交通运输设备，自然要根据大楼内乘客的召唤指令信号进行工作。前面几节已较详细地叙述了电梯是如何进行工作的。在本节中将叙述大楼内乘客如何发出召唤指令信号，又如何在电梯未到达之前记住这些信号，当电梯到达后又如何消除这些早已登记好的信号，现按上述思考方法逐一阐明如下。

1. 两种典型召唤指令信号登记记忆电路的原理说明

（1）串联式登记记忆及其消除电路。这种串联式的登记记忆电路的电气原理如图 1-31 所示。由图 1-31 中可知，所谓串联式指令（包括各层层外的召唤）信号的记忆与消除是串联在一起的，即某层的指令，召唤信号的登记与记忆是通过某层的层楼信号继电器的常闭触点与其串联而工作的。当电梯响应某层的指令信号（或轿厢外的顺向召唤信号）而减速停层时，该层的指令信号（或轿厢外的顺向召唤信号）就因该层层楼继电器的吸合而消除记忆（层楼继电器 KA400+n 的常闭触点断开了 KA100+n 的吸合电路）。

还可能遇到用选层器的常闭触点代替层楼继电器的常闭触点的情况，这个选层器的常闭触点是由随电梯运行而运行的撞块而碰开的。

图 1-31 中的二极管电路部分是当某些具有超前装置的层楼继电器（或选层器）动作过早时的另一条维持指令信号继电器（或轿厢外召唤信号继电器）继续吸合的通路，这样可以保证在该层发出减速信号后（图 1-31 中 KA33 继电器常开触点断开，使二极管部分不起

作用），才能将该层的指令信号（或轿厢外召唤信号）消除。

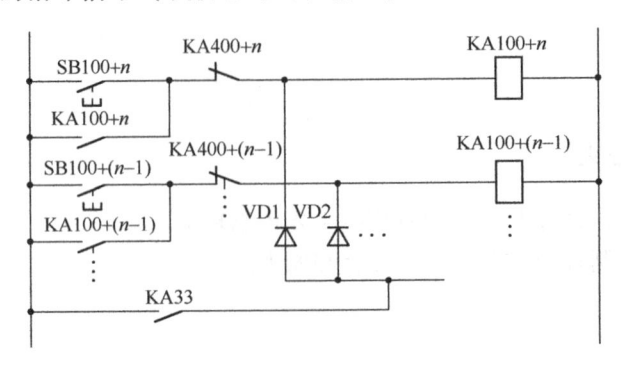

图 1-31　串联式的信号登记记忆及其消除电路示意图

（2）并联式登记记忆及其消除电路。这种并联式的登记记忆电路的电气原理如图 1-32 所示。从图 1-32 中可以看出，这种并联式电路的消号是当电梯到达指令信号层楼时，该层的层楼继电器常开触点并联于指令信号继电器（或轿厢外召唤信号继电器）线圈的两端，即经限流电阻把指令信号（或轿厢外召唤信号）继电器线圈短接，从而使信号继电器释放消号。但这一消号必须在电梯将要到达该层而发出减速信号后（即快速运行继电器——KA33 释放，其常闭触点复位），方可消除记忆——消号。

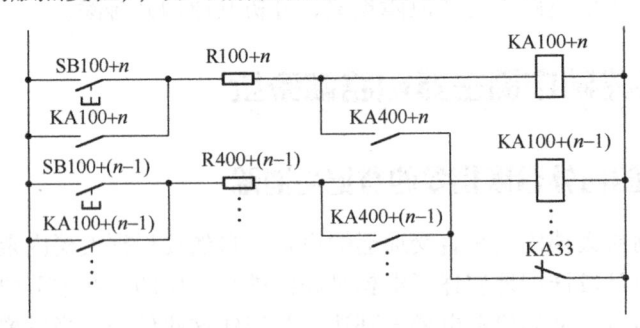

图 1-32　并联式的信号登记记忆及其消除电路示意图

（3）串联式和并联式登记记忆与消号电路的比较。由上述可知，无论是串联式还是并联式的登记记忆与消号电路，其目的均如下。

① 能登记、记忆各层的指令信号（或轿厢外召唤信号）。

② 电梯到达该层后，能将登记的信号予以消除。

但是串联式登记记忆与消号电路是利用层楼继电器的常闭触点串接于指令继电器（或轿厢外召唤继电器）的线圈回路中的，如果该常闭触点接触不好（这是常有的），就会影响该层指令信号（或轿厢外召唤信号）的登记和记忆。这样就要影响乘客到达该层或在该层乘客对电梯的使用。而并联式电路则与上述相反，如果该层的层楼继电器常开触点接触不好，则仅仅影响信号的消除，而不影响该层信号的登记与记忆，即不影响乘客到达该层及该层乘客的使用。

综上所述，为保证乘客可靠到达指定层楼或满足某层轿厢外乘客乘坐电梯的要求，现今一般电梯控制电路常用并联式电路，串联式电路已很少见到。

当然，并联式电路也有其不足之处，即每层要有一个限流电阻，而且使指令继电器

（或轿厢外召唤继电器）的线圈工作电压与电源电压不一致，这样就增加了继电器的电压品种；而串联式电路就无上述不足之处了。

2. 轿内指令信号的登记、记忆与消除

从上面对两种典型的信号登记、记忆与消除电路的分析可知，电梯轿厢上发出的轿内指令信号的记忆与消除多采用并联式结构，其具体电路见图1-33，而其在电梯控制电路中的应用见图2-1。

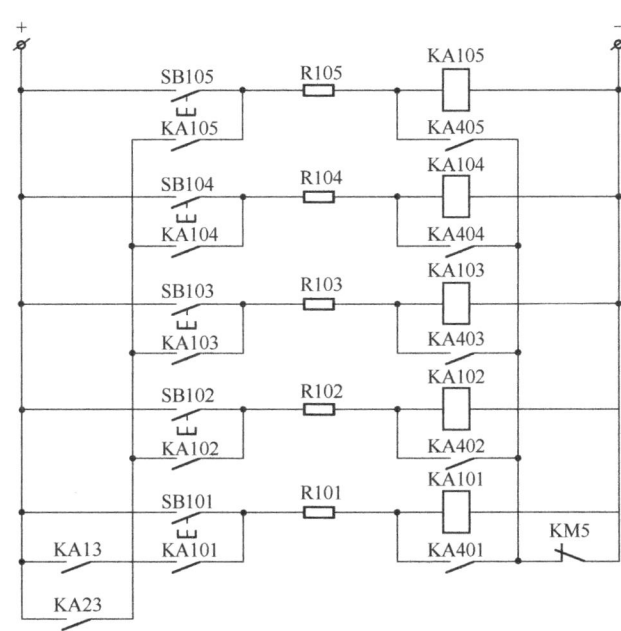

图 1-33 轿内指令信号登记、记忆与消除电路示意图

从图1-33中可以看出，这是一个典型的并联式记忆与消号电路，但这里要说明的是：某层指令信号登记后的记忆不是直接自保记忆住，而是在先有了轿内指令信号后，使电梯确定出运行方向，即方向继电器KA13（或KA23）或上下方向继电器KA14吸合后，才可自保记忆住，也就是说，当电梯失去方向后（即KA13↓或KA23↓），即使层楼继电器未动作，也能把登记的轿内指令信号消除。

3. 层外召唤信号的登记、记忆与消除

这部分的电气电路结构与轿内指令信号的电路结构基本相同，也是采用并联式结构，其具体电路原理如图1-34所示，其在电梯控制电路原理中的应用情况见图2-1。

由图1-34可知，该电路较为复杂，特做几点说明如下。

（1）该电路不仅起着各层楼层外召唤信号的登记、记忆与消号的作用，而且还具有无司机工作状态的"本层开门"功能。

（2）由图1-34可以看出，各个层楼的层外召唤信号的消除与电梯运行的方向有关。若登记、记忆的某一方向召唤信号与电梯运行方向一致，则电梯在该层发出减速信号后才能消号；而与电梯运行方向相反的各层楼的层外召唤信号则予以保留，不再消号。这一点是与轿内指令信号消除的最主要区别。

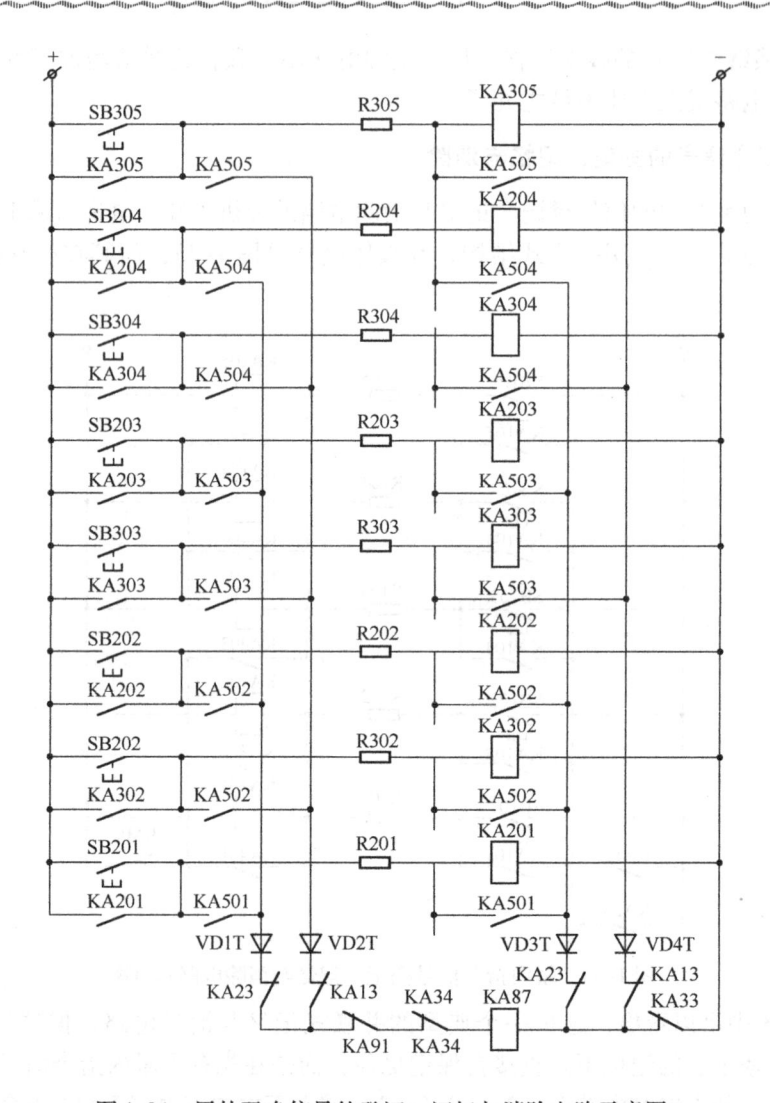

图 1-34 层外召唤信号的登记、记忆与消除电路示意图

（3）若两台或三台电梯并联运行控制，则一台电梯先应答某层的层外召唤信号（与电梯运行方向一致的召唤信号）即可发出减速信号，而后自动消除该层的顺向召唤信号；而另外一台（或两台）电梯在该层不再发出减速信号也不再停车。

因此在两台以上的多台电梯并联控制中，各层楼的层外召唤信号元件（即召唤按钮箱）可以公用。而没有必要每台梯均要设置各个层楼的轿厢外召唤信号装置了。

技能训练 2

1. 实习目的和要求

（1）了解电梯的内、外召唤指令的登记与消除。
（2）掌握电梯的内、外召唤指令的登记与消除电路的动作过程和原理。

2. 设备、工具

电梯控制柜、常用电工工具。

3. 实习内容

（1）元件识别：掌握有关电气部件的文字符号和实际安装位置。
（2）动作元件：在电梯控制柜中找出电梯电路运行时相应动作的元件。
（3）动作过程与原理分析：写出电路运行时元件的动作过程并根据原理图分析其工作原理。
（4）故障排除：了解常见电路的故障现象，分析其原因并排除。

1.6.2 电梯的信号指示系统

任何一种电梯，不论其自动化程度有多高，控制系统如何复杂或如何简单，均须告知各个层楼大厅乘客和电梯轿厢内乘客、司机等召唤及指令信号是否已被登记，并是否被记忆住了，电梯的运行方向是否正确，电梯轿厢位置处在什么层楼等。因此电梯的信号系统良好与否也是电梯安全运行的一个重要环节。

1. 电梯轿厢所处层楼位置信号的产生

（1）井道永磁感应器与继电器逻辑电路组成的电梯轿厢位置及其信号指示。这一位置信号的产生已在前面叙述了，故不再重述。
（2）选层器或指示器装置。电梯的选层器或指示器装置实际上是指电梯在整个运行过程中把电梯机械系统按比例地缩小，它们的结构示意如图1-35、图1-36所示。

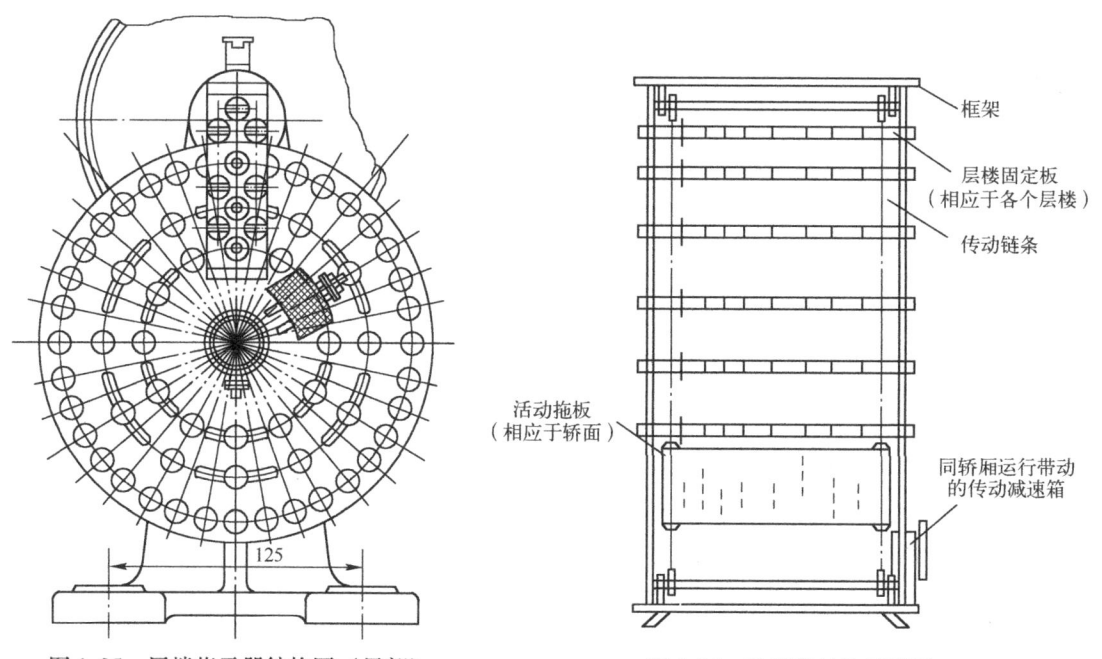

图 1-35　层楼指示器结构图（局部）

图 1-36　选层器结构示意图

这两种装置是直接经减速装置减速后，使其正好运行于电梯轿厢的运行位置。

选层器一般直接由轿厢经钢带及减速机构带动，因此活动拖板所处的位置就是缩小了的电梯轿厢的相应位置。

层楼指示器装置的传动一般是由曳引电动机的曳引绳轮轴的引出装置带动的，通过链条和指示器上的齿轮减速装置而使活动臂转动。这种指示器常用于载货电梯上。

(3) 井道磁开关或普通开关装置。这种磁开关或普通限位开关在井道中每层有一个，它是由装于轿厢侧的隔磁铁板或碰铁来接通的，即在它们接通后说明电梯所处的位置，它们的结构示意如图 1-37 所示。

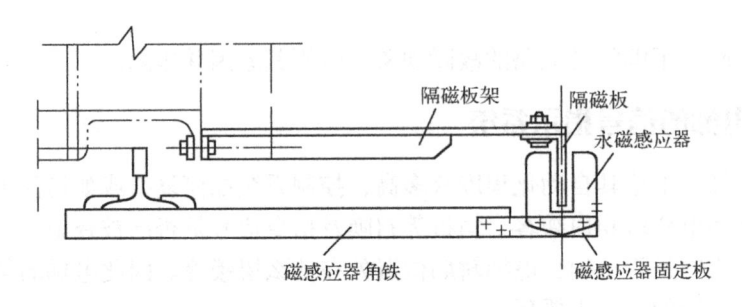

图 1-37　井道磁开关安装示意图

2. 层楼信号指示灯

电梯的层楼信号指示灯是通过上述选层器上的活动拖板（相当于电梯运行时的轿厢位置）或层楼指示器的活动臂（随电梯轿厢的运行而转动——反映轿厢位置）上带电触头与选层器固定框架上的与实际层楼位置相对应的固定导电触头的接通而使全部层楼的层楼指示灯点亮，从而反映出电梯轿厢在整个楼层中的位置。层楼指示器上的活动臂上的导电触头与层楼位置相对应的固定导电桩头接通时，某层的层楼指示灯被点亮，其电气原理如图 1-38 和图 1-39 所示。

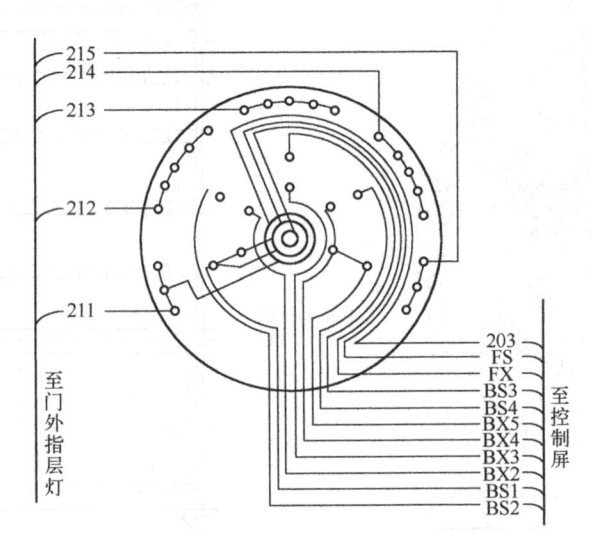

图 1-38　圆盘式层楼指示器接线示意图

用井道磁开关或普通开关的层楼位置信号指示的电气原理如图1-40所示。

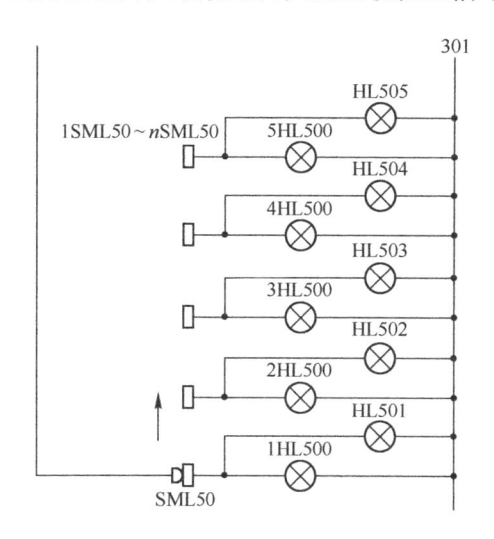

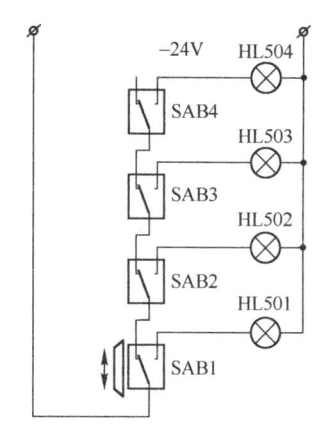

图1-39　选层器层楼指示灯接线原理图　　图1-40　用井道开关的指示灯接线原理图

从图1-40中可以看出，只要隔磁铁板或碰铁接触上，某层的磁开关或限位开关就能使某层的信号灯点亮。同时还可以看出，隔磁铁板或碰铁的长度应以最大的一个层楼距离作为其长度较为合适；而在某些小层楼距时，虽然可能有两个层楼的开关同时接通，但也只能点亮一个层楼信号灯。

这种指示器结构，一般常用于层楼间距相同的住宅楼上。上述3种层楼指示灯的接法不仅可用于各个层楼、门外上方的层楼指示灯，还可用于电梯轿厢内的层楼指示灯。

3. 数码显示的层楼指示器

随着高层大楼的不断涌现，一般用指示灯泡显示的层楼指示器的宽度将变得很大，有时往往大于电梯门口的开门宽度，这样就不美观了；同时灯泡易烧损（尤其在夜间、电网电压向上波动很大时），且不易调换指示灯泡，因此现在出现用数码显示的层楼指示器，该指示器不仅体积小，而且使用寿命长，其电气原理如图1-41所示。

图1-41仅表示出9层，其他层数可以此类推，一个数码管显示的层楼指示器可用于9层以下；两个数码管显示的则可用于99层以下。因此，这样用数码管显示的层楼指示器将会得到越来越广泛的应用。

4. 运行方向指示灯、轿内指令及轿外召唤信号灯

（1）运行方向指示灯。在电梯确定了运行方向后，其方向指示灯即被点亮，方向指示灯一般与层楼位置指示灯放在一起，其外形如图1-42所示。这一方向指示灯是表明电梯向上（或向下）运行。只有在消失运行方向后，此指示灯才熄灭。

（2）预报运行方向指示灯。随着电梯的无司机状态使用状况增多，预报电梯下一次准备运行的方向指示灯也将得到推广使用。而这种预报运行方向指示灯常与电梯到站钟一起使用，它们的工作电路原理如图1-43所示。

当电梯按轿厢内指令或楼层的召唤信号而制动减速停车前，可使预报方向指示灯点亮，并同时发出到站钟声，以告知乘客电梯即将到达，告知下一次电梯即将运行的方向。因此，电梯在某一层不准备停车时，该层的预报方向指示灯也不点亮，到站钟也不响；只有电梯在该层准备停车，发出减速信号，即将到达该层时，才会点亮该层的准备下一次运行方向指示灯，同时发出到站钟声以引起乘客注意。

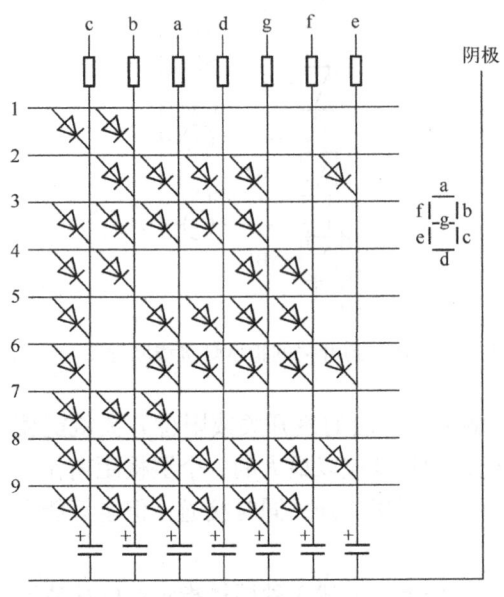

图 1-41 层楼数码显示器接线原理图

图 1-42 常用层楼指示器正面图

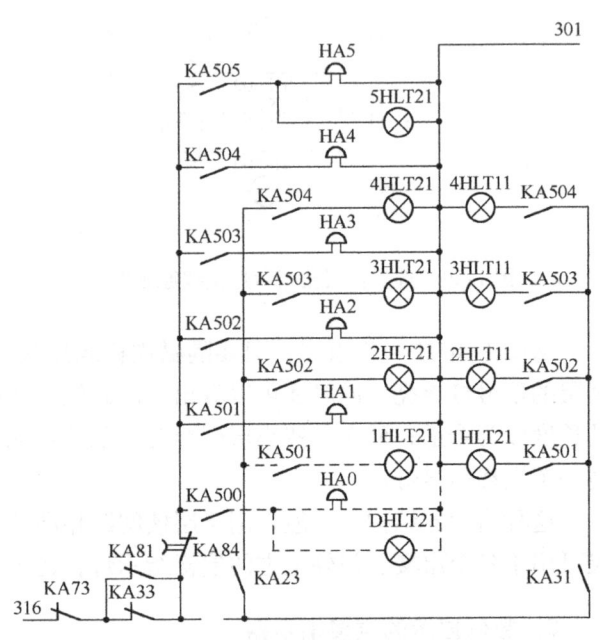

图 1-43 层楼上的预报方向指示灯和到站钟电路原理图

（3）轿内指令记忆灯及层楼轿外召唤信号记忆灯。这种信号灯通常装于指令按钮内和轿外召唤按钮内，它们是在揿按按钮后使继电器吸合的该继电器中的一对触点接通而点亮的。当该继电器被消号释放后，该记忆灯也熄灭。

5. 超载信号指示灯及音响

在无司机操纵或有司机操纵的电梯中，根据电梯安全规范的规定，必须设置电梯轿厢的超载保护装置，以防止电梯轿厢严重超载而出现意外人身伤害事故。

超载装置一般装置在电梯轿厢底，这一超载装置可以是有级的开关装置，也可以是连续变化的压磁装置或应变电阻片式的装置，但无论何种结构型式的超载装置，电梯超载时均应发出超载的闪烁灯光信号和断续的铃声；与此同时使正在关门的电梯停止关门并开启，直到多余的乘客退出电梯轿厢为止，不再超载时，才会熄灭灯光信号和铃声，并可重新关门启动运行。

在一般电梯中，最常用的超载保护装置是磅秤式的开关结构，其示意如图 1-44 所示，其音响和灯光电路如图 1-45 所示。

超载信号灯及铃声（蜂鸣器）均装置在轿厢内的操纵箱内部，在其面板上有"OVER LOAD"红色灯光显示板。

当超载开关 SA74 动作时→KA74↑，从而使继电器 KA75 延时吸合（因该继电器线圈两端并联的电容 C75 充电需要时间，即充电达到继电器的吸引电压时 KA75 吸合）→超载灯 HL74 点亮，HA 铃发声，在 KA75 吸合后，其本身的常闭触点又断开其吸合线圈的电路，但 KA75 不会立即释放，一旦释放后，灯立即不亮，铃也不响，而 KA75 的本身常闭触点又再次复位，再次接通 KA75 的吸合电路，即又重新开始对电容器 C75 充电，充电达到 KA75 吸合电压时又使灯亮、铃响，这样周而复始，直至 SA74 开关复位（即不超载）→KA74↓→切断了 KA75 继电器线圈电路接通的可能性。

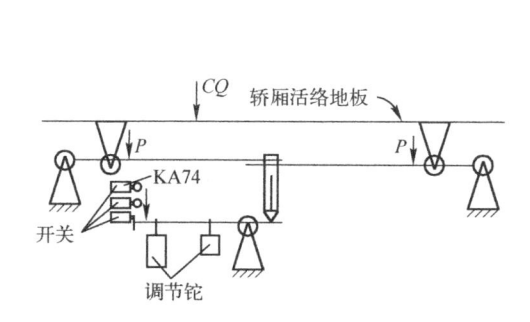

图 1-44 杠杆式称重超载装置结构示意图

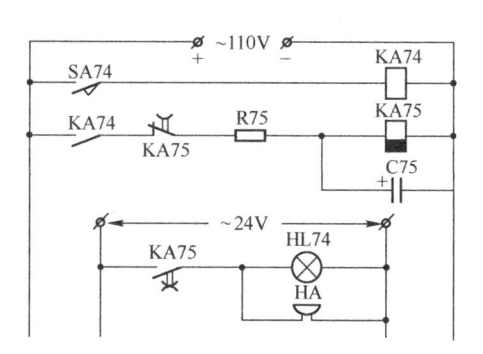

图 1-45 超载信号指示电路原理图

技能训练 3

1. 实习目的和要求

（1）了解电梯的信号指示系统。
（2）掌握电梯的信号指示系统电路的动作过程和原理。

2. 设备、工具

电梯控制柜、常用电工工具。

3. 实习内容

（1）元件识别：掌握有关电气部件的文字符号和实际安装位置。
（2）动作元件：在电梯控制柜中找出电梯电路运行时相应动作的元件。
（3）动作过程与原理分析：写出电路运行时元件的动作过程并根据原理图分析其工作原理。
（4）故障排除：了解电路常见的故障现象，分析其原因并排除。

1.6.3 电梯的消防控制系统

我们知道，凡是有人工作、学习、居住、娱乐的场所，各种建筑楼房、车辆及其他运输设备等均应设置消防灭火装置，尤其对于一幢高层建筑大楼内的垂直运输设备——电梯必须能适应大楼发生火灾时有利于消防人员进行灭火抢救工作。为此，我国消防部门规定：一幢高层建筑大楼内无论电梯台数多少，必须要有一台专用电梯能供消防人员灭火。而对其他电梯，也应有利于发生火灾时的人员疏散（详见 GB 50045—95《高层民用建筑设计规范》中有关条款）。

所以，在电梯控制系统中必须考虑在发生火灾时供消防人员专用控制的情况，即所有各类电梯无论其自动化程度如何，速度多大，其适应消防专用控制的要求是一样的。

1. 电梯控制系统中适应消防控制的几个基本要求

（1）当大楼发生火警时，不管电梯当时处于什么状态均应使可供消防员专用的电梯（通常称"消防梯"）立即返回底层（基站），为此必须做到如下几点。

① 接到火警信号后，消防梯不应答轿内指令信号和轿外的召唤信号。

② 正在上行的电梯紧急停车，如果电梯速度大于1m/s，先强行减速，后停车。

③ 在上述①、②情况下，电梯停车不开门。

④ 正在下行的电梯直达至底层（或基站）大厅，而不应答任何内、外召唤指令信号。

⑤ 对其他非消防电梯，根据新的《消防规范》规定，也应在发生火警时，令大楼内的所有非消防员专用电梯立即返回底层（或基站）大厅，开门放客。

（2）待电梯返回底层（或基站），应能使消防人员通过钥匙开关，使电梯处于消防员专用的紧急运行状态，此时应做到如下几点。

① 电梯自动处于专用状态，只应答轿内指令信号，而不应答层外召唤信号。同时轿内指令信号的登记，只能逐次进行，运行一次后将全部消除轿内指令信号，第二次运行又要再一次揿按消防人员欲去层楼的指令按钮。

② 在消防紧急运行情况下，电梯通过揿按操纵箱上的关门按钮关门且关门速度约为正常时的1/2。若门未全部闭合，松开关门按钮，电梯立即开门，不再关门。因此电梯门的安全触板、光幕保护等不起作用。而当电梯到达某一层楼停车后，电梯也不自动开门，需要连续揿按开门按钮后方能开门；松开开门按钮后电梯不再开门而变成自动关门了。

③ 消防紧急运行仍应在至关重要的各类保护起作用且有效的情况下进行。

（3）当火警解除后，消防员专用的一台电梯及大楼内的其他各台电梯均应能很快转为正常运行状态。

2. 消防控制系统的类型及工作原理

消防控制系统的类型是按照消防紧急运行的投入方法及其电梯的台数进行分类的。过去国内消防电梯的紧急运行大多数是在底层（或基站）进行操作的，当今世界发达的工业国家（如欧美等国家）的电梯厂家一般是由消防系统送出信号给电梯系统，或是操作装于底层（或基站）的带有玻璃窗的消防专用开关控制电梯处于消防返回运行状态，当电梯返回底层（或基站）后，再通过装于层外或轿内操纵箱上的钥匙开关使电梯处于消防员专用控制的消防紧急运行状态。而按处于消防员专用电梯台数的多少又可分为单台梯消防控制系统或两台以上多台梯消防控制系统，其类别有 BR1、BR2、BR3 和 BR4。

（1）BR1 消防控制类型的工作原理。这种控制类型是在电梯的底层（或基站）设置有供消防火警用的带有玻璃窗的专用消防开关箱。在发生火警时,敲碎玻璃窗,搬动箱内开关即可使处于下列运行状态的电梯立即返回到底层(或基站)。

① 正在向上运行的电梯立即停车(对于运行速度不大于1m/s的电梯)或立即制动减速就近停车(对于运行速度大于1m/s的电梯),同时消除轿内原先登记的轿内指令信号和轿外召唤信号(轿外召唤信号的消除一直保持到消防运行控制状态结束)。另外,在电梯停车后,电梯绝不能开门,以免引起层楼轿外乘客的涌入和轿厢内乘客的慌忙逃离。这样电梯定向下方向运行且直接驶向底层(或基站),到达底层停车后,电梯开门放客,以后电梯开着门停在底层(或基站),不再投入使用。

② 正在向下运行的电梯,接受消防控制命令后不再停车,也不开门,直接驶向底层(或基站),因为在使电梯进入消防控制时与①中所述一样,也同时消除了所有轿内指令信号和轿外召唤信号。当电梯到达底层后,开门放客,开着门停在底层,不再投入使用。

③ 若电梯正停于某层或关着门等待或开着门正在进客,则无论电梯是准备向上运行还是向下运行,此时接到消防控制命令后立即向下直接驶向底层(或基站)后开门放客。

④ 若电梯刚离开底层(或基站)且尚未离开底层(基站)区段,则电梯停车,不开门,并以慢速向下运行至底层楼平面处,开门放客,电梯不再投入使用。

(2) BR2消防控制类型的工作原理。这种控制类型是在电梯的底层(或基站)除了设置有供消防火警时用的带有玻璃窗的专用消防开关箱外,还设有供电梯返回底层(基站)后,有可供消防员操作的专用钥匙开关,只要接通该钥匙开关就可使已返回底层(基站)的电梯供消防员使用。在使用过程中,须连续揿按关门按钮,直至把电梯门关闭好。同时在运行过程中,只能逐层运行,即如果连续登记几个指令信号,电梯在运行最近的一个层楼后即把全部已登记好的信号消除,下一次再运行,必须重新登记指令信号。

其运行过程及状况与前述的BR1类型一样。

BR1和BR2两种型式,一般常用于单台电梯中。

BR1和BR2的具体控制电路及原理如图2-1所示,其将在本节的后半部分中进行叙述。

(3) BR3消防控制类型的工作原理。这种控制类型与BR2的控制类型相同,所不同的是在电梯返回底层(或基站)后,供消防员控制操作的专用钥匙开关设置位置不同,BR2的专用钥匙开关是设置在底层(或基站)轿外召唤按钮箱中;而BR3的专用钥匙开关是设置在电梯轿厢内的操纵箱上。在电梯按消防命令返回底层(基站)开门放客后,消防人员进入轿厢内用专用钥匙操作操纵箱下部刻有"消防(Firman's)"字样的钥匙开关即可使电梯进入消防紧急运行状态,消防人员可以令电梯至某层救人和灭火。电梯的运行过程与BR1、BR2完全一样。

(4) BR4消防控制类型的工作原理。这种控制类型与BR3的控制类型相同。所不同的是电梯返回底层(或基站)后,可供消防员控制操作的专用钥匙开关不是设在轿内操纵箱上,而是设置在底层(或基站)轿外多个召唤按钮箱中的某一个按钮箱上。BR4和BR3两种消防控制类型一般应用于多台电梯群管理控制(或是并联控制)的情况下,BR3型是令一组电梯中的若干台电梯投入消防紧急运行状态,而BR4型是使一组电梯中的所有电梯均投入消防紧急运行状态。BR4型的消防返回及紧急运行状态与BR1、BR2型完全一样。

BR1~BR4各种类型的消防开关(JBF)和消防紧急运行的钥匙开关(JNFF)设置如

图 1-46 所示。

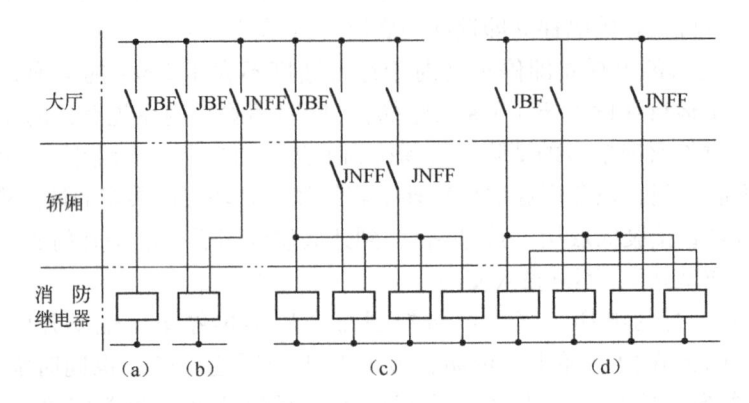

图 1-46　某电梯的各种消防控制类型及消防开关、消防紧急运行开关接线示意图

技能训练 4

1. 实习目的和要求

（1）了解电梯的消防控制系统。
（2）掌握电梯的消防控制系统电路的动作过程和原理。

2. 设备、工具

电梯控制柜、常用电工工具。

3. 实习内容

（1）元件识别：掌握有关电气部件的文字符号和实际安装位置。
（2）动作元件：在电梯控制柜中找出电梯电路运行时相应动作的元件。
（3）动作过程与原理分析：写出电路运行时元件的动作过程并根据原理图分析其工作原理。
（4）故障排除：了解电路常见的故障现象，分析其原因并排除。

1.6.4　电梯的群控系统

1. 电梯群控系统的定义

在一幢大楼内，电梯的配置数量由大楼内人员的流量及其在某一短时间内疏散乘客的要求和缩短乘客等候电梯的时间等因素所决定——即所谓的交通分析。这样在电梯的电气控制系统中就必须考虑到如何提高电梯群（组）的运行效率。如果多台电梯均各自独立运行，将不可能提高电梯群的运行效率，也会白白浪费资源。例如，某一大楼内并排设置了两台电梯均各自独立运行（包括应答轿外召唤信号），如果某一层有乘客向下至底层揿按了两台电梯在这一层的两个召唤按钮箱中的向下召唤按钮，则很有可能是两台电梯均会同时应答而来到这一层,此时可能其中一台电梯先行把客人接走,而另外一台电梯后到,已无乘客,使该电梯空运行了一次;又如,有两个邻层的向上召唤信号,本来可由其中一台电梯顺向应答截车停靠即可,但如果两台电梯均有向上召唤信号,则另一台电梯也会因有召唤信号而停车。所以在并排设置两台电梯以上时在电梯控制系统中必须考虑电梯的合理调配问题。

从电气控制角度看,这种合理调配按其调配功能强弱可以分为并联控制和机群管理控制两大类,简称并联和群控两大类。

并联控制就是几台电梯共享一个轿外召唤信号,并能进行预先设定的调配原则自动调配某台电梯去应答轿外召唤信号。

所谓群控除了共享一个轿外召唤信号外,还能根据轿外召唤信号数的多少和电梯每次负载情况而自动合理地调配各个电梯处于最佳的服务状态。

无论是多台电梯的并联控制还是机群管理控制,其最终目的是把对应于某一层楼召唤信号的电梯应运行的方向信号分配给最有利的一台电梯,也就是说自动调配的目的是把电梯的运行方向合理地分配给梯群中的某一台电梯。

2. 两台电梯并联控制的调度原则及实施电路

(1) 调度原则。

① 正常情况下,一台电梯在底层(基站)待命,另一台电梯停留在最后停靠的层楼,此电梯常称自由梯或称忙梯。某层有召唤信号,则忙梯立即定向运行去接某层的客人。

② 两台电梯因轿内指令而到达基站后关门待命时,则应执行"先到先行"的原则。例如 A 台电梯先到基站,而 B 台电梯后到,则经一定延时 A 台电梯立即启动运行至事先指定的中间层楼待命,并成为自由梯,而 B 台电梯则成为基站梯。

③ 当 A 台电梯正在上行时,若其上方出现任何方向的召唤信号,或是其下方出现向下的召唤信号,则均由 A 台电梯去完成,而 B 台电梯留在基站不予应答。但如果在 A 台电梯的下方出现向上召唤信号,则在基站的 B 台电梯应答信号而发车上行接客,此时 B 台电梯也成为忙梯了。

④ 当 A 台电梯正在向下运行时,若其上方出现任何向上或向下召唤信号,则在基站的 B 台电梯应答信号而发车上行接客。但如果 A 台电梯下方出现任何方向的召唤信号,则 B 台电梯不予应答而由 A 电梯去完成。

⑤ 如果 A 台电梯正在运行,其他各层楼的轿外召唤信号又很多,但在基站的 B 台电梯又不具备发车条件,而在 30~60s 后,召唤信号仍存在,尚未消除,则通过延误时间继电器而令 B 台电梯发车运行。同样原理,如果本应 A 台电梯应答轿外召唤信号而运行,但由于诸如电梯门锁等故障而不能运行时,则也经 30~60s 的延误时间后而令 B 台电梯(基站梯)发车运行。

上述的发车调度原则示意如图 1-47 所示。

(2) 两台电梯并联运行时的调度电路原理如图 1-48 和图 1-49 所示。

① 当两台电梯都停在底层(基站)时,如果 A 台电梯先返回基站,B 台电梯随后又到达基站,则 B 台电梯在停站前接通 A 台电梯的调配继电器 KA55,为方向继电器 KA11、KA13 的吸合提供条件:KM6-B↑,1KA500-B↑→KA55-A↑。

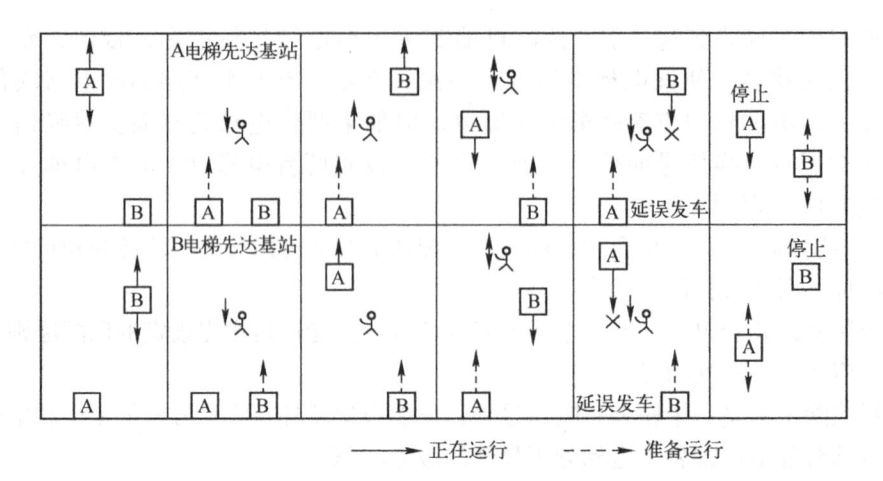

图 1-47 两台并联电梯发车调度原则示意图

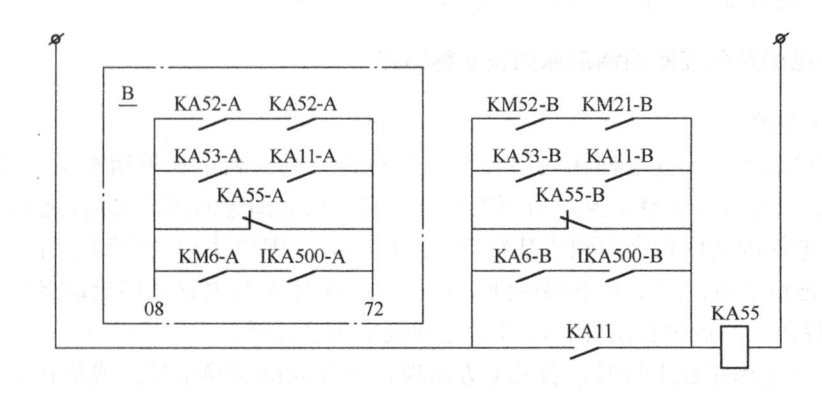

图 1-48 两台并联电梯调配继电器 KA55 工作原理电路图

因此，当出现上部层楼轿外的任何方向召唤信号时，A 台电梯由于 KA55-A 的吸合而使 A 台电梯的定向电路接通使 KA11-A 和 KA13-A 继电器吸合，从而使 A 台电梯接受轿外召唤信号而发车上行。

以上就是"先到先行"原则的实施说明。

② 当 A 台电梯上行时，其下方出现向上方向的召唤信号 KA11-A↑，KA53-A↑→KA55-B↑。

因此，B 台电梯的 KA55-B 吸合，而使 B 台电梯的定向电路接通使 KA11-B↑和 KA13-B↑继电器吸合，B 台电梯就会接受信号而发车上行。

③ 当 A 台电梯下行时，若其上方出现任何方向的召唤信号（上或下），则有

$$KA21-A↑,KA52-A↑→KA55-B↑$$

因此，由于 B 台电梯的 KA55-B 吸合而使 B 台电梯的定向电路接通，使 KA11-A 和 KA13-B 继电器吸合，这样 B 台电梯就会接受信号而发车上行。

④ 当 A 台电梯在运行时，当时存在的各层楼轿外召唤信号可由其在一周行程中予以应答；又如 B 台电梯既无轿内指令信号，又无前方召唤信号，则 A 台电梯的调配继电器 KA55-A↑吸合，导致 B 台电梯的调配继电器 KA55-B↓释放（见图 1-48），即

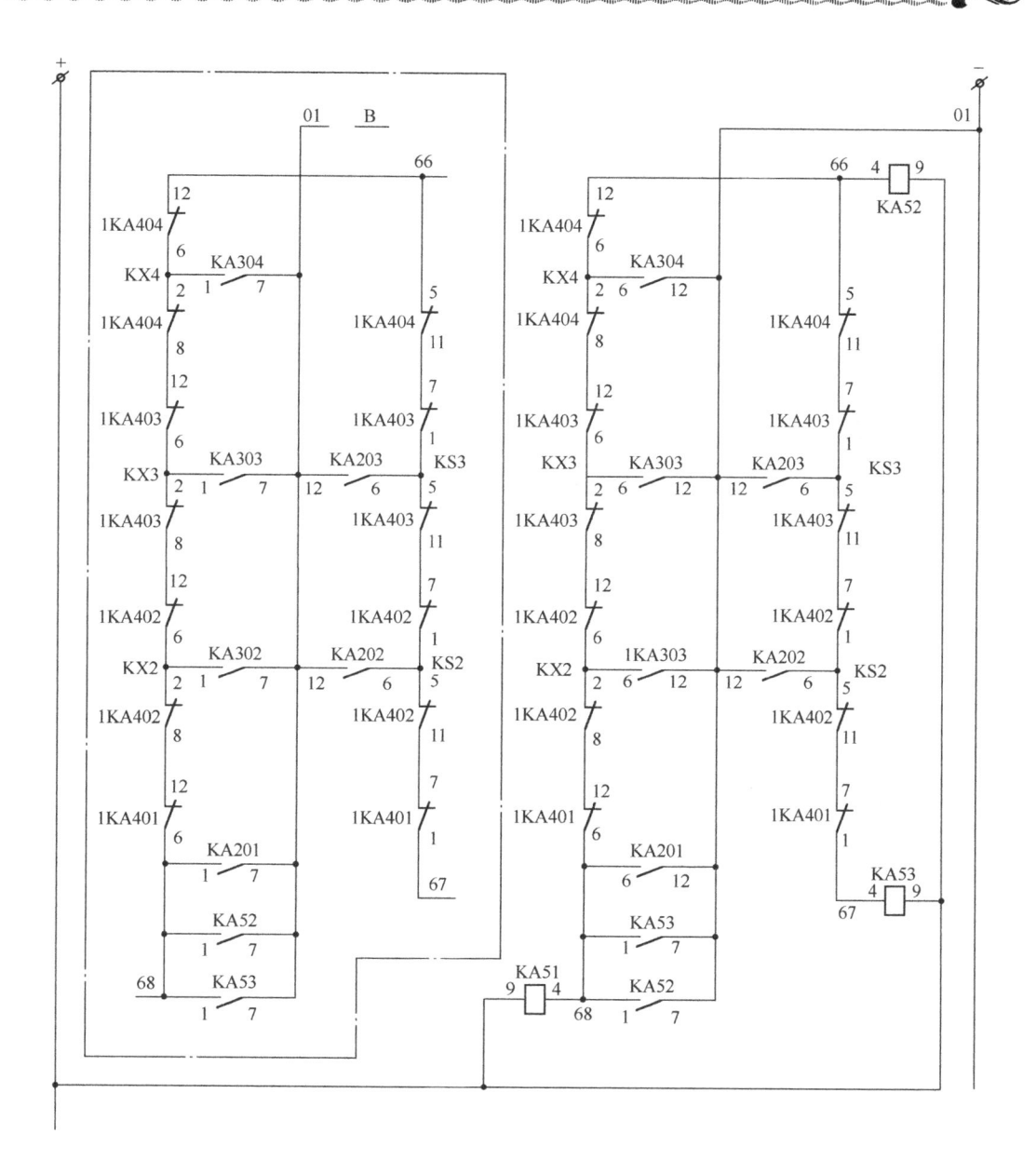

图 1-49 两台并联电梯运行时的上方向继电器 KA52 和下方向继电器 KA53 工作原理电路图

$$KA55\text{-}A\uparrow \rightarrow KA55\text{-}B\downarrow$$

这样，A 台电梯成为忙梯而 B 台电梯成为基站梯，并接通 B 台电梯的定向电路中的返回基站电路，使 B 台电梯向下运行返回基站待命。假如此后 A 台电梯也无命令，则因 KA55-B↓→KA55-A↑，而使 A 台电梯的返回基站电路被断开，A 台电梯停留在最后停靠的层楼。

反之，A 台电梯返回基站，B 台电梯停留在最后停靠的层楼而成为忙梯。

⑤ 如果 A 台电梯在运行，且各层楼轿外召唤信号很多，但 B 台电梯又不具备发车条件，则在 30~60s 后存在的信号尚未消除，这时延误时间继电器 KA56 由于召唤信号连续存在

（图 1-49 中的 KA51 继电器一直吸合）而延时吸合，使延误发车继电器 KA54 复位（KA51↑→KA56↑→KA54↓），其常闭触点接通了 B 台电梯的定向电路而接受信号发车。

同样，当 B 台电梯在运行时，各层楼轿外召唤信号连续存在，但又未能满足 A 台电梯的发车条件，则也经一定时间后 KA54↓，而使 A 台电梯发车。

另一种情况是两台电梯中有一台电梯因某种原因或其他人为原因而不能运行时，则也经上述 KA56 继电器的延时而使另一台电梯运行，去应答轿外召唤信号。

3. 多台电梯的群控状态及调度原则

一幢高级大型饭店、宾馆或办公楼内，根据客流量大小、层楼高度及其停站数等因素，往往需要设置多台电梯。为了提高电梯的输送效率和充分满足楼内客流量的需要，以及尽可能缩短乘客的候梯时间，所以建筑师们尽力把所有电梯集中布置在一起，以便把多台电梯组合成电梯群，并加以自动控制和自动调度，所以机群自动程序控制系统常简称为群控。群控系统能提供各种工作程序或随机程序（或称无程序）来满足像高级大型宾馆大楼内那样客流剧烈变化的典型客流状态。

电梯群控系统按当今的技术水平可以有四程序、六程序和无程序（即随机程序）的工作状态。过去通过硬件逻辑的方式进行控制，因此可以说是无程序（即随机程序），如迅达电梯公司的 Miconic-10 系统、奥的斯电梯公司的 Elevonic-411、三菱电梯公司的 OS2100 系统等。但是群控的调度原则应该是相同的，不论用硬件逻辑的方法，还是用软件逻辑的方法（详见后述），其调度原则均相同。现就六程序的控制程序及其调度原则分别简述如下。

（1）六程序控制状态及其转换条件、方法。

① 六程序。自动程序控制系统可提供相应于下列 6 种客流状态的工作程序。

a. 上行客流顶峰状态（JST）。

b. 客流平衡状态（JPH）。

c. 上行客流量大的状态（JSD）。

d. 下行客流量大的状态（JXD）。

e. 下行客流量顶峰状态（JXT）。

f. 空闲时间的客流状态（JKK）。

上述 b、c、d 项也可统称为客流非顶峰状态（JFT）。

② 六程序的切换方法。群控系统中工作程序的切换可以是自动或人为的。只要将安装于底层大厅的群控系统综合指示屏上的程序转换开关（KCT）转向自动选择位置，系统中的电梯就会在运行时按照当时实际存在的客流情况，自动选择最合适的工作程序，对乘客提供迅速而有规律的服务。如果将程序转向 6 个程序中的某一程序，则系统将在这个工作程序连续运行，直至该转换开关转向另一个工作程序为止。

③ 六程序的工作状况及其自动切换条件。

a. 上行客流顶峰工作程序（JST）。这个程序（JST）的客流交通特征是：从下端基站向上去的乘客特别多，通过电梯将大量乘客运送至大楼内各层，这时楼层之间的相互交通很少，并且向下外出的乘客也很少。

各台电梯轿厢到达下端站（基站）后，被选为"先行"，这一先行梯的层门上方和轿内操纵箱上的"此机先行"灯点亮并发出闪烁灯光信号和断续的钟响，直至电梯出发向上运行后，灯灭钟不响。

该工序的切换条件是：当电梯轿厢从下端站（基站）向上出发时，若连续两台电梯满载（超过额定载重量的80%），则上行客流顶峰被自动选择；若从下端基站向上出发的轿厢负载连续降低至小于额定载重量的60%，则在一定时期内，上行客流顶峰工作程序被解除。

b. 客流平衡工作程序（JPH）。这个程序（JPH）的客流交通特征是：客流强度为中等或较繁忙程度，一定数量的乘客从下端基站到大楼内各层；另一部分乘客从大楼中各层到下端基站外出；同时还有相当数量的乘客在楼层之间上、下往返，上、下客流几乎相等。

该工序的切换条件是：当上行客流顶峰工序或下行客流顶峰工序被解除后，若有召唤信号连续存在，则系统转入客流非顶峰状态；在客流非顶峰状态下，若电梯向上行程的时间与向下行程的时间几乎相同，而且轿厢负荷也接近，则客流平衡工序被自动选择。

若出现持续的不能满足向上行程的时间与向下行程的时间几乎相同的条件，则在相应的时间内客流平衡工序被自动解除。

c. 上行客流量大的工作程序（JSD）。这个程序（JSD）的客流交通特征是：客流强度是中等或较繁忙程度但其中大部分是向上客流。

基本运转方式与客流平衡工序的情况完全相同，也是在客流非顶峰状态下，轿厢在上、下端站之间往复行驶，并对轿厢指令及楼层召唤信号按顺方向予以停层。因为向上交通比较繁忙，所以向上运行时间较向下运行时间要长些。

该工序的切换条件是：在客流非顶峰状态下，若电梯向上行程的时间较向下行程的时间长，则在相应的时间内，上行客流量大的工序被选择，若上行轿厢内的载荷超过额定载重量的60%，则该工序应在较短时间内被选择。

若在该工序中出现持续的不能满足向上行程时间较向下行程时间长的条件，则在相应的时间内，上行客流量大的工序被解除。

d. 下行客流量大的工作程序（JXD）。这个程序（JXD）的客流交通特征及其切换条件正好与上行客流量大的工作程序相反，只不过将前述的向上换成向下而已。但该工序也属客流非顶峰范畴。

e. 下行客流顶峰工作程序（JXT）。这个程序（JXT）的客流交通特征是：客流强度很大，由各楼层向下端基站的乘客很多，而楼层间相互往来及向上的乘客很少。

在该工序中，常出现向下的轿厢在高区楼层已经满载的情况，使低区楼层的乘客等待电梯的时间增加。为了有效地应对这种现象，系统将机群投入"分区运行"状态，即把大楼分为高楼层区和低楼层区两个区域，同时也将电梯分为两组，每组各两台电梯（如A、C台电梯为高区梯；B、D台电梯为低区梯）分别运行于所属的区域内。高区梯优先应答高区内各层的向下召唤信号，同时也接受轿厢内乘客的指令信号。高区梯从下端基站向上出发后，顺途应答所有的向上召唤信号。

低区梯主要应答低区内各层的向下召唤信号，不应答所有的向上召唤信号。但也允许在轿厢指令的作用下上升至高区。低区梯从下端基站向上出发后，若无高区的轿厢指令，则在高区最高轿厢指令返回的作用下，反向向下。

无论高区梯、低区梯，当轿厢到达下端基站时，立即向上出发；当低区梯到达下端基站时，"此机先行"信号灯熄灭不亮。

该工序的切换条件是：当出现轿厢连续两台满载（超过额定载重量的80%）下降到达

下端站时，或楼层间出现规定数以上的向下召唤信号数时，则下行客流顶峰被自动选择。

若下降轿厢的负载连续降低至小于额定载重量的60%，经过一定的时间，而且这时楼层的向下召唤信号数在规定数以下，则下行客流顶峰工序被解除。

但在下行客流顶峰工序中，当满载轿厢下降，低楼层区内的向下召唤数达到规定数以上时，分区运行起作用，系统将机群中的电梯分为两组，每组分别运行在高区和低区楼层区内。在分区运行情况下，若低楼层区内的向下召唤信号数降低到规定数以下，则分区运行被解除。

f. 空闲时间客流工作程序（JKK）。这个程序（JKK）的客流交通特征是：客流量极少，而且是间歇性的（如假日、深夜、黎明等）。轿厢到达下端基站后被选为"先行"。

该程序的切换条件是：如果电梯群控系统工作在上行客流顶峰以外的各个程序中在90~120s内没有出现召唤信号，而且这时轿厢内的载重小于额定载重量的40%，则空闲时间客流工作程序被选择。

在空闲时间客流工序中，若在90s的时间内连续存在1个召唤信号，或在一个较短时间（约45s）内存在两个召唤信号，则空闲时间客流工序被解除。

如果出现上行客流顶峰状态，空闲时间客流工序立即被解除。上述6个工作程序的自动转换是通过系统中的交通分析器件中的召唤信号计算器、台秒计算器、自动调整计时器、任选对象与元件等实现的。因此在电梯的群控系统中交通分析的优劣及其正确性、可靠性等是至关重要的。

（2）机群系统的调度原则。目前电梯群控系统的调度原则可以分为两大类，一类是所谓的固定模式的"硬件"系统，即前面所述的6种客流工序状况的在两端站按时隔发车的调度系统和分区的按需要发车的调度系统，这种"硬件"模式的调度系统在近几年的电梯产品中已逐渐被淘汰，几乎已绝迹，仅在20世纪60年代和70年代中期的电梯产品中有所应用；在20世纪70年代后期开始至今的高级电梯产品中均使用各类微机处理器"微计算机"的无程序按需发车的自动调度系统，如奥的斯电梯公司的Elevonic301、401系统，瑞士迅达电梯公司的Miconic-V系统，均属此类，其中以瑞士迅达电梯公司的Miconic-V系统的"成本报价"原则——"人·秒综合成本"的调度原则最为先进，该系统不仅考虑了时间因素，还考虑了电梯系统的能量消耗最低及输送效率最大等因素，因此该系统较其他系统可提高输送效率20%，节能15%~20%，缩短平均候梯时间20%~30%。举例说明如下。

例：已知楼房为20层，共有4台电梯（A、B、C、D），速度均为2.5m/s，群控系统为Miconic-V，若5层有乘客向下，各台电梯的瞬间位置及其运行至5层所需的时间和各梯轿厢内的乘客数均示于图1-50内。

从图1-50中可知，A台电梯到达5层所需综合成本为

$Q_A = 1$人 $\times 10s = 10$ 人·s，$Q_B = 10$ 人 $\times 3s = 30$ 人·s，$Q_C = 8$ 人 $\times 5s = 40$ 人·s，$Q_D = 12$ 人 $\times 1s = 12$ 人·s。

由图1-50和上面的$Q_A \sim Q_D$的综合成本（对5层的召唤信号来说）可以看出：虽然A台电梯最远，运行至5层需10s，但其轿内只有1人，到5层楼接客只需"成本"为10人·s，而其他3台电梯虽离5层很近，但其轿厢内却有很多人，所需"成本"很高，因此A台电梯的"成本"最低，这样就由A台电梯来应答5层的召唤信号。若按其他的群控调度系统，应是D台电梯来应答，因其最近，这样为了5层的一个召唤信号，轿厢内的12人也均要在5层停留一下，影响到12个人的时间，这几个人将会有难以开口的意见。现在

Miconic-V的群控调度系统能做到最小的"成本"是不容易的,但对16位微处理机来说,这是很方便的。

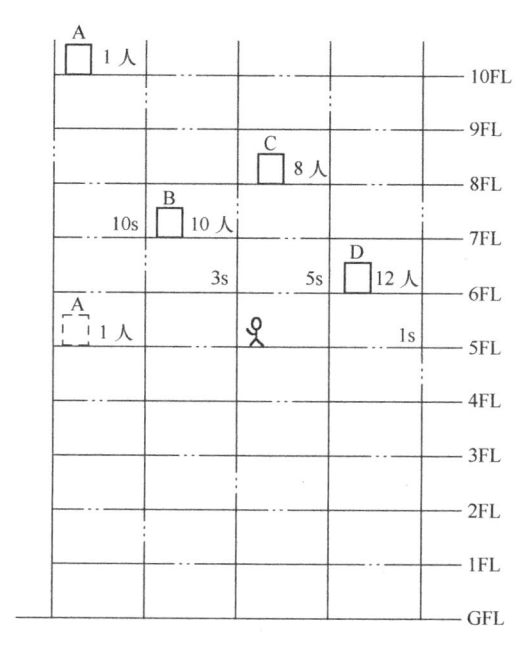

图 1-50　"人·s"综合成本调度原则示意图

由上述可知,目前用微机控制的多台电梯群控控制系统有奥的斯电梯公司的Elevonic-401、迅达电梯公司的Miconic-V、三菱电梯公司的QS2100C和日立电梯公司的CIP3800及Kone电梯公司的Make V系统等。纵观全貌,还是迅达电梯公司的Miconic-V系统较优。

技能训练5

1. 实习目的和要求

(1) 了解电梯的群控系统。
(2) 掌握电梯的群控系统电路的动作过程和原理。

2. 设备、工具

电梯控制柜、常用电工工具。

3. 实习内容

(1) 元件识别:掌握有关电气部件的文字符号和实际安装位置。
(2) 动作元件:在电梯控制柜中找出电梯电路运行时相应动作的元件。
(3) 动作过程与原理分析:写出电路运行时元件的动作过程并根据原理图分析其工作原理。
(4) 故障排除:了解电路常见的故障现象,分析其原因并排除。

习 题 1

(1) 电梯有哪几种控制方式，各有什么特点？
(2) 电梯电气控制系统主要由哪些部件组成？
(3) 电梯按拖动系统的类别和控制方式分为哪几类，各适用什么范围？
(4) 写出集选控制电梯的电气控制系统的性能。
(5) 电梯安全运行的充分和必要条件是什么？
(6) 电梯对自动门系统的要求是什么？
(7) 集选电梯的方向控制系统必须满足什么条件？
(8) 写出交流双速电梯主驱动的控制原理。
(9) 电梯的电气安全保护环节有哪些？
(10) 并联式轿内、外指令信号的登记、记忆与消除的工作原理是什么？
(11) 电梯主要有哪些信号指示？
(12) 电梯的消防控制有哪些基本要求？
(13) 群控电梯的六程序调度原则是什么？

第2章 继电器自动控制电梯

2.1 KJX-A-Ⅱ交流集选控制电梯电路原理说明

2.1.1 交流集选电梯的自动控制系统

该电梯是一种乘客自己操作的或有时可由专职司机操作的自动电梯。电梯在底层和顶层分别设有一个向上或向下召唤按钮（或触钮），在其他层站各设有上、下召唤按钮（或触钮）两个（集选控制）或一个向下召唤按钮（触钮）（向下集合控制）。轿厢操纵屏上则设有与停站数相等的相应指令按钮（或触钮）。当进入轿厢的乘客按下指令按钮（或触钮）时，指令信号被登记；当等待在轿厢外的乘客按下召唤按钮（或触钮）时，召唤信号被登记。电梯在向上行程中按登记的指令信号和向上召唤信号逐一给予停靠，直至有这些信号登记的最高层站或有向下召唤登记的最低层为止，然后又反向向下按指令及向下召唤信号逐一停靠。每次停靠时电梯自动进行减速、平层、开门。而当乘客进出轿厢完毕，又自行关门启动，直至完成最后一个工作命令为止。若再有信号出现，则电梯根据命令位置选择方向自行启动运行。假如无工作命令轿厢则停留在最后停靠的层楼。其电气电路原理说明如图2-1（a）~图2-1（j）所示。KJX交流集选控制电梯电路元件代号说明如表2-1所示。

表2-1 KJX交流集选控制电梯电路元件代号说明

代 号	名 称	型号及规格	置放处所	备 注
KM5	快车加速接触器	CJ10-40/CJ10-80 ~220V	控制屏	
KM6	慢车第一减速器接触器	CJ10-40/CJ10-80 ~220V	控制屏	
KM7	慢车第二减速器接触器	CJ10-40/CJ10-80 ~220V	控制屏	
KM8	慢车第三减速器接触器	CJ10-40/CJ10-80 ~220V	控制屏	
KM3	快车接触器	CJ10-80 ~220V	控制屏	
KM4	慢车接触器	CJ10-40/CJ10-80 ~220V	控制屏	
KM1	上行接触器	CJ10-80 ~220V	控制屏	
KM2	下行接触器	CJ10-80 ~220V	控制屏	
KA51	下行电梯后方召换继电器	JY-16A/220 —110V	控制屏	
KA85	安全触板继电器	JY-16A/220 —110V	控制屏	
KA44	消防工作继电器	DZ412 —110V	控制屏	消防专用
KA45	消防返回继电器	DZ415 —110V	控制屏	消防专用

续表

代　号	名　　称	型号及规格		置放处所	备　注
KT3	停层时间继电器	JY-16A/220	—110V	控制屏	消防专用
KA46	消防员专用继电器	JY-16A/220	—110V	控制屏	消防专用
KA17	向上换向继电器	JY-16A/220	—110V	控制屏	
KA18	向下换向继电器	JY-16A/220	—110V	控制屏	
KA83	关门继电器	DZ414	—110V	控制屏	
KA75	超载信号继电器	JY-16A63/220	—110V	控制屏	
KA74	超载继电器	JY-16A63/220	—110V	控制屏	
KA73	满载专用继电器	JY-16A63/220	—110V	控制屏	
KA31	快车辅助继电器	JY-16A63/220	—110V	控制屏	
KA14	方向辅助继电器	JY-16A63/220	—110V	控制屏	
KA53	上行电梯下方向上召唤继电器	JY-16A63/220	—110V	控制屏	
KA52	下行电梯上方向上召唤继电器	JY-16A63/220	—110V	控制屏	
KA55	调配继电器	JY-16A63/220	—110V	控制屏	
KA82	开门继电器	DZ415	—110V	控制屏	
KA11	向上方向继电器	DZ416	—110V	控制屏	
KA13	向上辅助继电器	JY-16A63/220	—110V	控制屏	
KA21	向下方向继电器	DZ416	—110V	控制屏	
KA23	向下辅助继电器	JY-16A63/220	—110V	控制屏	
KA41	检修继电器	DZ414	—110V	控制屏	
KA15	向上运行继电器	JY-16A63/220	—110V	控制屏	
KA16	向下运行继电器	JY-16A63/220	—110V	控制屏	
KA84	开门区域控制继电器	JY-16A63/220	—110V	控制屏	
KA81	门锁继电器	DZ414	—110V	控制屏	
KA12	向上平层继电器	JY-16A63/220	—110V	控制屏	
KA22	向下平层继电器	JY-16A63/220	—110V	控制屏	
KA33	启动继电器	DZ413	—110V	控制屏	
KA32	启动关门继电器	JY-16A63/220	—110V	控制屏	
KA61	快车加速延时继电器	JY-16A63/220	—110V	控制屏	
KA62	慢车第一减速延时继电器	JY-16A63/220	—110V	控制屏	
KA63	慢车第二减速延时继电器	JY-16A63/220	—110V	控制屏	
KA64	慢车第三减速延时继电器	JY-16A63/220	—110V	控制屏	
KA34	司机操纵继电器	DZ416	—110V	控制屏	
KA92	停站继电器	JY-16A/220	—110V	控制屏	
KA87	层外开门继电器	JY-16A63/220	—110V	控制屏	
KA93	停站触发时间继电器	JY-16A63/220	—110V	控制屏	
KA72	电压继电器	DZ416	—110V	控制屏	

续表

代　号	名　称	型号及规格	置放处所	备　注
KA54	延时发车继电器	DZ412　　　—111V	控制屏	
KA91	运行继电器	DZ412　　　—112V	控制屏	
KA94	运行辅助继电器	JY-16A63/220　—110V	控制屏	
KA47	底层辅助继电器	JY-16A63/220　—110V	控制屏	消防专用
FR1	快车热继电器	JRO-20/3，60/3	控制屏	
KA71	缺相错相保护继电器	XJ3　　　　～380V	控制屏	
KA56	延误发车时间继电器	JSJ-3，0～60　～220V	控制屏	
FR2	慢车热继电器	JRO-20/3，60/3	控制屏	
KA24	方向辅助继电器	JX8-44P/4　—110V/110V	控制屏	
KA101～KA100+(n)	指令继电器	JY-16A63/220 48～220V（—110V）	控制屏	
KA29	蜂铃继电器	JY-16A63/220　—110V	控制屏	
KA201～KA200+(m-1)	向上召换继电器	JY-16A63/220　—48V	控制屏	
KA302～KA300+(m)	向下召换继电器	JY-16A63/220　—48V	控制屏	
KA401～KA400+(n)	层楼继电器	JY-16A63/220　—110V	控制屏	
KA501～KA500+(n)	层楼控制继电器	DZ414　　　—110V	控制屏	
KA40	外召换电源继电器	DZ415～DZ414　—110V	控制屏	
KA98	紧急照明继电器	JY-16A-62/220　～220V	控制屏	
R101～R100+(n)	内指令固定线绕电组管	RXYC-20-1.5kΩ	控制屏或继电器屏	
R201～R200+(n-1)	上召换固定线绕电组管	RXYC-20-1.6kΩ	控制屏或继电器屏	
R302～R300+(n)	下召换固定线绕电组管	RXYC-20-1.7kΩ	控制屏或继电器屏	
KA101W～KA100+(n)s	微型继电器	DZ120　　　12V	控制屏或继电器屏	
KA201S～KA200S+(n-1)s	微型继电器	DZ120　　　12V	控制屏或继电器屏	
KA302X～KA300+(n)	微型继电器	DZ120　　　12V	控制屏或继电器屏	
V01～V01+(n-2)	硅二极管	2CZ85H 或 2DP5E	控制屏或继电器屏	
V41～V40+(n-2)	硅二极管	2CZ85H 或 2DP6E	控制屏或继电器屏	
V1T～V4T	硅二极管	2CZ85H 或 2DP7E	控制屏	
V1B～V5B	硅二极管	2CZ85H 或 2DP8E	控制屏	
TC2	工作变压器	700VA 400V/220V 1.5A，110V 3A，6～12V，5V	控制屏	
L	启动，减速电抗器	KH01，三相	控制屏	
RQK	启动电阻器	ZB2-1.95 两块并联	控制屏	
RQM	减速电阻器	ZB2-2.8 两块串联	控制屏	
SZA	电子触钮稳压电源	W9J-3A　　～220/12V	继电器屏	
R31R61R62	可变绕组电阻管	RXYC-T-50-1kΩ	控制屏	
R63R64R92R93	可变绕组电阻管	RXYC-T-50-1kΩ	控制屏	
R85	可变绕组电阻管	RXYC-T-50-1kΩ	控制屏	

续表

代号	名称	型号及规格	置放处所	备注
RT3 R75 R72 R31	可变绕组电阻管	RXYC-T-50-1.5Ω	控制屏	
R21	可变绕组电阻管	RXYC-T-100-100kΩ	控制屏	
R22	可变绕组电阻管	RXYC-T-100-1kΩ	控制屏	
R98	可变绕组电阻管	RXYC-T-50-1kΩ	控制屏	紧急照明用
CY CY1	油质低介电容器	CZM-L1F630V	控制屏	
CT3	电解电容器	CD-1AD300V6*100μF	控制屏	
C75	电解电容器	CD-1AD300V6*100μF	控制屏	
C31 C92 C85	电解电容器	CD-1AD300V100μF	控制屏	
C93	电解电容器	CD-1AD300V50μF	控制屏	
C61	电解电容器	CD-1AD300V3*100μF	控制屏	备50F
C62	电解电容器	CD-1AD300V2*50μF	控制屏	备30F
C63	电解电容器	CD-1AD300V50μF	控制屏	备30F
C64	电解电容器	CD-1AD300V30μF	控制屏	备30F
FU01, FU02, FU03	熔断器	RL1-156A	控制屏	
FU1, FU2…FU7	熔断器	RL1-154A	控制屏	
FU8	熔断器	RL1-154A	控制屏	
FU9, FU10	熔断器	RL1-156A	控制屏	
FU11	熔断器	RL1-152A	控制屏	
SB101~SB100+(n)	轿厢指令按钮	D51, 20A	轿厢操纵厢	
HL101~HL100+(n)	指令记忆灯	HJ2 ~12V	轿厢操纵厢	
SB73	指令专用按钮	D21 20A	轿厢操纵厢	
SBL	警铃按钮	D21 20A	轿厢操纵厢	
SBT	急停按钮	D51 13A	轿厢操纵厢	
SB411	检修时应急按钮	D51 20A	轿厢操纵厢	
SB83	关门按钮	D51 20A 或 20~45	轿厢操纵厢	
SB82	开门按钮	D51 20A 或 20~45	轿厢操纵厢	
SB17, SB18	向上、向下按钮	D5120A	轿厢操纵厢	
1HL11/1HL21	向上、向下指示灯	HJ2 ~12V	轿厢操纵厢	
HL74	超载信号灯	115V 8W	轿厢操纵厢	
SA2	自动、司机检修钥匙开关	D51, 12B, YK1-0-1	轿厢操纵厢	无复位弹簧
SA21	照明灯开关	87K	轿厢操纵厢	
SA22	风扇开关	87K	轿厢操纵厢	
SA70	轿内检修开关	87K	轿厢操纵厢	
SA71	底层层外开关门钥匙开关	D51, 12B	轿厢操纵厢	
SA711	电梯位于底层开关	X2-11N	轿厢操纵厢	
SAH1	蜂鸣器开关	87K	轿厢操纵厢	

续表

代　号	名　称	型号及规格	置放处所	备　注
HA	蜂铃	D51,14	轿厢操纵厢	
HL501~HL500（n）	层楼信号灯	115V8W	轿内指层灯	
111,111/HL211	上、下方向箭头灯	115V8W	轿内指层灯	
MD	自动门电动机	11SZ56型直流电动机 120W,110V,1000r/min	自动门机构	
SA821/SA831	开门行程开关	LX-028	自动门机构	
SA831/SA832/SA833	关门行程开关	LX-028	自动门机构	
RD1	可变线线组电阻管	RXYC-T-50-51Ω	自动门机构	
R82	可变线线组电阻管	RXYC-T-150-150Ω	自动门机构	
R83	可变线线组电阻管	RXYC-T-150-150Ω	自动门机构	
SQ12/SQ22	上、下平层永磁继电器	D17,13	平层装置	
SQ84	开门区域永磁继电器	D17,13	平层装置	
SH171/SB181	上、下慢车按钮	LA2	轿顶检修厢	
SA721	急停开关	87K	轿顶检修厢	
SA411	检修转换开关	88K	轿顶检修厢	
XS21/XS22	轿顶、轿底插座	三脚插座5A/220V	轿厢其他	
SA851/852	安全触板触点	LX-028	轿厢其他	
SAB100	轿厢门触点	LX-028	轿厢其他	
SA723	安全窗触点	LX5-110/1	轿厢其他	
SA722	安全钳触点	X2-11N	轿厢其他	
SA74	超载开关	LX-028	轿厢其他	
SA731	满载开关	LX-028	轿厢其他	
KAB/KAB1	光电保护继电器	JAG-05-220V	轿厢其他	
EL1	照明灯	荧光灯	轿厢其他	
Y1	风扇	单相~220W4350	轿厢其他	
QF1	电源总开关	铁壳开关3极500V/30A/61A	机房	
SQ1	极限开关	D13.9	机房	
FUU/FUV/FUW	电源熔断器		机房	
M	交流双速电动机	JTD3相1000kW/250r/min	机房	
YB	制动器电磁线圈	300V或350~110V	机房	
TC1	三相硒整流器带变压器	交流三相400V/85~105V	机房	
SA725	限速器开关	X2-11N	机房	
SA211	照明闸刀开关	铁壳开关2极250V/10A	机房	
FU21/FU22	照明电源熔断器		机房	
SQ2/SQ21	下行限位开关	LX19-121,D13.1	井道	
SA724	底坑停止开关	HK2-10,250V	井道	

续表

代　号	名　称	型号及规格	置放处所	备　注
SQ1/SQ11	上行限位开关	LK19-121，D13.1	井道	
SQ401~SQ400+(n)	层楼永磁继电器	D17，13	井道	
SB201~SB200+(n-1)	向上召换按钮	D51，20A 或 A5-20	井道	
SB302~SB300+(n)	向下召换按钮	D51，20A 或 A5-20	井道	
HL201~HL200+(n-1)	向上召换记忆灯	HJ2~12V	井道	
HL302~HL300+(n)	向下召换记忆灯	HJ2~12V	井道	
HL501~HL500+(n)	层外指示灯	115V8W（24V）	井道	
HL11/HL21	上、下方向箭头灯	115V8W（24V）	井道	
SA101~SA100+(n)	层门联锁触点	D51，15XK-11	井道	
SA44	消防员开关	BK-1	井道	消防员专用
HA1	警铃	ϕ75-220V	其他	
HA11	紧急照明警铃		值班室	
Y2	紧急风扇		轿厢	
HL2	紧急照明灯		轿厢	

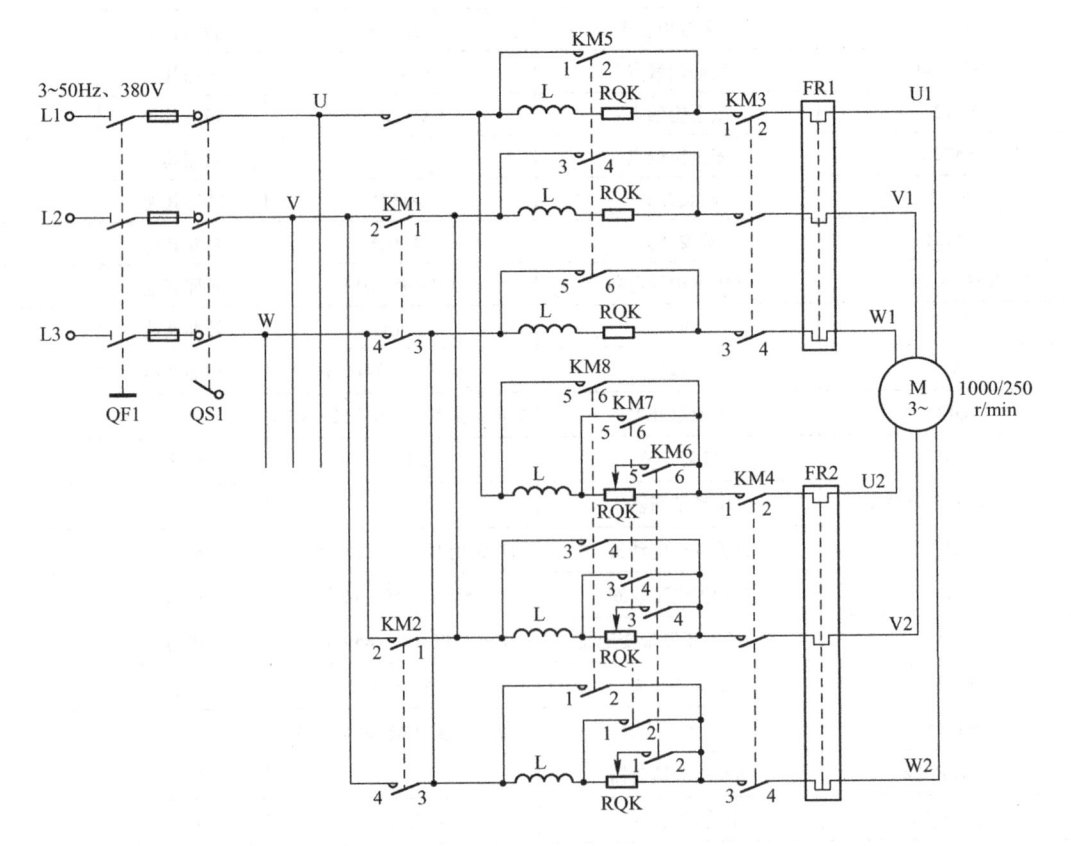

图 2-1（a）　KJX-A-Ⅱ交流集选控制（两台电梯并联）乘客电梯电气原理图

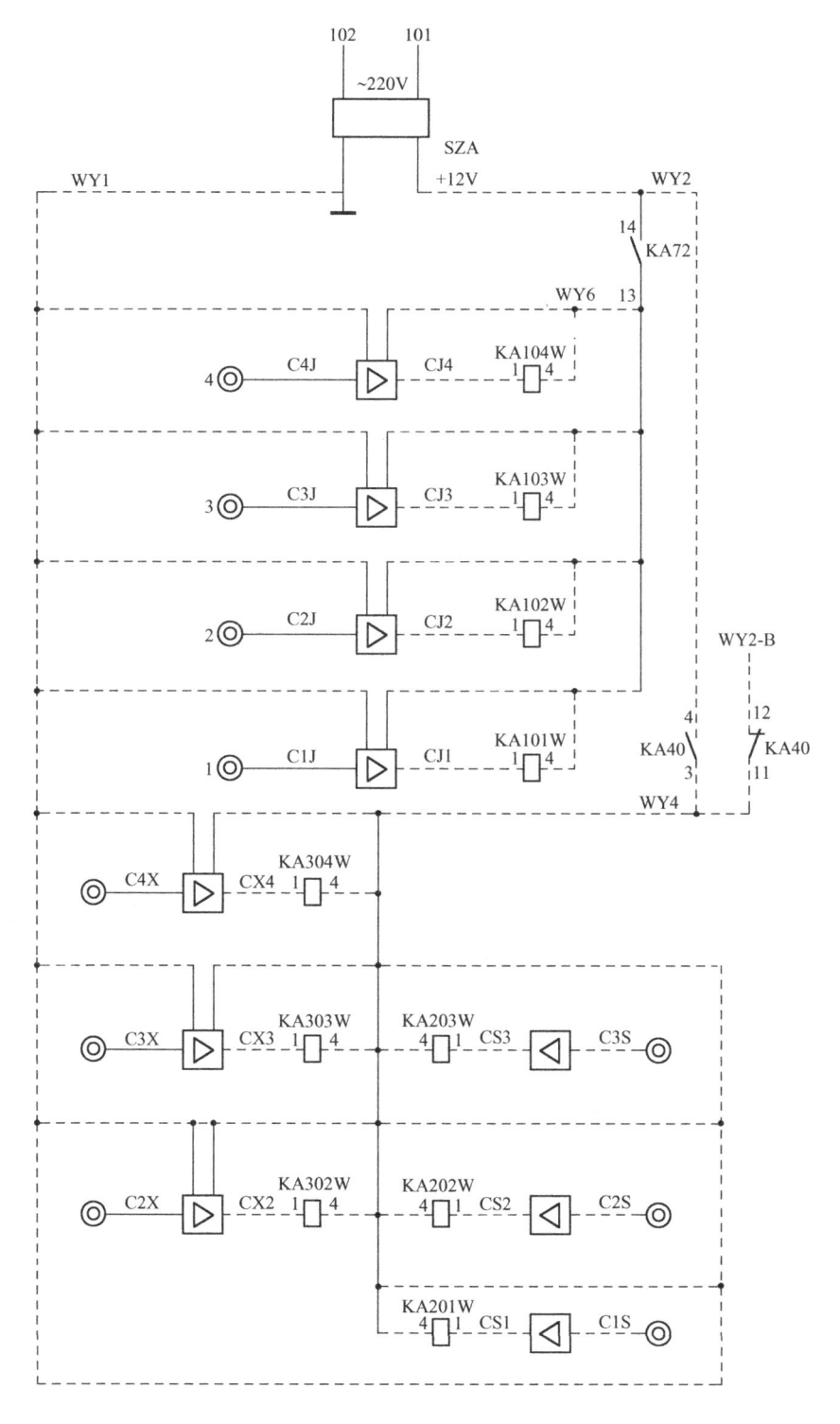

图 2-1（b） KJX-A-Ⅱ交流集选控制（两台电梯并联）乘客电梯电气原理图（续）

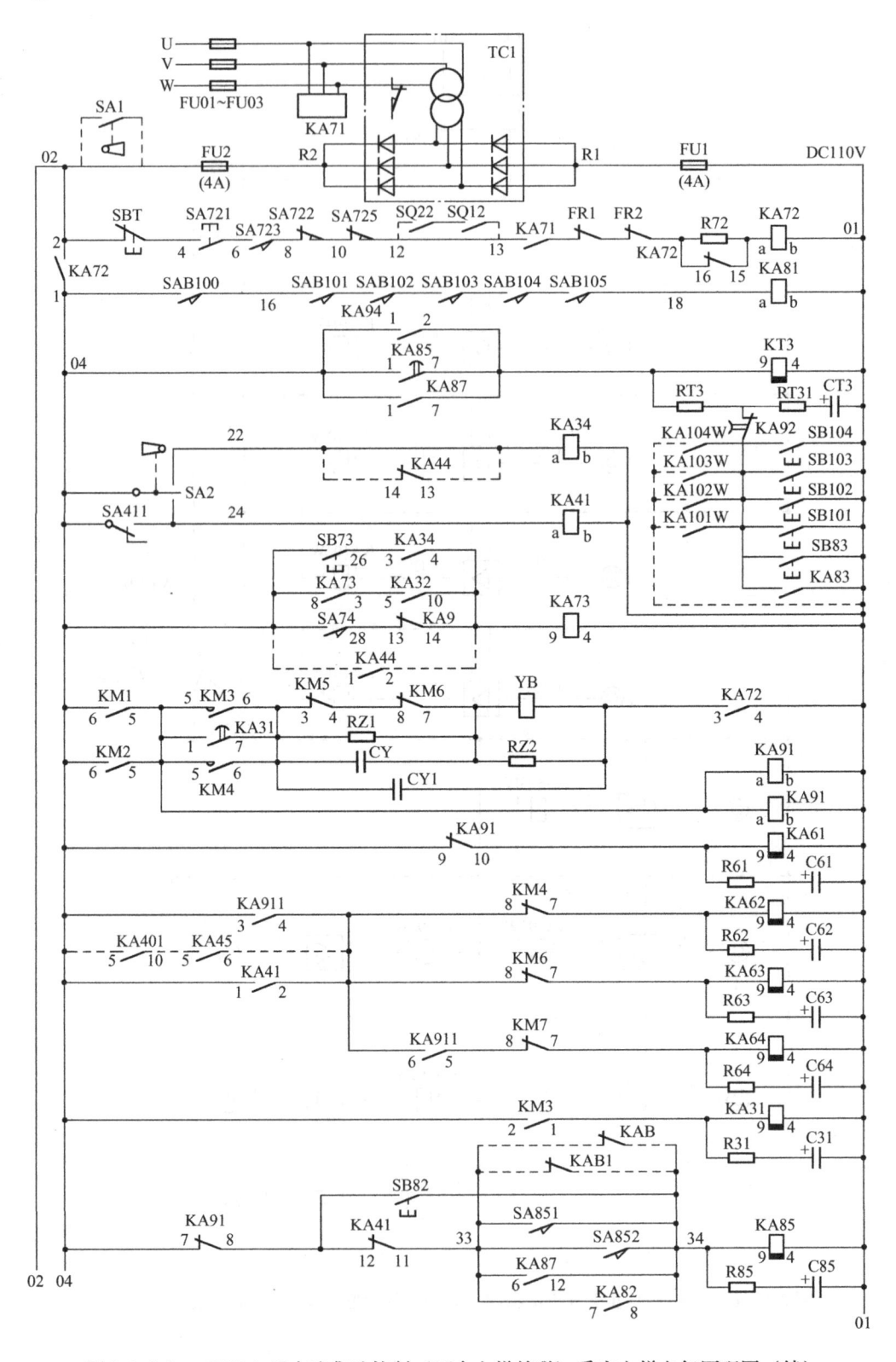

图 2-1（c） KJX-A-Ⅱ交流集选控制（两台电梯并联）乘客电梯电气原理图（续）

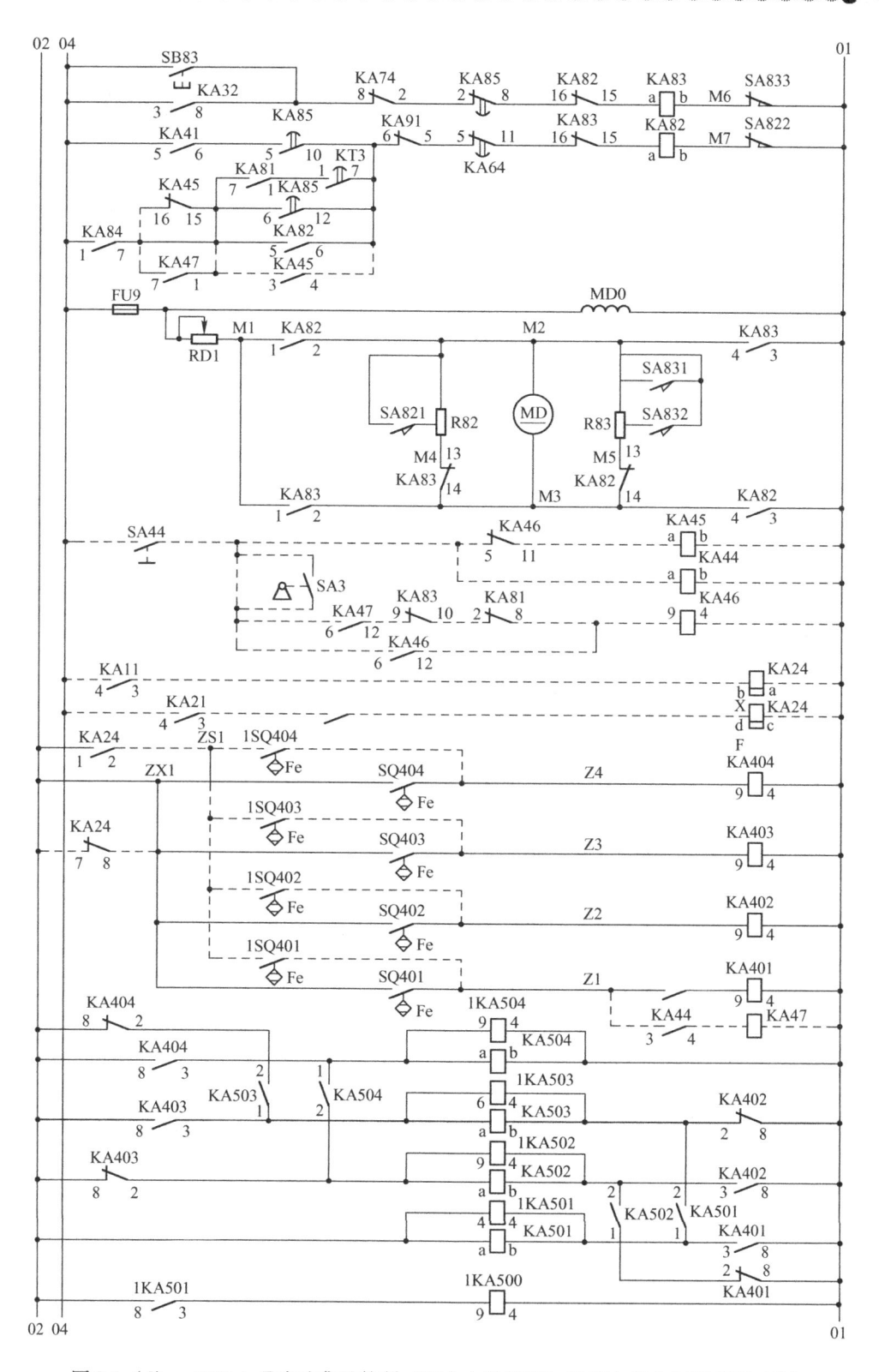

图 2-1（d） KJX-A-Ⅱ交流集选控制（两台电梯并联）乘客电梯电气原理图（续）

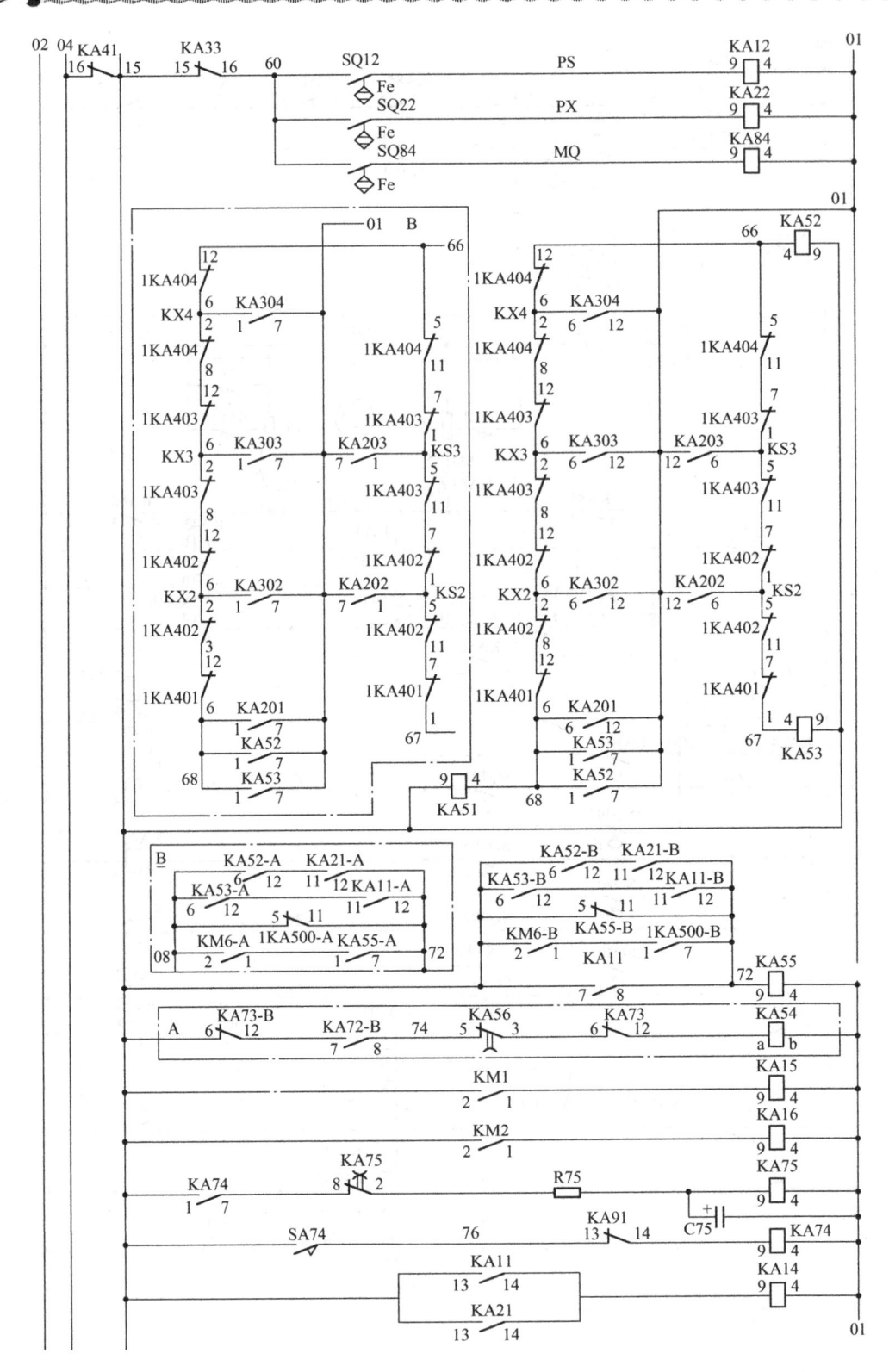

图 2-1（e） KJX-A-Ⅱ 交流集选控制（两台电梯并联）乘客电梯电气原理图（续）

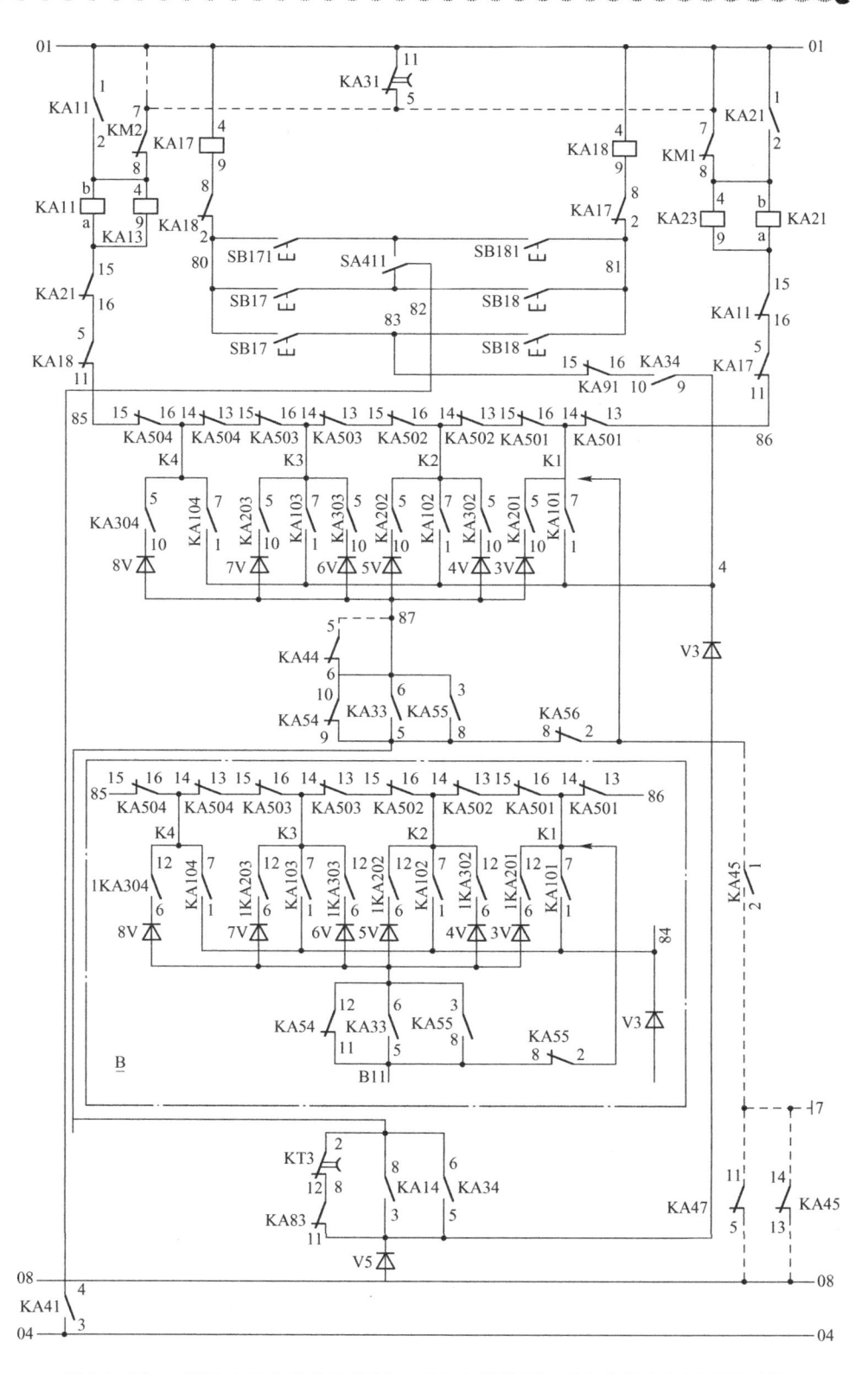

图 2-1（f） KJX-A-Ⅱ交流集选控制（两台电梯并联）乘客电梯电气原理图（续）

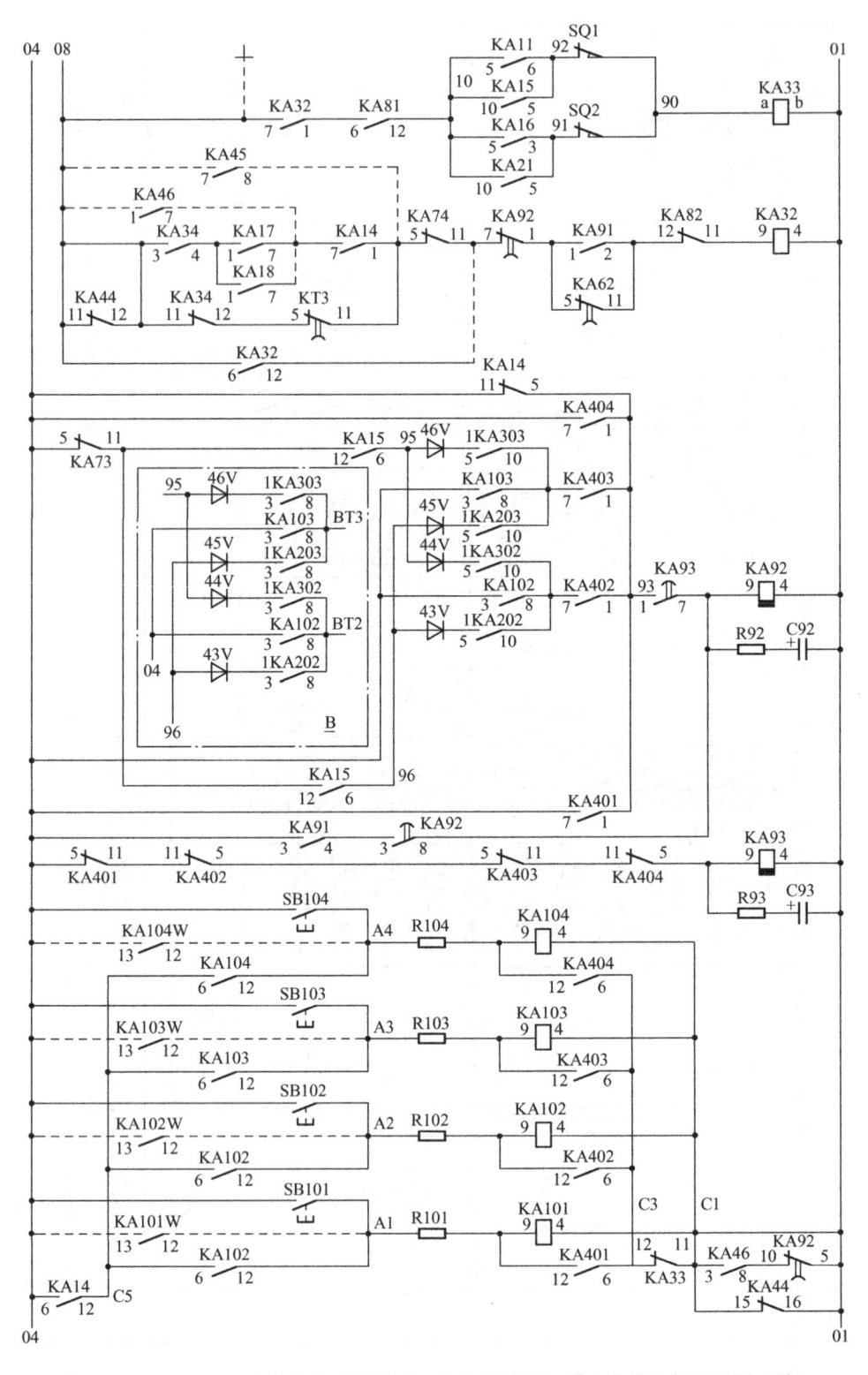

图 2-1（g） KJX-A-Ⅱ交流集选控制（两台电梯并联）乘客电梯电气原理图（续）

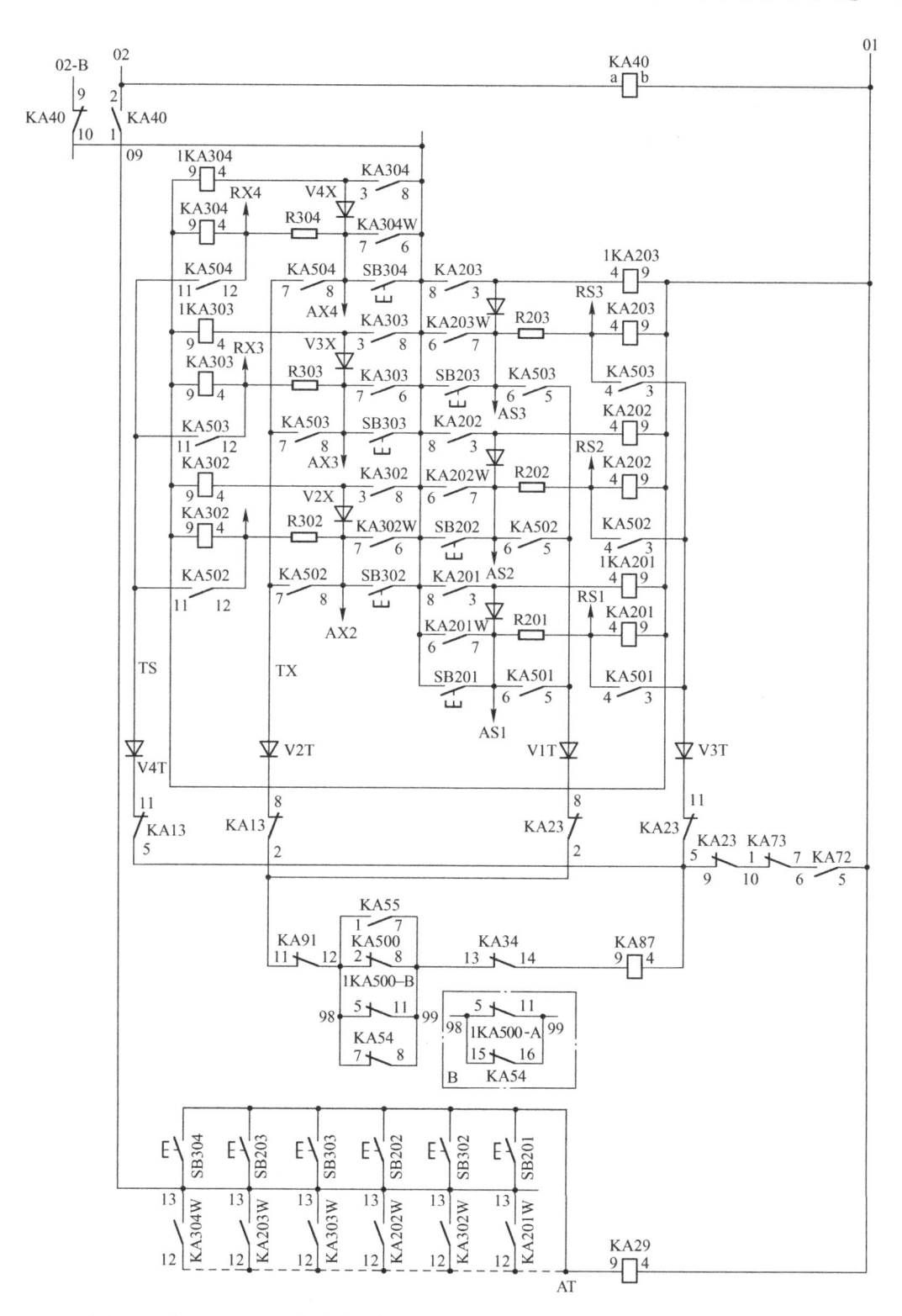

图 2-1（h） KJX-A-Ⅱ交流集选控制（两台电梯并联）乘客电梯电气原理图（续）

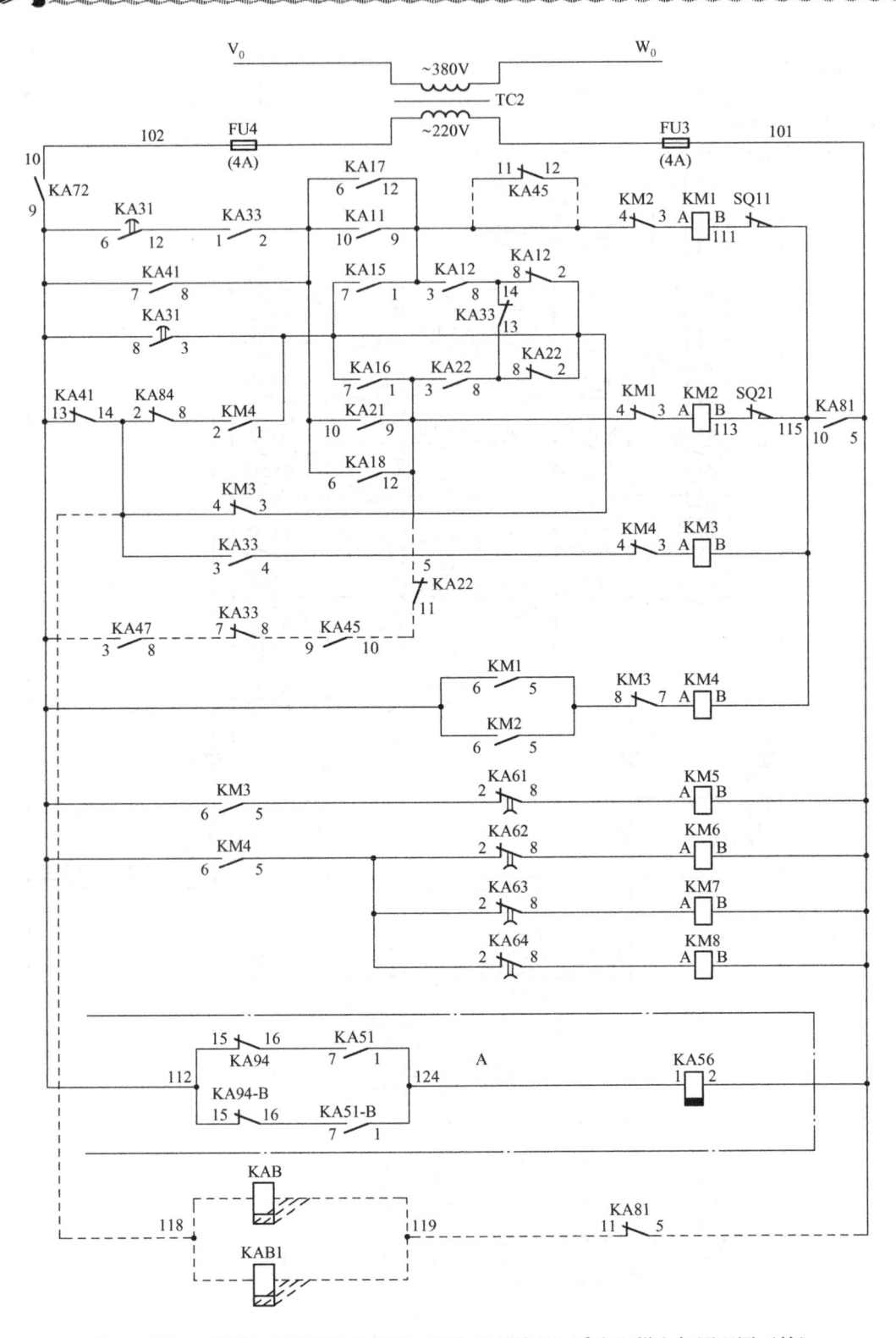

图 2-1（i） KJX-A-Ⅱ交流集选控制（两台电梯并联）乘客电梯电气原理图（续）

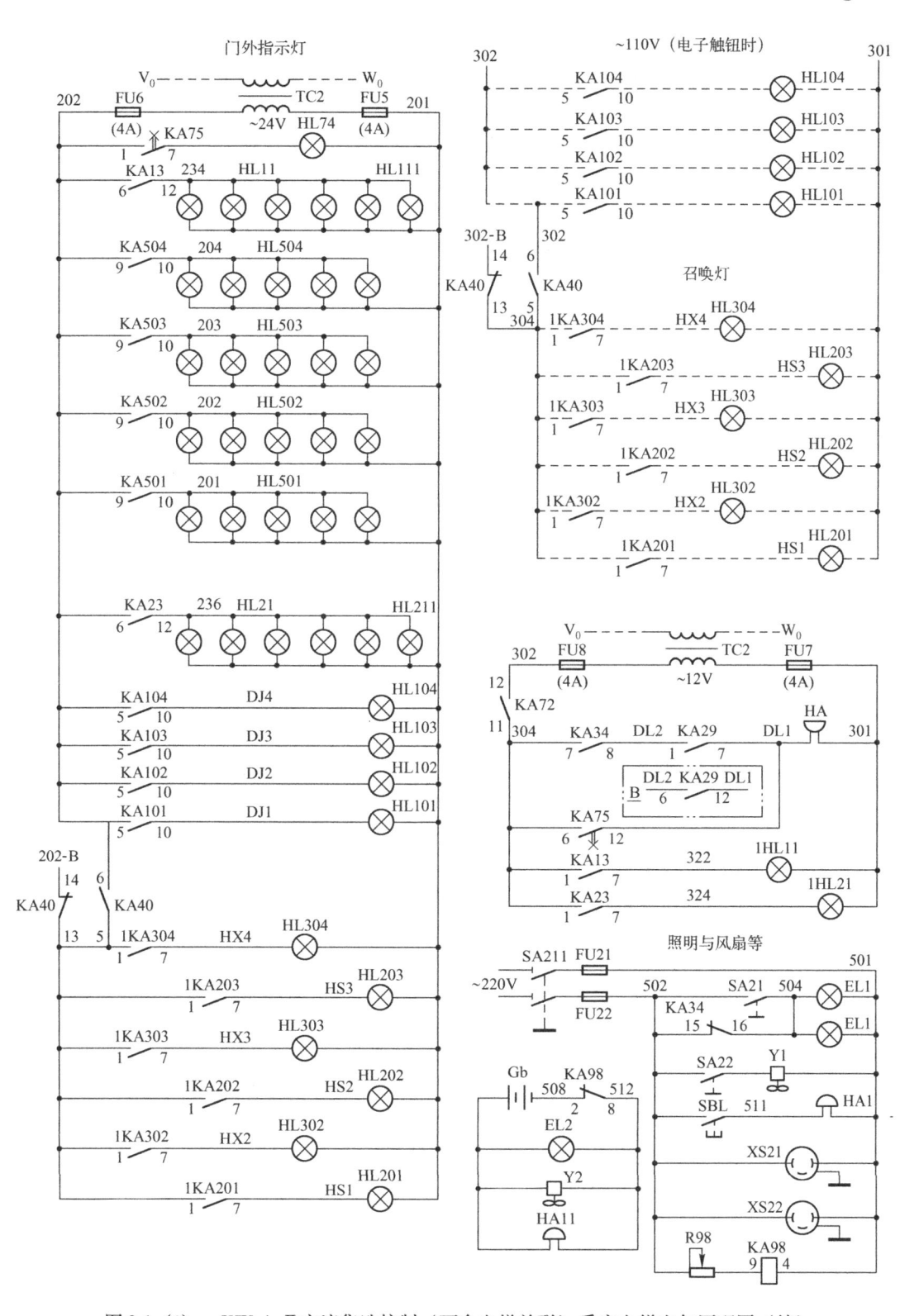

图 2-1（j） KJX-A-Ⅱ交流集选控制（两台电梯并联）乘客电梯电气原理图（续）

2.1.2 自动（无司机）和司机操作工作状态的选择

在轿厢操纵屏上设有一个自动、司机检修钥匙转换开关 SA2，当司机用专用钥匙开关从"自动"转至"司机"位置时，司机操作继电器 KA34、KA341 吸合，接通向上、向下按钮 SB17、SB18 和指令直达（不停）按钮 SB73。电梯便从无司机工作状态转入有司机工作状态。这时电梯不会再自行关门启动（因启动继电器 KA32 的自动启动回路被 KA34 的触头断开）。司机必须按控制系统所决定的方向或按运行的需要揿下 SB17 或 SB18，电梯才能关门启动运行。

2.1.3 自动开关门

本系统采用直流分励电动机作为驱动自动门机构的原动力，并利用对电动机电枢进行分流的方法对电动机进行调速。

1. 自动关门

当电梯停靠层楼开门后，停层时间继电器 SDJ 延时 4～6s 后复位，接通启动关门继电器 KA32，后者使关门继电器 KA83 吸合，于是自动门电动机 MD 向关门方向旋转（KT3↓→KA32↑→KA83↑→MD↑）。初始电枢在串接电阻 RD1 及并联 R83 全部电阻下运转。当门关至约 1/2 行程后，行程开关 SA831 接通，短路了 R83 大部分电阻。于是 MD 减速，门继续关闭。而当门关至约 3/4 行程时 SA832 接通，又短路了 R83 很大一部分电阻。MD 继续减速，直至门关闭时限位开关 SA833 断开，KA83 释放，MD 断路并进行能耗制动立即停止运转（SA833 断开→KA83↓→MD 失电同时进行能耗制动）。

2. 提早关门

在一般情况下电梯停站开门 4～6s 后又自动关门。但当乘客按下关门按钮 SB83 或任何指令按钮时电梯就立即关门（按 SB83 或 SB101～SB105 接通→KT3↓→KA32↑→KA83↑）。

3. 自动开门

当电梯慢速平层时，层楼的平层铁板插入装于轿厢顶上的开门区域永磁继电器 SQ84 的空隙内，使其干簧触点复位闭合，接通开门区域继电器 KA84。一旦平层结束，运行继电器 KA91 复位，于是开门继电器 KA82 通过闭合的 KA81 触点和 KT3 触点而通电吸合，使 MD 向开门方向旋转（KA84↑、KA91↓→KA82 自持→MD）。当门开至约 2/3 行程时，行程开关 SA821 接通，短路了 R82 的大部电阻，使 MD 减速，门继续开启，最后当门开足时，限位开关 SA822 断开，KA82 释放，MD 断路进行能耗制动立即停止运转（SA822 断路→KA82↓→MD 失电并进行能耗制动）。

4. "开门"按钮

若电梯在关门时或在门闭合而未启动前需要再开启，可按下开门按钮 SB82，接通 KA85 使 KA82 通电吸合。又如需要将门在较长时间内保持敞开不闭，也可由揿下该按钮来实现（SB82 接通→KT3↓→KA32 的自动启动回路断开）。

5. 安全触板和光电保护装置开门

门在关闭过程中如果接触到乘客和障碍物则安全触板触点 SA851（或 SA852）接通，或如果有乘客和障碍物将光电保护装置的光源遮断，则光电保护继电器 KAB、KAB1 复位，使门立即反向开启（SA851 或 SA852）接通→KAB、KAB1 复位→KA85↑$\begin{Bmatrix}KA83↓\\KA82↓\end{Bmatrix}$→开门。

6. 本层轿厢外开门

当轿厢停在某层（如 3 楼，则 KA403↑、KA503↑）门关闭时，揿下该层召唤按钮（SB303 或 SB203）使轿厢外开门继电器 KA87 吸合，将门开启（SB303 接通→KA87↑→KA85↑→KA82↓）。如果电梯在关门时需要再开启或需要将门在较长时间内保持敞开不闭，也可由按下该按钮来实现。

7. 检修时的开关门

当电梯在检修时，自动开关门环节失效（钥匙开关 SA2 在检修位置→KA41↑→KA84 断路→自动开门环节开路、自动关门环节 KA32 开路）。检修时的开、关门只能由检修人员操作开、关门按钮 SB82、SB83 来进行。当释放该按钮时，门的运动就立即停止。

2.1.4 电梯的启动、加速和满速运行

1. 无司机工作状态（KA34↓）下的启动

设轿厢位于底层，门闭合（门锁继电器 KA81↑）。这时层楼继电器 KA401、KA501 吸合。停层时间继电器 KT3 复位，启动关门继电器 KA32 吸合自持，快车加速时间继电器 KA61 吸上。设 3 楼出现召唤信号（KA303↑或 KA203↑）则向上方向继电器 KA11、KA13、启动继电器 KA32、快车接触器 KM3、上行接触器 KM1 等相继通电吸合，KM3 和 KM1 的触头分别接通曳引电动机 M 和制动器 YB，于是抱闸松开，电动机 M 在串接电抗器 L 和电阻器 RQK 下降压启动。KT3↓→KA32↑→KA83↓→KA81↑；KA303↑或 KA203↑→KA11↑，KA13↑→KA33↑→KM3↑→KA31↑→KM1↑→YB 松闸，M↑。

2. 有司机工作状态（KA34↑）下的启动

这时关门与启动均由司机来控制。若 3 楼出现召唤信号（KA303 或 KA203 吸合），接通召唤蜂铃 HA，促使司机注意到有召唤登记。这时在向上按钮 SB17 内的向上指示灯 1HL11 点亮（KA303↑或 KA23↑→KA11↑，KA13↑→$\begin{Bmatrix}KA14↑\\1HL11 点亮\end{Bmatrix}$），于是司机按下 SB17，电梯就关门启动向上运行。

SB17 接通→KA17↑→KA32↑自持→KA83↓→KA81↑→KA33↑。其工作过程与无司机状态相同。

3. 加速和满速运行

电梯启动的同时，运行继电器 KA91、KA911 吸合使 KA61 断路，其常闭触点延时复位接通快车加速接触器 KM5。KM5 吸合，其触头短路了主回路的电抗器 L 和电阻器 RQK 使 M 在满压下运转，于是轿厢满速上升（KM1↑→KA91↑，KA911↑→KA61↓→KM5→短路了电抗器 L，RQK→电动机 M 满速运转）。

4. 层楼永磁继电器的作用

本系统不采用选层器。在井道内相应于每站停层位置处安装一个层楼永磁继电器（SQ401~SQ405）。永磁继电器由一个永久磁铁和一个干簧触点组所组成（见图1-20）。在正常情况下，该干簧触点组受磁铁磁场的激励而磁化，其常闭触点断开。当轿厢停靠或通过某层时，装于轿架上的停层铁板就插入该永磁继电器的空隙中而将磁铁的磁回路"短路"，于是干簧触点祛磁其常闭触点复位闭合接通相应的层楼继电器（KA401~KA405），后者又接通相应的层楼控制继电器（KA501~KA505）。那些层楼继电器的触点分别控制电梯运行的方向、停层和层楼信号等。

因此当轿厢从底层向3楼运行时，起初SQ401↓→KA401↑→KA501↑自持，而当装于轿架上的停层铁板离开SQ401时，SQ401↑→KA401↓，但KA501仍保持吸上。当轿厢通过2楼时同样是SQ402↓→KA402↑→KA502↑、KA501↓。接着在停层铁板离开SQ402时SQ402↑→KA402↓，但KA502仍保持吸上。

2.1.5 电梯的停层、减速和平层

当轿厢到达3楼的停站位置时，停层铁板插入SQ403的空隙（SQ403↓→KA403↑→KA503↑、KA502↓），使停站继电器KA92吸合自持，KA32、KA33断路，快速接触器KM3失电。慢速接触器KM4随即吸合进行三级再生发电制动。这时KM1在KA33失电的瞬间由KA31延时触点保持，接着由KM4触点保持，而制动器线圈YB在KM3、KM4换接过程中也由KA31触点保持不失电。

1. 减速–再生发电制动

当KM3断开、KM4接通时，电动机M的慢速绕组（24极同期转速250r/min）通过电抗L和电阻RQM与电源相通。而当时电动机M的转速因系统的惯性缘故，还保持在1000r/min左右。于是电动机M产生发电制动，转速逐步下降，为了使减速平滑，在电动机M慢速绕组中分三级将电抗L和电阻RQM切除。

KM3↓→KM4↑→KA62↓→KM6↑短路部分RQM，KM6↑→KA63↓→KM7↑短路全部RQM，KM7↑→KA64↓→KM8↑短路全部阻抗RQM和电阻L，最后电动机M直接与电源相通，进入慢速稳态运行过程中。

2. 平层

电梯在慢速稳态运行时轿厢继续上升，于是装在轿顶上平层装置的向上平层永磁继电器SQ12首先进入装于3楼井道内的平层隔磁铁板，这时SQ12↓→KA22↑，KM1也可由KA12触头通过KM3的常闭触头而保持通电。轿厢继续上升，使开门区域永磁继电器SQ84进入平层铁板，SQ84↓→KA84↑。这时KM1自持回路断开并为自动开门做好准备。最后轿厢到达停站位置，向下平层永磁继电器SQ22进入平层铁板，SQ22↓→KA22↑，于是KM1↓→KM4↓，YB断路。这时电动机M失电，制动器抱闸，平层完毕轿厢停止。

2.1.6 电梯停站信号的发生及信号的登记和消除

当运行中的电梯实现停站时，停站继电器KA92必须吸合。KA92的通电吸合可以通过

下列几个回路。

1. 指令信号停站

无论电梯上行还是下行，按下轿厢指令按钮（或触钮），指令继电器（KA101～KA105）吸上自持，指令信号被登记，存储了停层信号。例如，当轿厢从底层上行时，设 3 楼有指令登记 KA103↑，轿厢到达 3 楼时，KA403↑→KA92↑；在停站时 KA33↑→KA103↓指令信号消除。

2. 顺向召唤停站

按下楼层的召唤按钮（或触钮），召唤继电器（KA201，KA302…KA305）吸上自持，召唤信号被登记，存储了停层信号。

（1）顺向向下召唤停站。例如，当轿厢从 3 楼下行时，向下方向继电器 KA21 吸上，设 2 楼有召唤登记 KA302↑，轿厢到达 2 楼时 KA402↑→KA92↑，在停站时 KA33↑→KA204↓，召唤信号消除。

（2）顺向向上召唤停站。例如，当轿厢从 3 楼上行时，向上方向继电器 KA11 吸上，设 4 楼有召唤登记 KA204↑，轿厢到达 4 楼时 KA404↑→KA92↑，在停站时 KA33↑→KA204↓，召唤信号消除。

3. 最高、最低向下召唤停站

（1）最高向下召唤停站。例如，当轿厢上行时，若最高信号是 4 楼向下召唤 KA304↑。当轿厢到达 4 楼时 KA504↑→KA11↓，KA13↑→KA92↑，在停站时 KA33↑→KA304↓召唤信号消除。

（2）最低向下召唤停站。例如，当轿厢下行时，若最低信号是 2 楼向上召唤 KA202↑，当轿厢到达 2 楼时 KA502↑→KA21↓，KA23↑→KA14↓→KA92↑，在停站时 KA33↑→KA202↓召唤信号消除。

4. 专用状态下的停层

在有司机运行状态下，在电梯启动后按下指令专用按钮 SB73，则指令专用继电器 KA73 吸合自持，使 KA92 的召唤停站回路断开。电梯只能按轿内指令停层。

2.1.7 电梯行驶方向的保持和改变

1. 电梯的行驶方向

电梯的行驶方向由上、下方向继电器 KA11 或 KA21 的吸合来决定，但 KA11 或 KA21 的吸合又决定于登记信号与轿厢的相对位置。对同样一个信号，如 3 楼有召唤信号 KA303↑或 KA203↑，这时如果轿厢在 4 楼 KA504↑，则 KA21、KA23 经过 KA501、KA502、KA503 的常闭触点和 KA303 或 KA203 的常开触点通电吸合，电梯下行。又假如轿厢在 2 楼 KA502，则 KA11、KA13 经过 KA505、KA504、KA503 的常闭触点和 KA303 或 KA203 的常开触点通电吸合，电梯上行。

2. 运行方向的保持

当电梯上行时 KA11↑。指令信号、向上召唤信号和最高向下召唤信号逐一实现。当电梯执行这个方向的最后一个指令而停靠时 KA11↓，这时若有乘客进入轿厢，则其指令信号可先决定电梯运行方向。当电梯门关闭后（KT3↓→KA83↑门闭合时 KA83↓），若无向上指令出现，但下方存在召唤信号，则 KA21↑电梯反向向下运行，逐一应答被登记的向下召唤指令和随着出现的向下指令。当电梯应答这个行程的最后一个信号时 KA21↓。

3. 轿内指令优先

当电梯在执行最后一个指令而停靠时，在门未关闭之前轿内若有指令则被优先登记，决定运行方向（因 KA11↓，KA21↓，KT3 延时未终了→KA11 或 KA21 的召唤信号回路部分 KA201、KA302⋯KA305 被断开）。若门关闭后仍无指令信号则召唤才被接受（KT3↓，KA83↓→KA11 和 KA21 的召唤信号回路部分通路），并决定运行方向。

4. 用向上、向下按钮（SB17，SB18）决定电梯运行的方向

在有司机工作状态下，司机可借 SB17 和 SB18 决定电梯运行的方向。例如，轿厢位于 3 楼方向向上（KA11↑，KA13↑），SB17 内的 1HL11 灯点亮。若司机发觉有必要向下运行，则可按下 SB18，于是 KA11↓，KA13↓，并在有下方信号登记下 KA21↑，KA23↑电梯向下运行（SB18 接通→KA18↑→KA11↓，KA13↓→KA21↑，KA23↑→1HL21 灯点亮）。

2.1.8 音响灯光信号及指示灯

1. 召唤记忆灯

当揿下召唤按钮（或触钮）SB201、SB302⋯SB305 时，相应的召唤继电器（KA201、KA302⋯KA305）吸合自保，其触头接通相应的记忆灯（HL201、HL302⋯HI305）使之点亮。当召唤继电器复位时，其记忆灯熄灭。

2. 门外指层灯

电梯轿厢门外设有方向箭头灯（HL11、HL21）及指层灯（HL501~HL505）表示电梯运行的方向和轿厢所在的层楼。

3. 轿内指层灯

轿厢门口上方设有指层灯（1HL501~1HL505）表示电梯运行的轿厢所在层楼。

4. 超载信号

若轿厢负荷超过额定负载，则操纵箱上的超载信号灯闪烁发光同时音响信号断续发音（SA74 接通→KA74↑→KA75↑→HL74 灯点亮、HA 发声）。

5. 召唤蜂铃

在轿厢操纵箱内设有召唤蜂铃 HA。当乘客揿下召唤按钮（或触钮）SB201、SB302⋯SB305 时，蜂铃继电器 KA29 通电吸合，使蜂铃发声。

2.1.9 电梯的安全保护

1. 轿门及轿门联锁触点

电梯必须在轿门闭合（SAB100 接通）和轿门闭合上锁（SAB101～SAB105 接通）后才能开动，这时 KA81↑才能接通 KA33 和 KM1 或 KM2 的回路，否则电梯不能开动。

2. 超速保护

当轿厢运行速度超过额定值但仍小于安全钳动作速度时，限速器开关 SA725 断开，KA72 断电，电梯立即停止。

3. 安全钳开关

当轿厢超速下降引起安全钳动作时，其联锁开关 SA722 断开使 KA72 断路，电动机 M 失电并制动。在 SA722 未复位前电梯不能正常运行。

4. 自动门安全触板和光电保护装置

在轿厢门前端装有可伸缩的安全触板和两道光电保护装置。在关门的过程中，若触板与乘客接触，SA851（或 SA852）接通或乘客挡住光电管的光线光电继电器 KAB，KAB1 恢复（KA85↑→KA83↓→KA82↑），于是电梯门立即反向开启。

5. 超载保护

当轿厢负荷超过额定负载时，SA74 接通→KA74↑→断开 KA83 和 KA32 回路使电梯不能关门启动，当轿厢负荷降低至额定负载以下时，SA74 断开→KA74↓，电梯才能恢复正常运行。

6. 终端保护

电梯在上、下端站除了设有正常的触发停层装置外，还分别在上、下端站安装了限位开关 SQ11、SQ21 和 SQ1、SQ2 及最终限位开关 SQ12、SQ22。例如，当电梯下行时若正常停层回路不起作用，则轿厢下降时将 SQ2 断开使 KA33↓→KM3↑进行减速和平层；若轿厢继续下降至低于层站水平，则 SQ21 断开使 KM2↓→KM3↓电动机失电进行机械制动；若轿厢仍继续下降超过平层区以外，则 SQ22 断开→KA72↓，直流和交流控制电路全部失电轿厢立即停止，这时电梯就不能正常工作了。

7. 电动机过载和短路保护

采用熔断器作为主电路和控制电路等的短路保护，同时又采用热继电器 FR1 和 FR2 作为主电动机 M 的快速和慢速绕组的过载保护。

2.1.10 电梯的消防工作状态及其控制

1. 电梯在各种工作情况下消防状态的触发

当大楼发生火警时，用户提供的火警专用触点闭合，使消防工作继电器 KA44 和消防返回继电器 KA45 吸合。

（1）若此时电梯正在向上运行，则 KA44 触头分别切除 KA101～KA105 的指令信号和 KA201、KA302…KA305 的召唤信号，而 KA45 触头则断开 KM1，使电动机 M 失电并制动，同时接通 KA21，KA23↑→KA33↑→KM3↑→KA31↑→KM2↑，使电梯反向下降直达底层。

（2）若此时轿厢刚离开底层向上出发，尚在正常停层距离之内，KA401↑、KA501↑、KA47A↑，则 KM1 断路后并不能使 KA21 接通，同时 KM1↓→KM2↑→KM4↑轿厢反向慢速返回底层。

（3）若此时电梯正在向下运行，同样 KA44 触头切断所有指令、召唤信号并由 KA45 触头接通 KA21 回路，使电梯下降直达底层。

（4）若此时轿厢正处于停站状态，设电梯原方向向上，则立即换向向下（KA44↑→KA45↑→KA11↓→KA21↑），并关门启动向下（KA45↑→KA32↑→KA83↑→KA81↑→KA33↑）。如果原方向是向下的，则仍维持向下，并立即关门启动直达底层。

2. 消防工作的情况

当轿厢到达基站开门后，消防员可以将基站轿厢门外的消防员专用开关 SA3 闭合，使消防员专用继电器 KA46 吸合自持，KA45 断电复位（KA47↑，KA81↓→KA46↑自持→KA45↓）。这时指令继电器回路又接通，使电梯直接由进入轿厢的消防人员进行控制。在指令信号下电梯就关门启动运行，只按指令停站，不应答召唤信号，而当每次停站开门时所有指令信号都被消除。

2.1.11 两台电梯并联时的工作原理说明

1. 正常工作时的运行情况

一般以底层为基站。闲置时一台电梯返回基站，另一台电梯停留在最后停靠的层楼，门关闭。如果两台电梯都位于基站，则首先到达的那台电梯将先应答命令而发车。在基站的电梯按召唤与运行梯的相对位置而出发。

（1）当两台电梯都停留在基站时，若 A 台电梯先返回基站，B 台电梯随后又到达基站，则 B 台电梯在停站前接通 A 台电梯的调配继电器 KA55-A，为方向继电器 KA11、KA13 的吸合提供条件（KM6-B↑，1KA500-B↑→KA55-A↑），因此，当出现上部召唤指令时，A 台电梯接受信号发车上行。

（2）当 A 台电梯上行时，若其下方出现向上召唤指令，则 B 台电梯在基站应答信号发车上行（KA11-A↑，KA53-A↑→KA55-B↑），B 台电梯向上发车；若 A 台电梯上方出现任何召唤指令或其下方出现向下召唤指令均在 A 台电梯的一周行程中完成，而 B 台电梯留在基站不予应答。

（3）当 A 台电梯下行时，若其上方出现任何向上或向下召唤指令，则 B 台电梯在基站应答信号，发车上行（KA21-A↑，KA52-A↑→KA55-B↑）B 台电梯接受信号发车；若 A 台电梯下方出现召唤指令则由 A 台电梯顺向截停去完成，B 台电梯不予应答。

（4）若 A 台电梯在运行，则当时存在的召唤指令可由一周行程去应答，若 B 台电梯既无指令也无前方召唤，则 A 台电梯的调配继电器吸合，导致 B 台电梯的调配继电器释放

（KA55-A↑→KA55-B↓）接通基站电路，B 台电梯返回基站。假如此后 A 台电梯也无指令，则因 KA55-B↓→KA55-A↑，A 台电梯的返回基站回路断开，A 台电梯停留在最后停靠的层楼。

反之，则 A 台电梯返回基站，B 台电梯停留在最后停靠的层楼。

（5）若 A 台电梯在运行，且轿厢外召唤信号很多，而 B 台电梯又未具备发车条件，假如 30~60s 后存在的信号尚未消除，这时延误时间继电器 KA56 由于召唤信号连续存在（KA51↑）而延时吸合，使延误发车继电器 KA54 复位（KA51↑→KA56↑→KA54↓），此时 B 台电梯由于 KA54 的常闭触点闭合接受信号而发车。

同样，若 B 台电梯在运行时，召唤信号连续存在，但又未能满足 A 台电梯发车条件，则一定时间后 KA54↓，使 A 台电梯发车。

2. 一台电梯正常工作，另一台电梯处于检修、专用或消防工作状态

若 A 台电梯在运行，而 B 台电梯处于检修（KA41↓）、专用或消防（KA73↓）状态，则继电器 KA54 的回路断开，其常闭触点接通 A 台电梯方向继电器 KA11、KA13 回路，A 台电梯处于单机运行状态。

反之，若 B 台电梯在运行，而 A 台电梯处于检修或专用状态，则同样 KA54↓，B 台电梯处于单机运行状态。

3. 一台电梯正常运行，另一台电梯断电

若 B 台电梯断电，则 KA72-B↓→KA54↓，A 台电梯处于单机运行状态；若 A 台电梯断电，则 KA54 失电释放，B 台电梯处于单机运行状态。这时信号电源继电器 KA40 也失电，于是系统的公共电源（如直流 110V 的召唤继电器电路、直流 12V 的召唤电子触钮电路和交流 110V 的召唤记忆灯电源）都从 A 台电梯切换至 B 台电梯的相应电路上。

4. 召唤和指令信号

在该系统中可采用带记忆灯的按钮或电子触钮作为登记召唤和指令信号的元件，电子触钮由直流 12V 稳压电源 SZA 供电，当手指触及该器件的表面金属标志时，就能使它动作，带动一个微型继电器，后者的触头带动召唤或指令继电器，该触钮在控制系统中的作用与一般按钮完全相同。

技能训练6

1. 实习目的和要求

（1）了解继电器控制的交流集选控制电梯。
（2）掌握 KJX-A-Ⅱ 交流集选控制电梯电路的动作过程和原理。

2. 设备、工具

KJX-A-Ⅱ 交流集选控制电梯控制柜、常用电工工具。

3. 实习内容

（1）元件识别：掌握有关电气元件的文字符号和实际安装位置。

（2）模拟操作：掌握在电梯控制柜上正确进行静态（未挂轿厢）模拟电梯运行操作。

（3）动作元件：在电梯控制柜中找出电梯电路运行时相应动作的元件。

（4）动作过程与原理分析：写出 KJX-A-Ⅱ交流集选控制电梯运行时元件的动作过程并根据原理图分析其工作原理。

（5）故障排除：了解 KJX-A-Ⅱ交流集选控制电梯常见的故障现象，分析其原因并排除。

2.2 DYN-2-1KS 交流调速电梯电气控制电路原理说明

2.2.1 DYN-2-1KS 交流调速电梯的自动控制系统

由于交流异步电动机转矩与定子绕组端电压平方成正比，所以改变电动机定子绕组端电压的值，就可以改变电动机的转矩及机械特性，从而对电动机转速进行控制，达到调速目的。以这个理论为基础，产生了交流调压调速电梯，俗称交流调速电梯。

交流调速电梯，根据所采用的调速电路不同，大致可分以下两种类型。

第 1 种：对交流异步鼠笼式曳引电动机的定子绕组端电压采用晶闸管控制（多采用双向晶闸管反并联进行加速度闭环控制），而制动减速时采用能耗制动或是涡流制动及反接制动（很少采用）控制方式，按距离和电梯的实际运行速度来闭环调速。这种方式是真正的交流调压调速电梯，是闭环式跟踪控制。

第 2 种：电梯启动时，电路里没有跟踪系统，在交流异步鼠笼式曳引电动机定子绕组内串入电抗或电阻降压启动（或采用变极对数方式），按时间原则切除或变极，由启动变为额定速度运行；在制动减速过程中采用闭环控制（采用能耗制动、涡流制动及较少见的反接制动）。这种交流调速方法，与交流调速电梯相比，仅在减速时采用各种制动方式对减速进行自动调节，故并非真正的调压调速电梯，这种形式的调速控制，属于前开环（启动、稳速不能闭环跟踪控制）后闭环（制动减速时，自动跟踪控制），它提高了交流双速电梯减速阶段舒适感。

DYN-2-1KS 电梯是一种乘客自己操作的自动电梯。电梯在底层和顶层分别设有一个向上和向下召唤电子触钮或按钮，而在其他层站各设有上、下召唤电子触钮或按钮。轿厢操纵屏上则有与停站数相等的相应指令触钮或按钮。

某一层楼等待电梯的乘客按下该层召唤触钮或上、下召唤触钮后，就能使门已关闭的但未连续运行的（占用）轿厢到来，电梯停靠时自动开门。乘客进入轿厢后，按下要去层楼的指令按钮，在连续运行延时时间结束后，电梯就自动关门，启动行驶到目的层站。

每次停靠时，电梯自动进行减速、平层、开门。开门后无指令召唤出现，则经过延时后，就自动关门。这时如果无召唤指令存在，则轿厢停靠在最后停靠的层楼。

该电梯的指令按钮和召唤电子触钮带动微型继电器，然后带动控制继电器。

该电梯的主驱动控制系统是 DYNATRN-2 驱动（涡流制动器调速）的交流调速系统。系统结构简单，性能良好，其电气电路原理说明参阅图 2-2，表 2-2 为其元件代号说明。

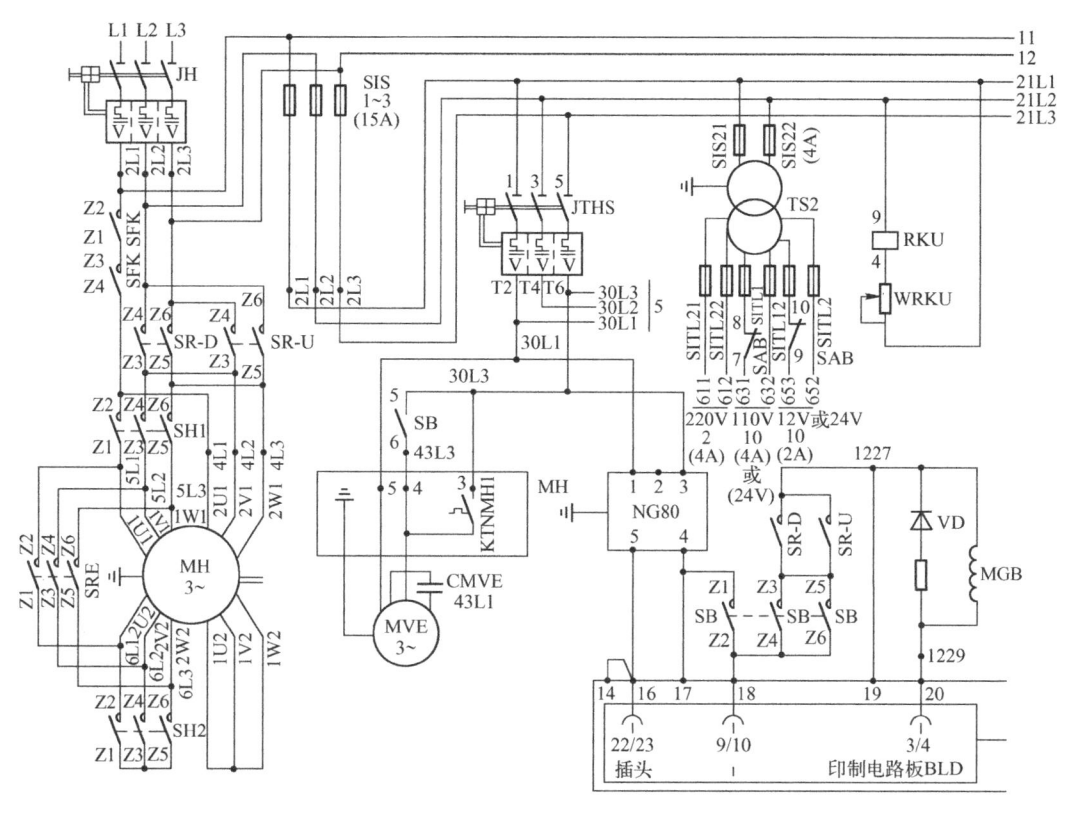

图 2-2（a） DYN-2-1KS 交流调速电梯电气控制电路

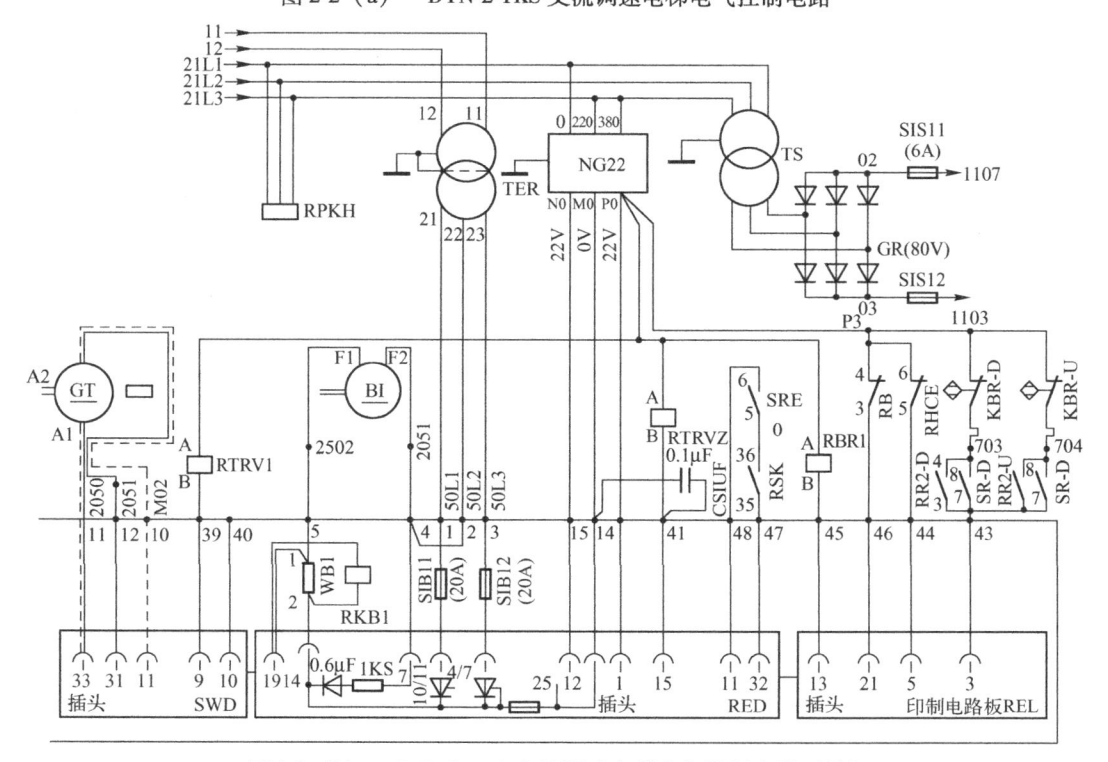

图 2-2（b） DYN-2-1KS 交流调速电梯电气控制电路（续）

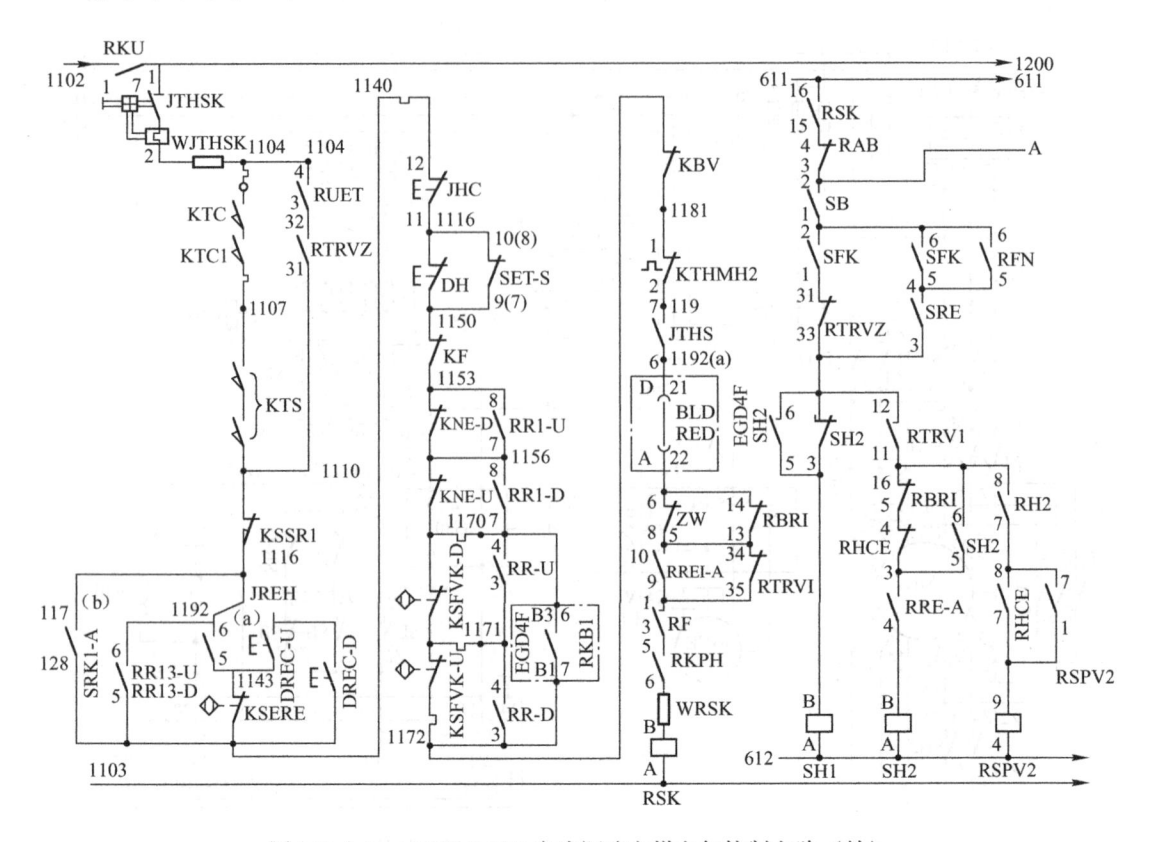

图 2-2（c） DYN-2-1KS 交流调速电梯电气控制电路（续）

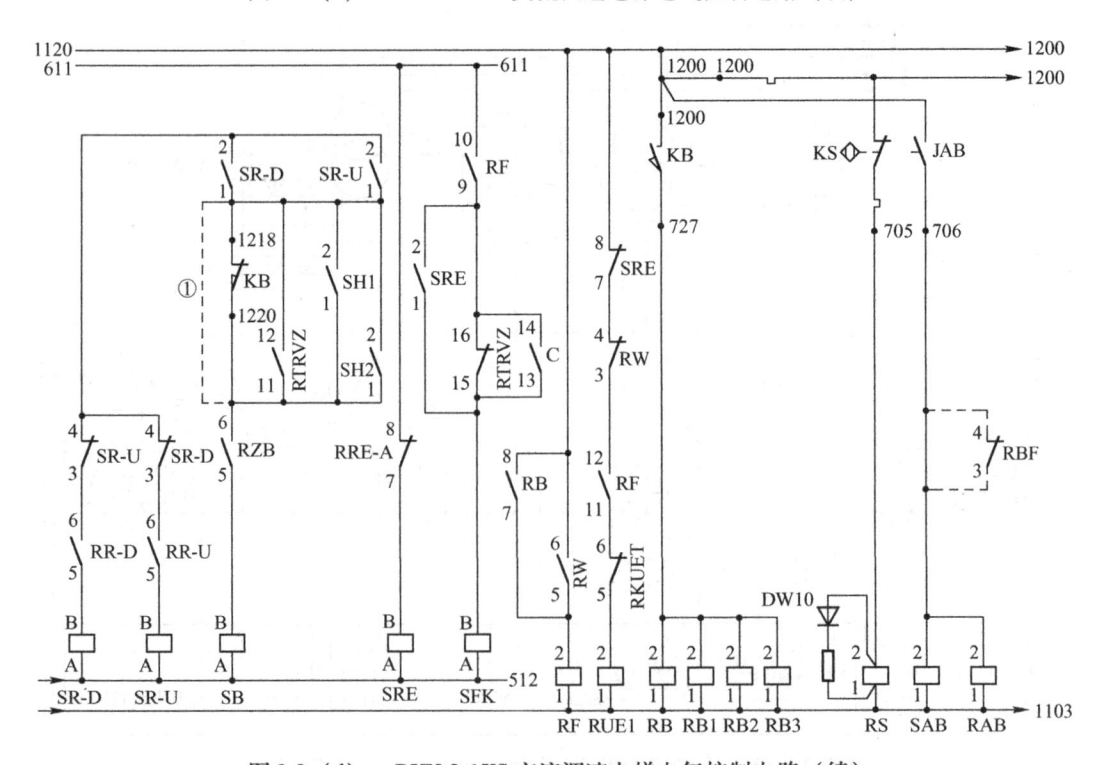

图 2-2（d） DYN-2-1KS 交流调速电梯电气控制电路（续）

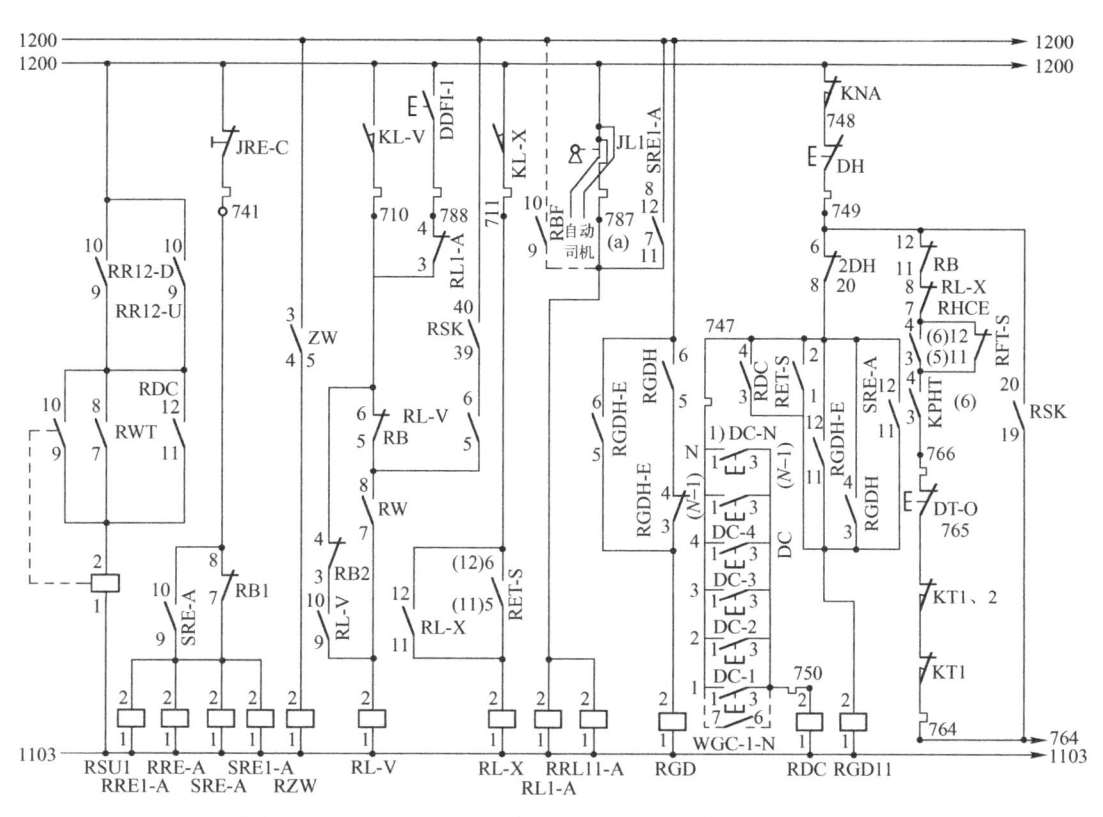

图 2-2（e） DYN-2-1KS 交流调速电梯电气控制电路（续）

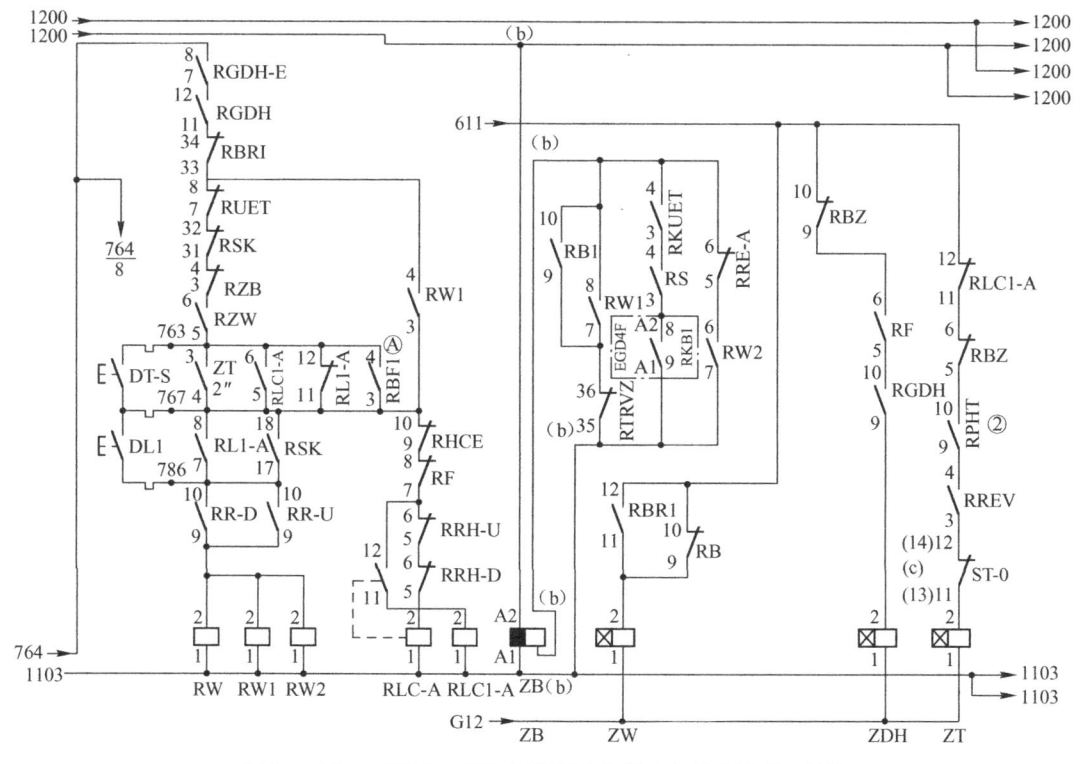

图 2-2（f） DYN-2-1KS 交流调速电梯电气控制电路（续）

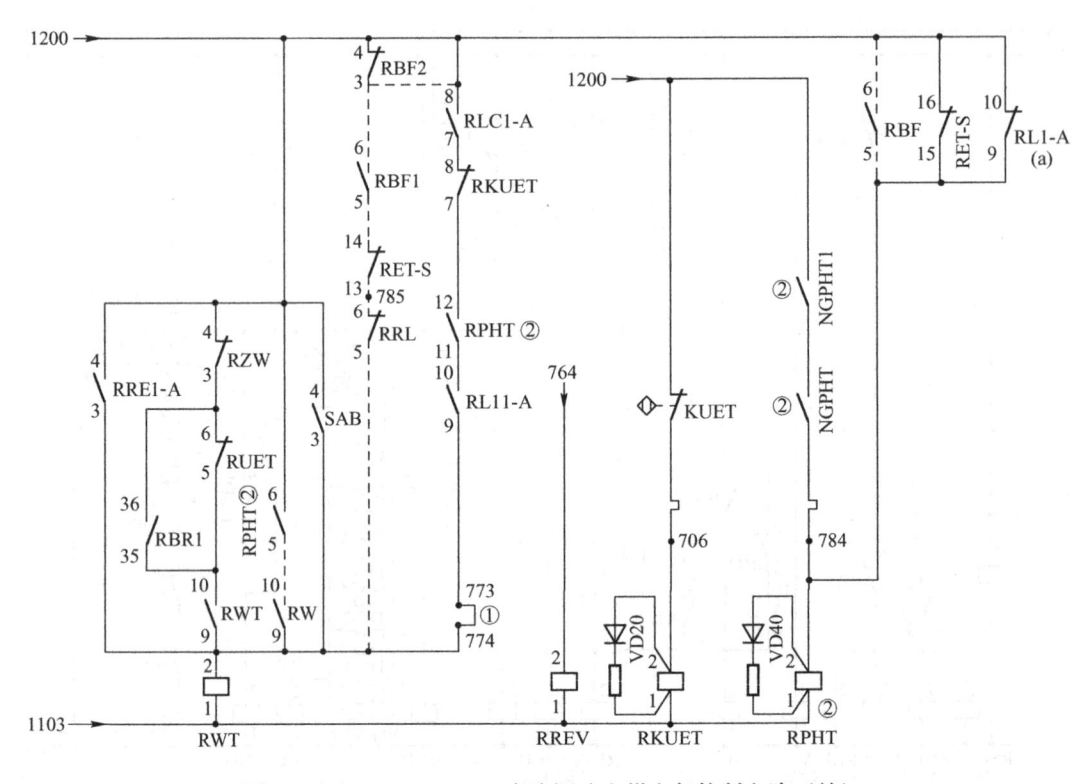

图 2-2（g） DYN-2-1KS 交流调速电梯电气控制电路（续）

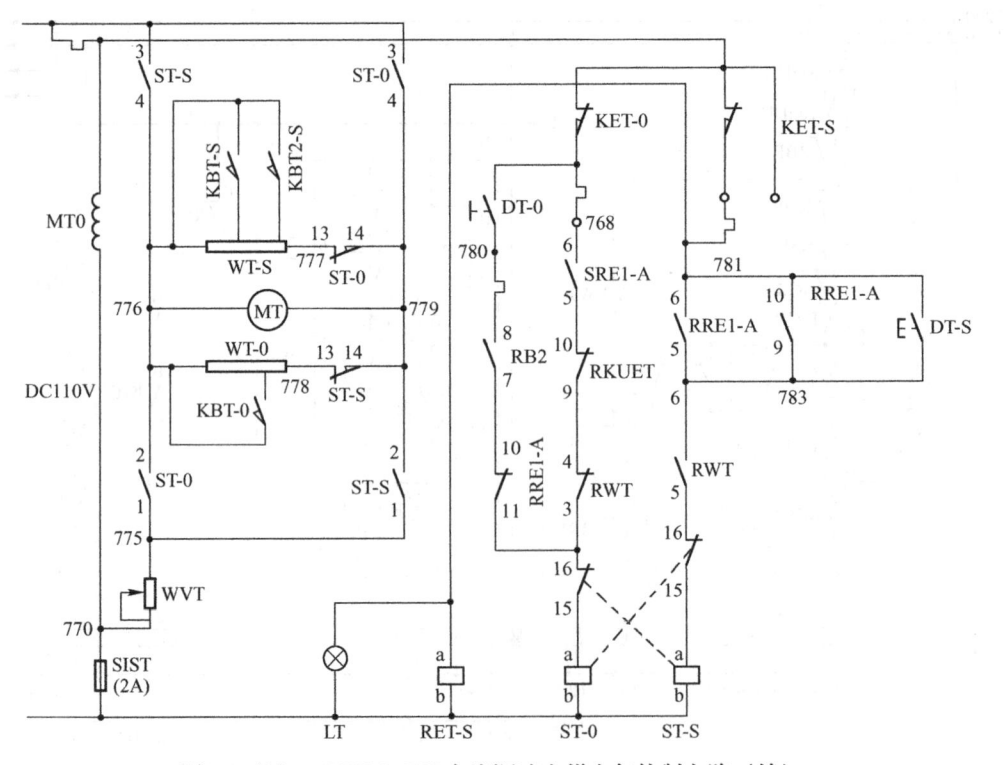

图 2-2（h） DYN-2-1KS 交流调速电梯电气控制电路（续）

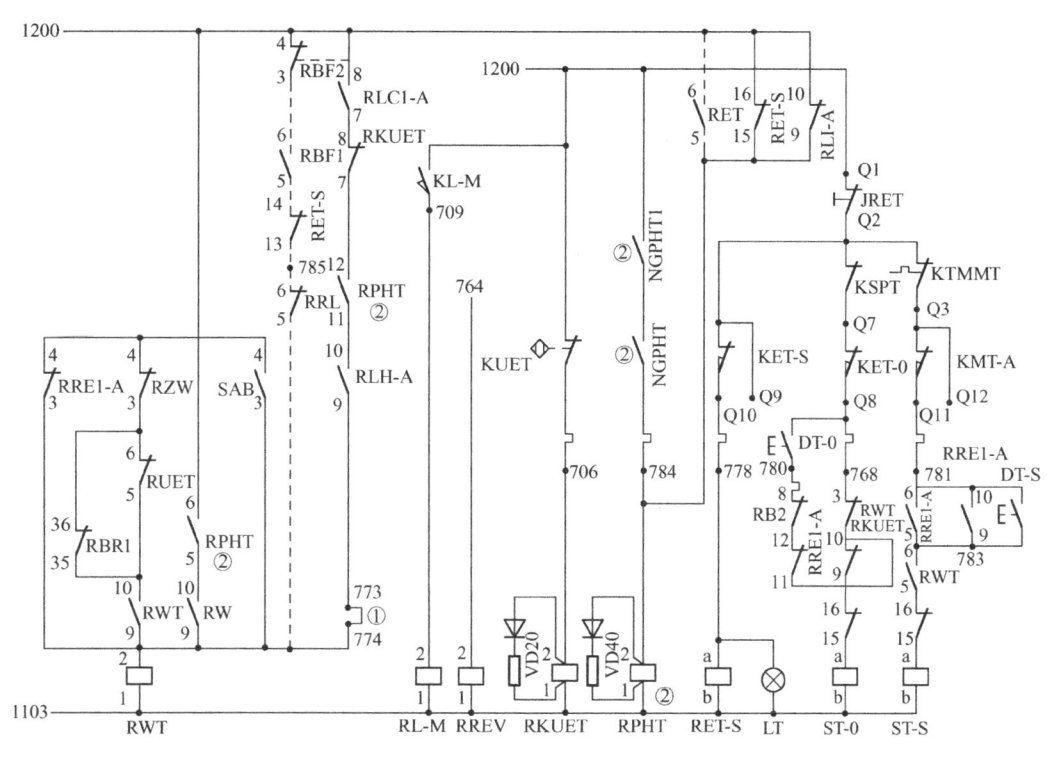

图 2-2（i） DYN-2-1KS 交流调速电梯电气控制电路（续）

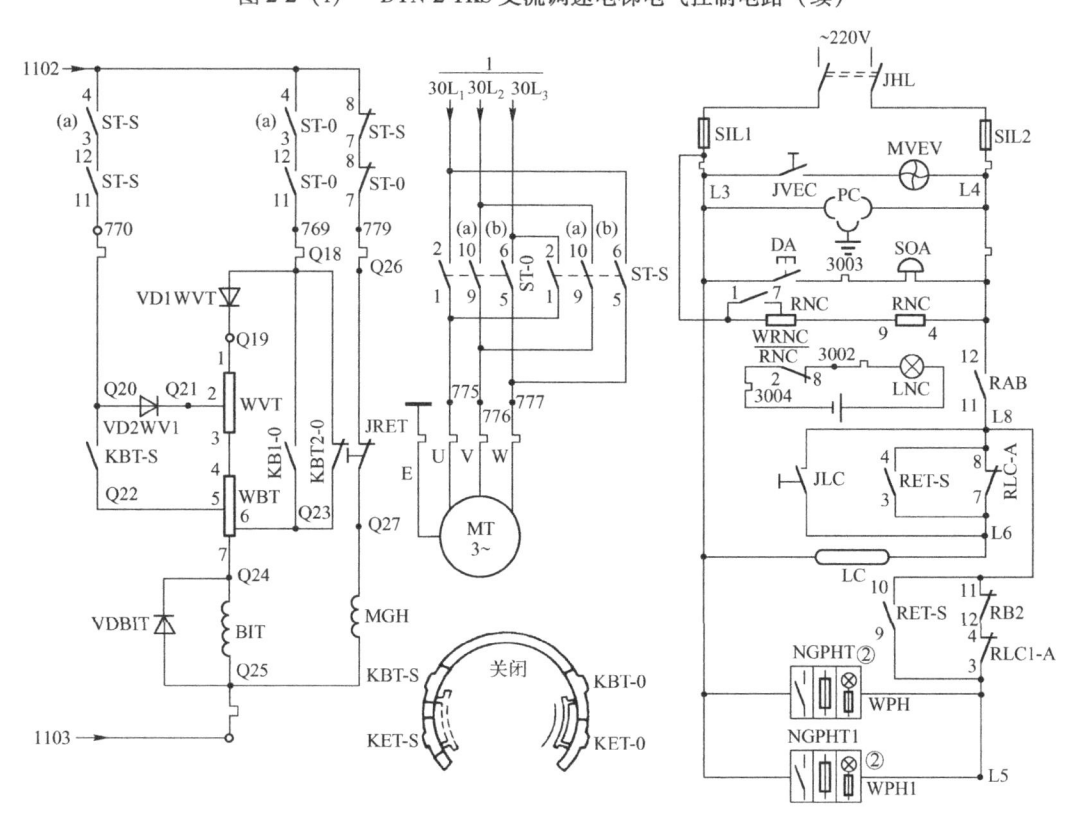

图 2-2（j） DYN-2-1KS 交流调速电梯电气控制电路（续）

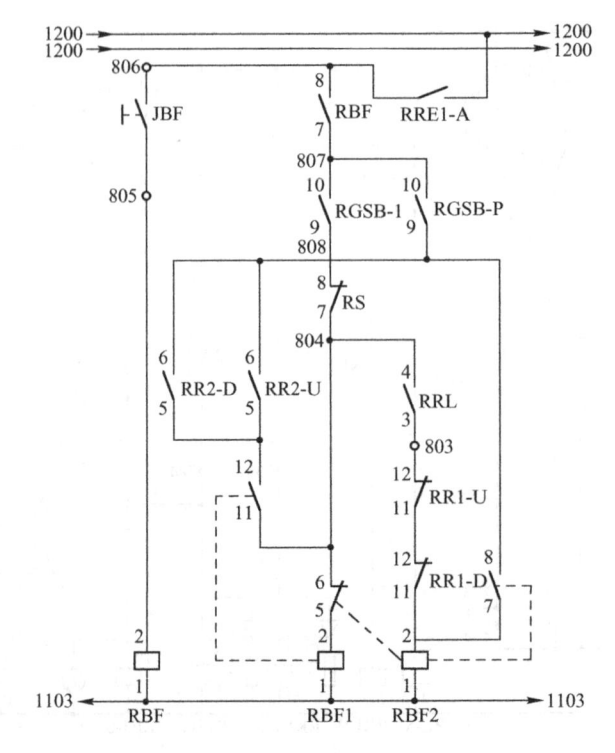

图 2-2（k） DYN-2-1KS 交流调速电梯电气控制电路（续）

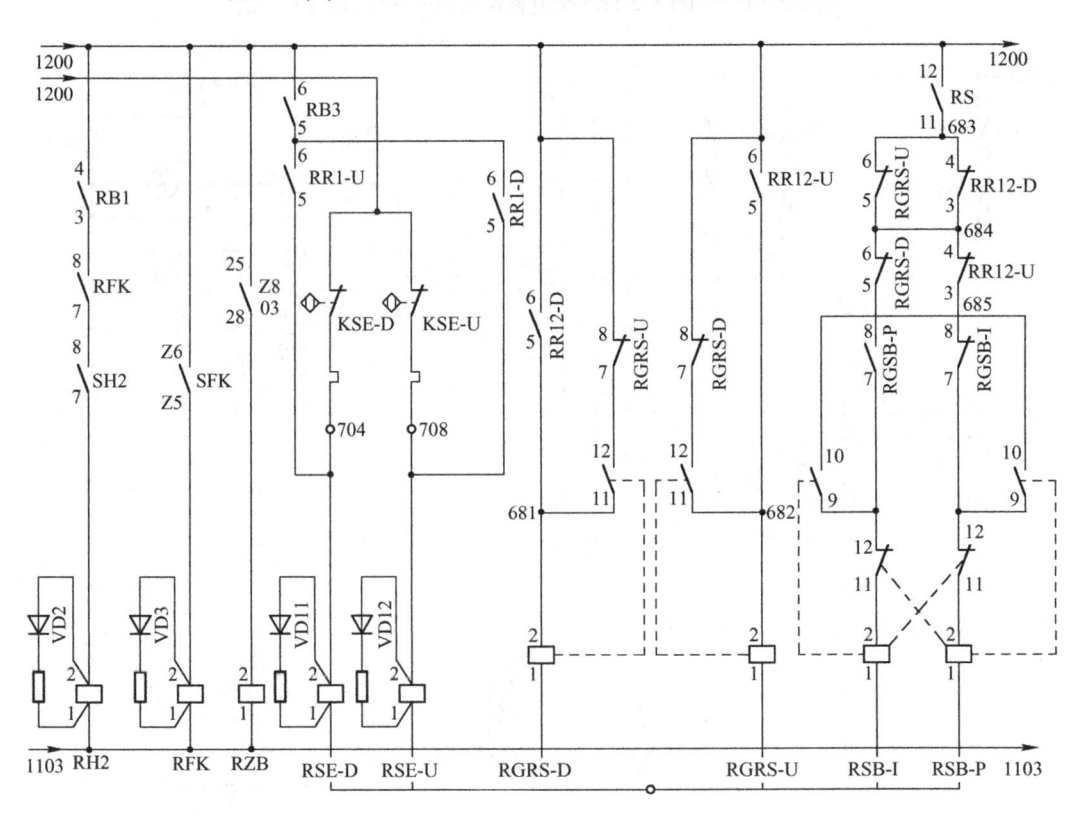

图 2-2（l） DYN-2-1KS 交流调速电梯电气控制电路（续）

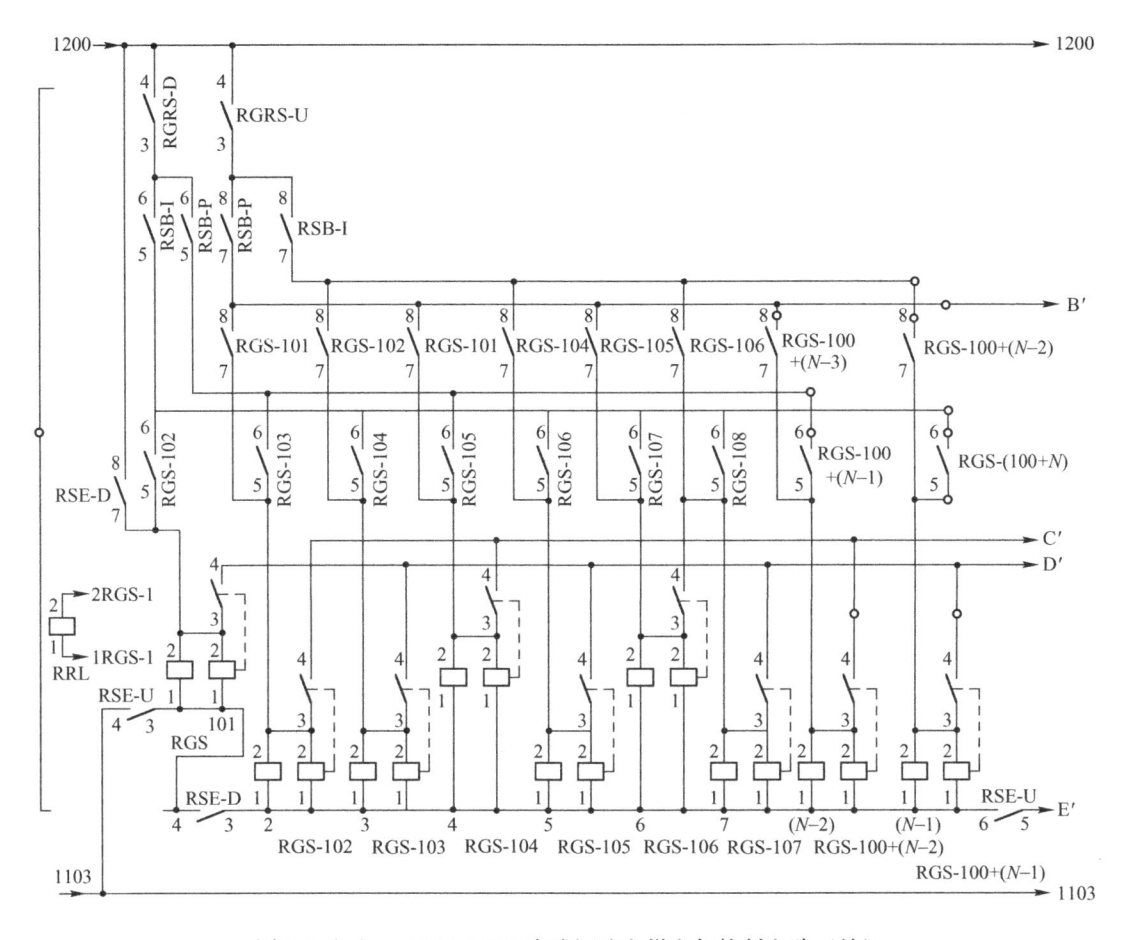

图 2-2（m） DYN-2-1KS 交流调速电梯电气控制电路（续）

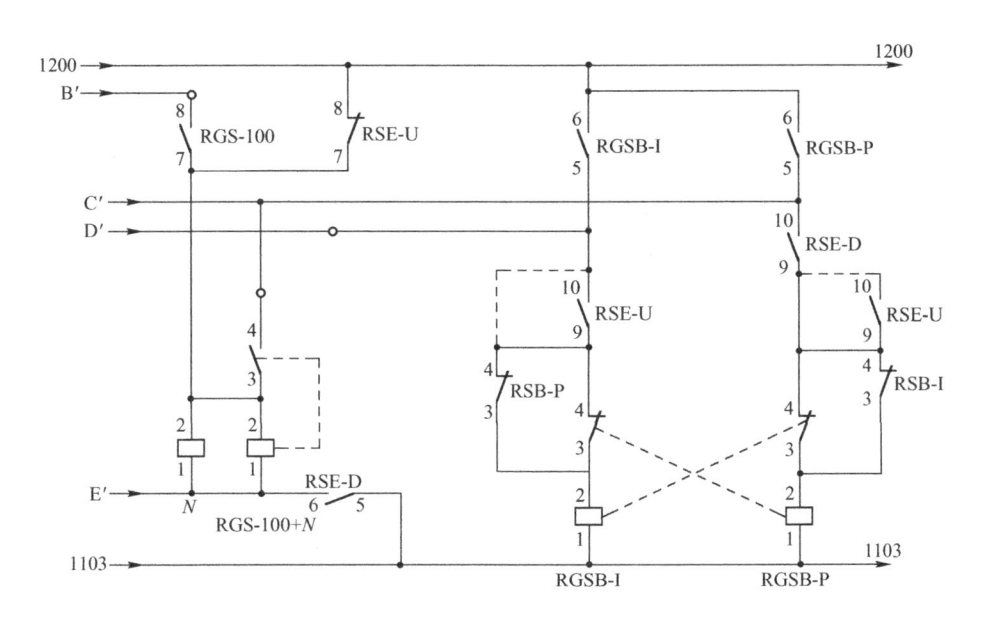

图 2-2（n） DYN-2-1KS 交流调速电梯电气控制电路（续）

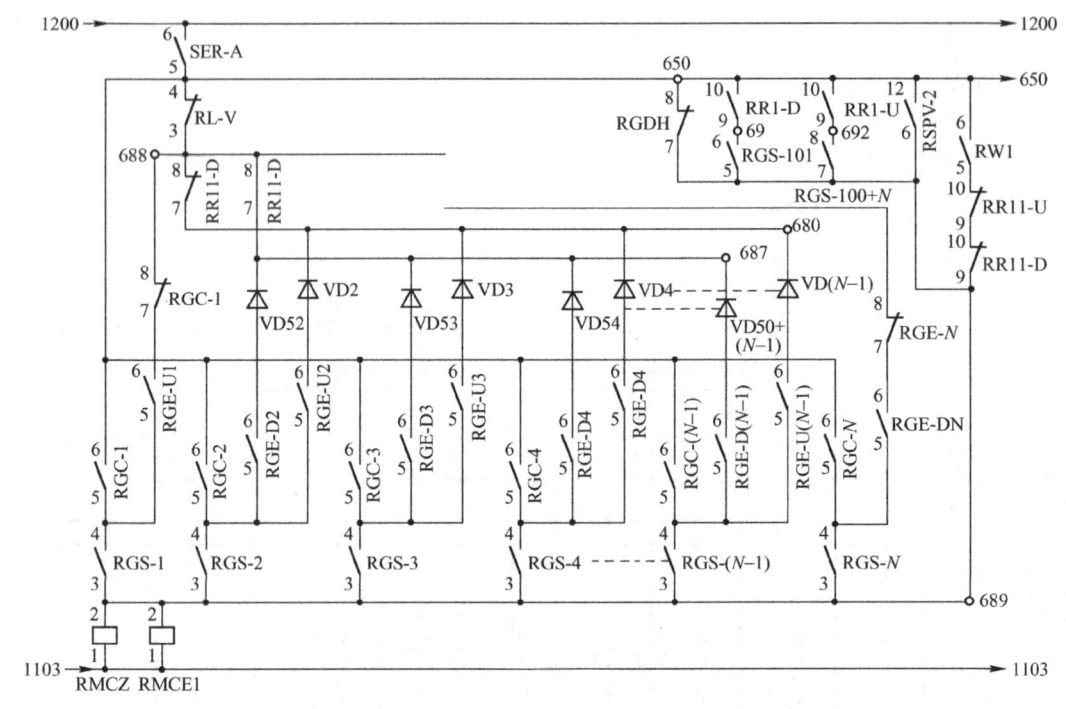

图 2-2（o） DYN-2-1KS 交流调速电梯电气控制电路（续）

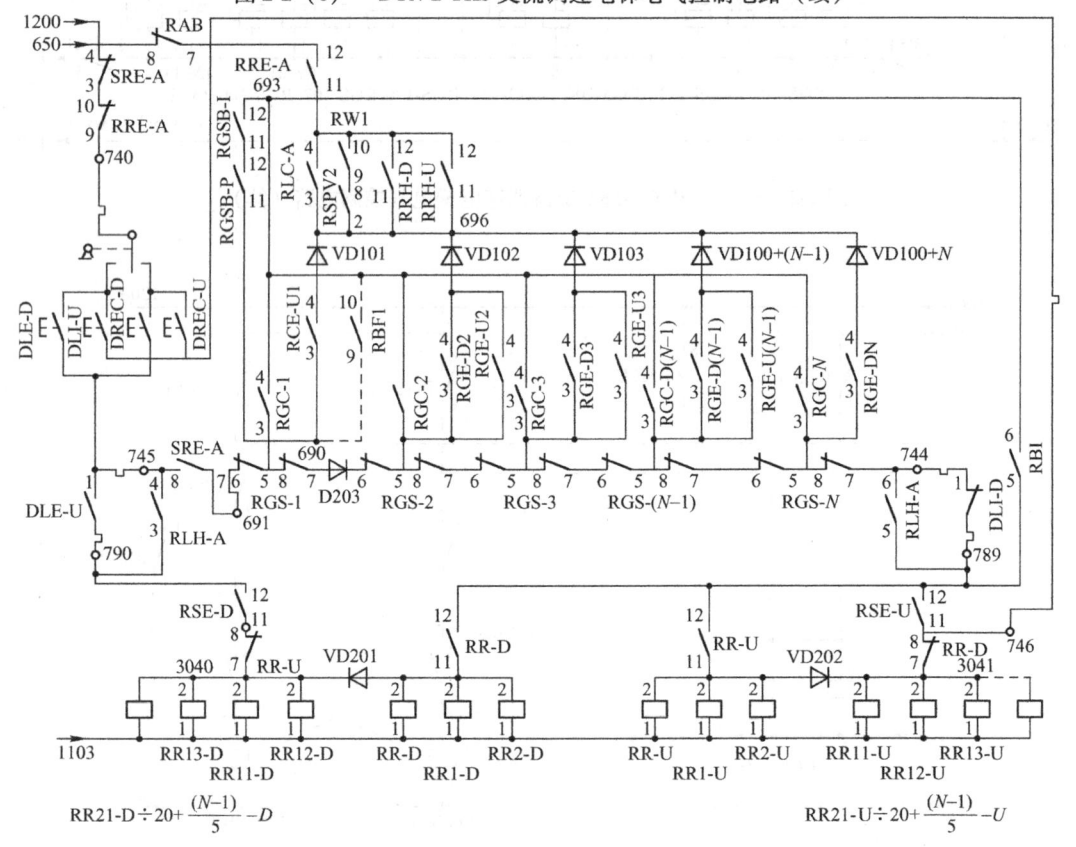

$$RR21\text{-}D \div 20 + \frac{(N-1)}{5} - D \qquad RR21\text{-}U \div 20 + \frac{(N-1)}{5} - U$$

图 2-2（p） DYN-2-1KS 交流调速电梯电气控制电路（续）

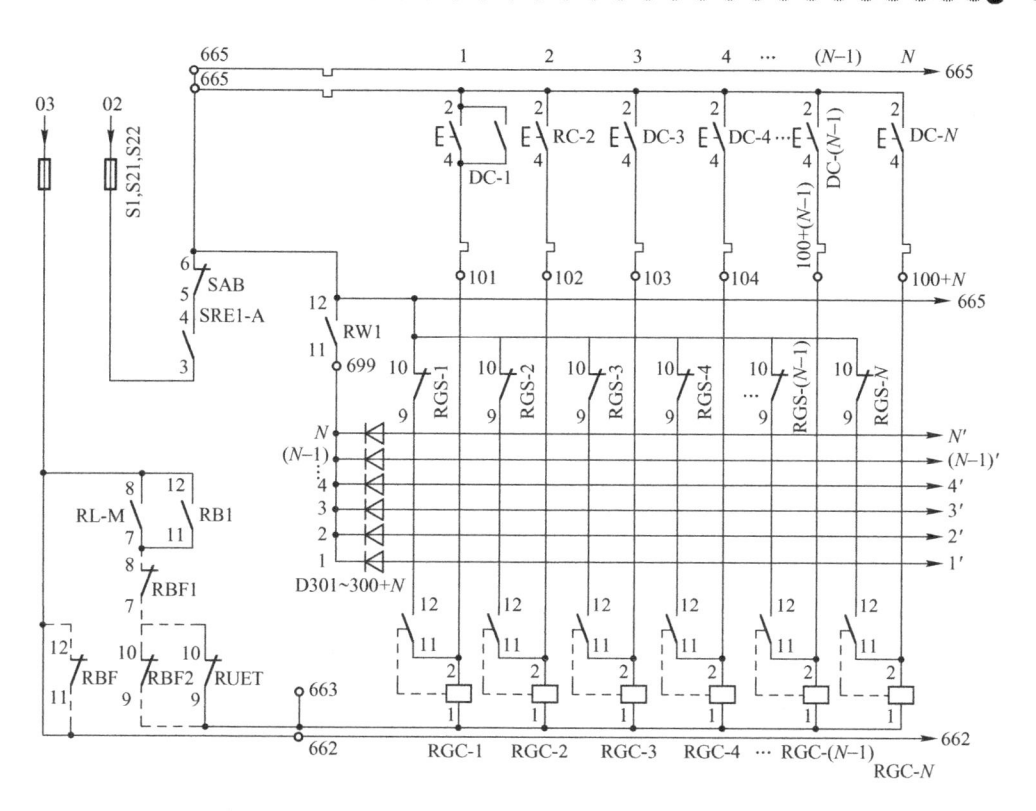

图 2-2（q） DYN-2-1KS 交流调速电梯电气控制电路（续）

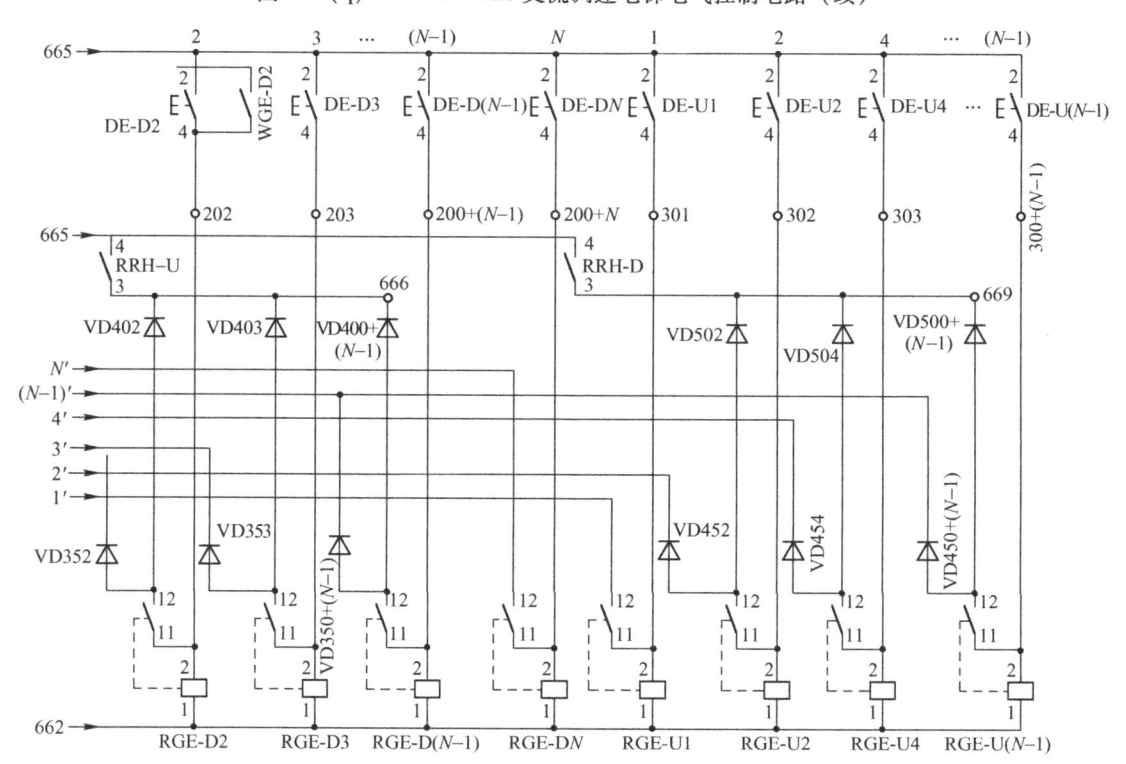

图 2-2（r） DYN-2-1KS 交流调速电梯电气控制电路（续）

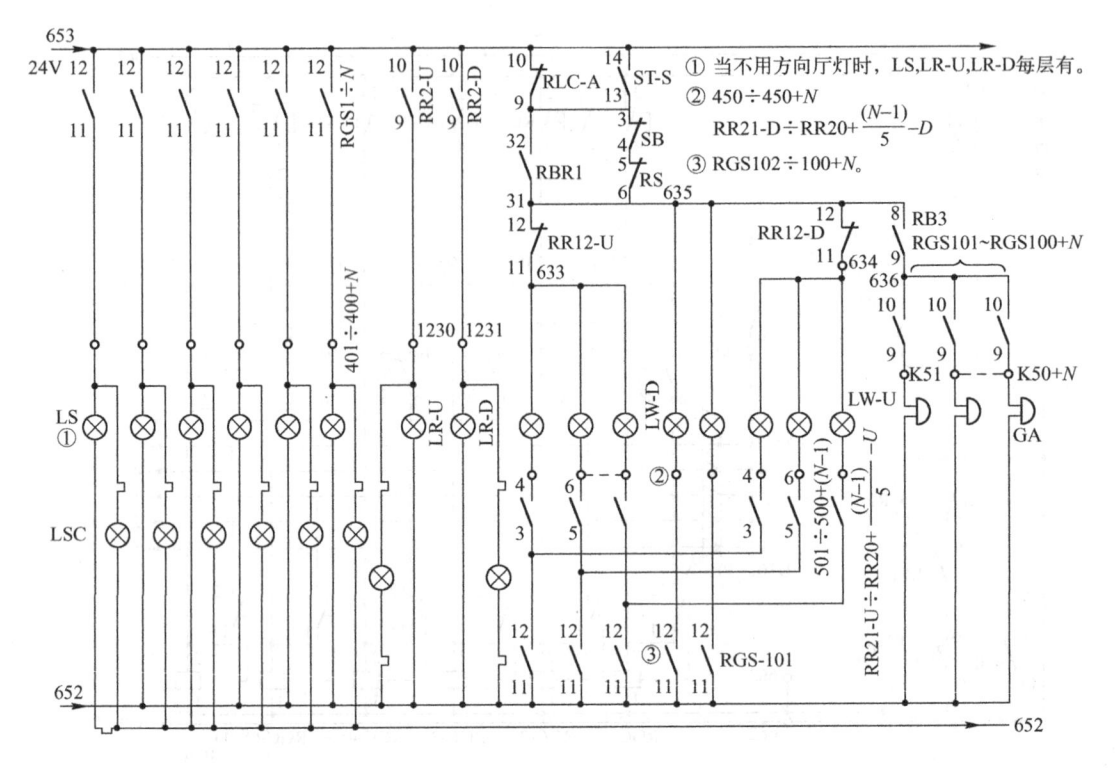

图 2-2（s） DYN-2-1KS 交流调速电梯电气控制电路（续）

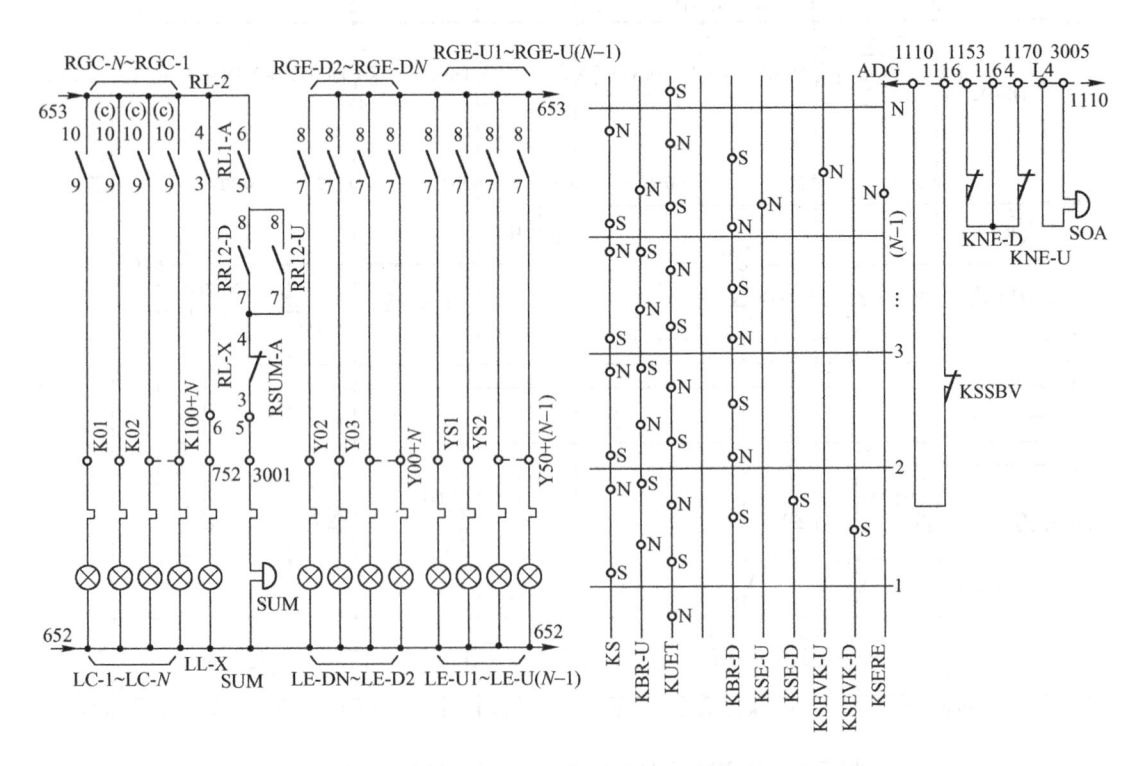

图 2-2（t） DYN-2-1KS 交流调速电梯电气控制电路（续）

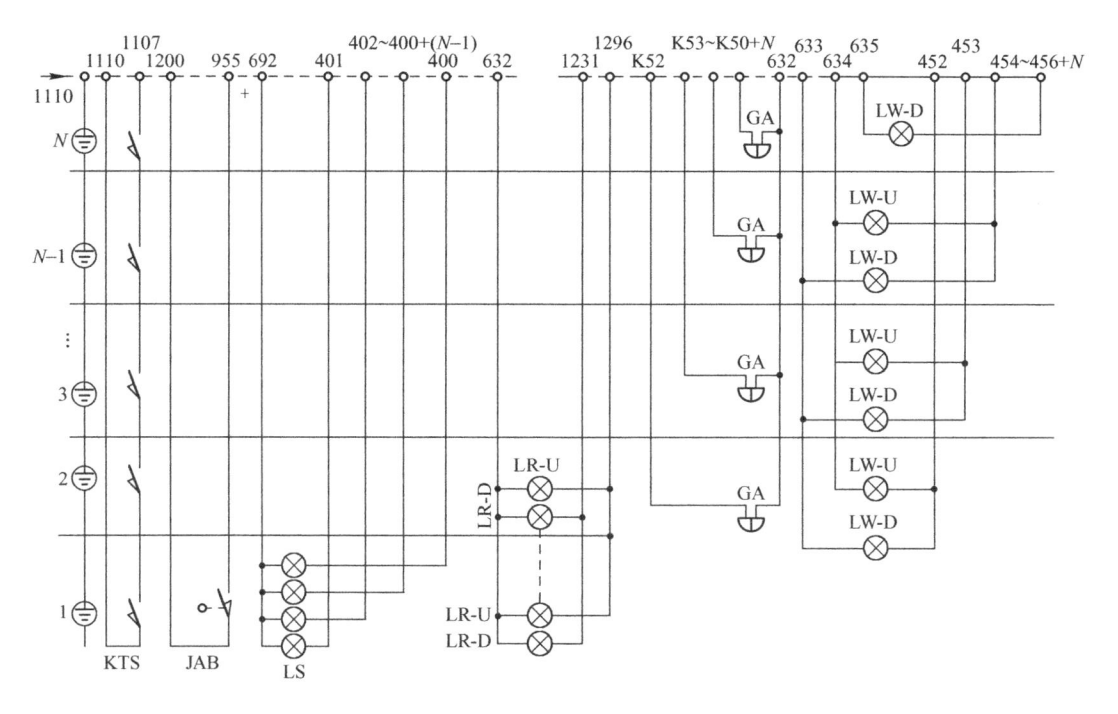

图 2-2（u） DYN-2-1KS 交流调速电梯电气控制电路（续）

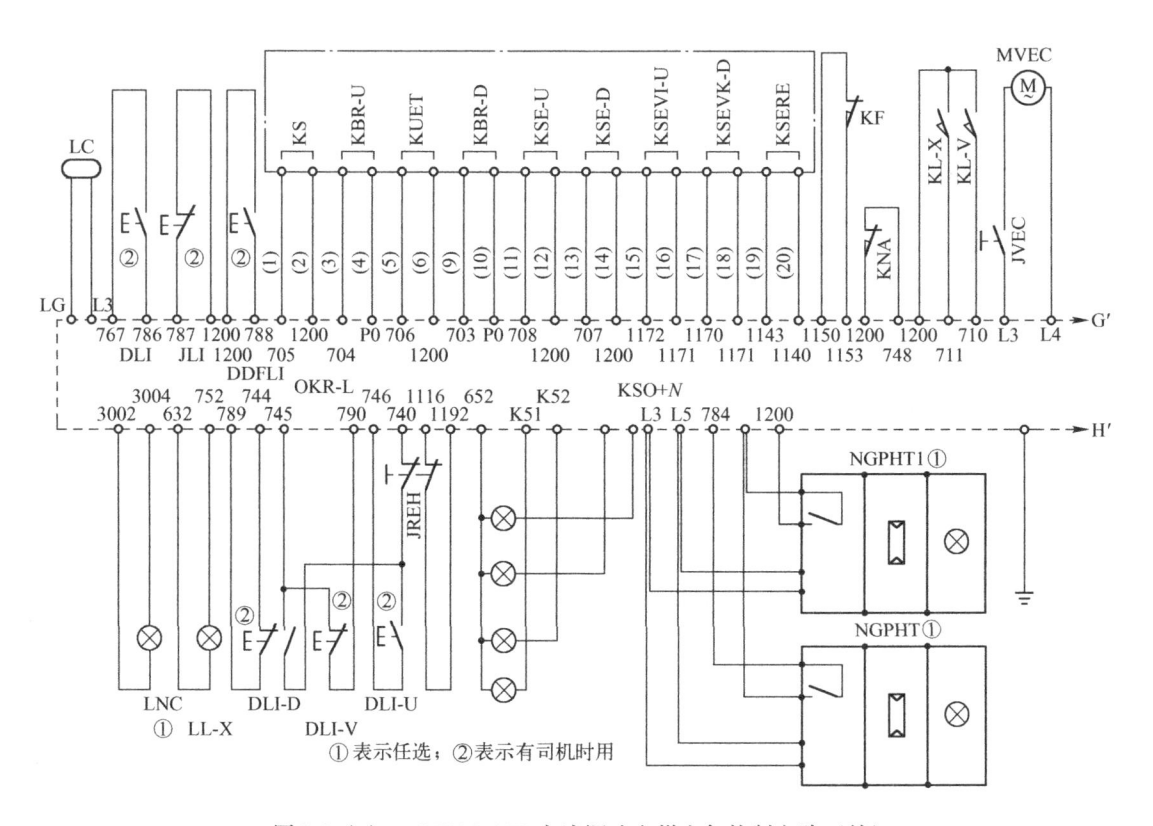

① 表示任选；② 表示有司机时用

图 2-2（v） DYN-2-1KS 交流调速电梯电气控制电路（续）

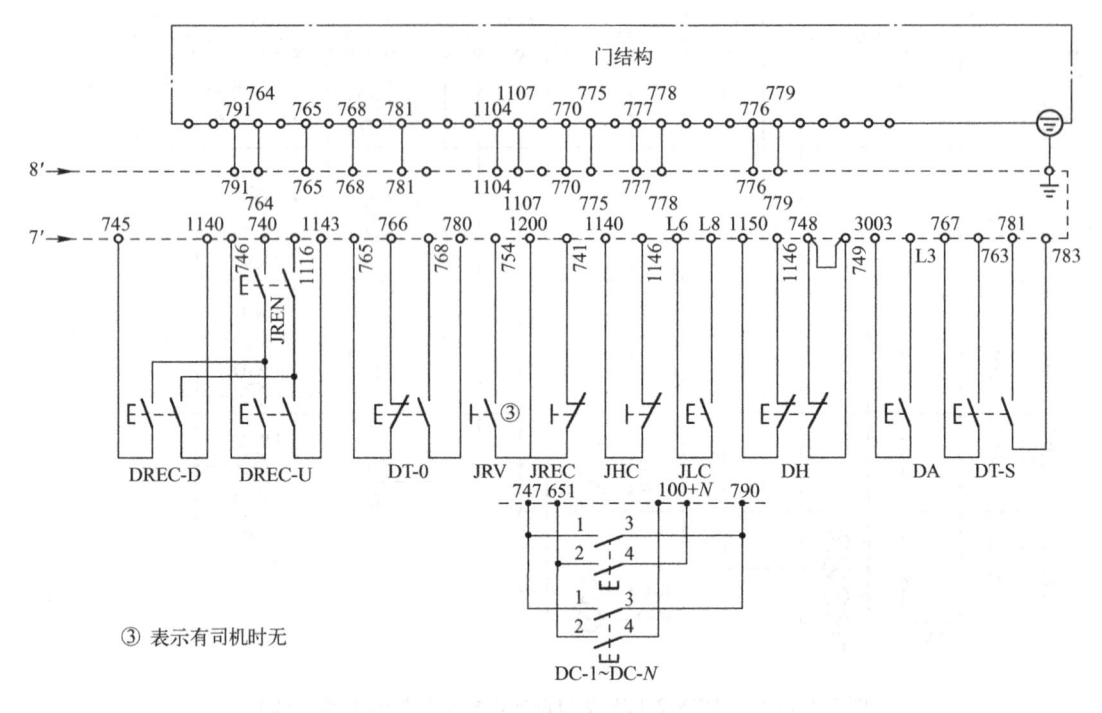

图 2-2（w） DYN-2-1KS 交流调速电梯电气控制电路（续）

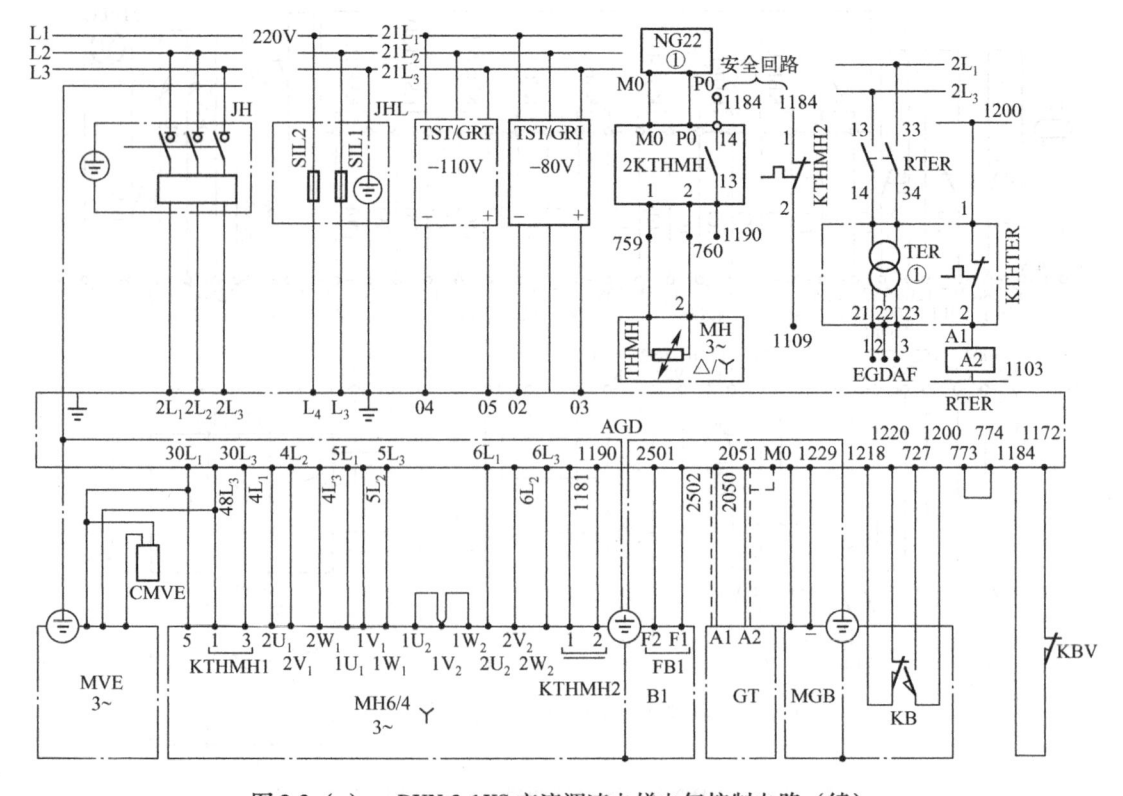

图 2-2（x） DYN-2-1KS 交流调速电梯电气控制电路（续）

表2-2 DYN-2-1KS 交流调速电梯电气控制电路元件代号说明

代　号	名　　称	型号及规格	置放处所	备　注
RAB	"无服务"继电器	直流继电器（80V）R5A0	控制屏	
RB	制动器继电器	直流继电器（80V）R4A1	控制屏	
RB1	制动器继电器	直流继电器（80V）R1A4	控制屏	
RB2	制动器继电器	直流继电器（80V）R5A0	控制屏	
RB3	制动器继电器	直流继电器（80V）R2A3	控制屏	
RBF	消防紧急操作继电器	直流继电器（80V）R2A3	控制屏	
RBF1	消防紧急操作继电器	直流继电器（80V）R1A4	控制屏	
RBF2	消防紧急操作继电器	直流继电器（80V）R4A1	控制屏	
SAB	"停止服务"继电器	直流继电器（80V）R3A2	控制屏	
SRE-A	维修继电器	直流继电器（80V）R2A3	控制屏	
SRE1-A	维修继电器	直流继电器（80V）R1A4	控制屏	
RFK	运行舒适感继电器	直流继电器（80V）R2A3	控制屏	
RFK	运行继电器	直流继电器（80V）R1A4	控制屏	
RGDH	停止按钮记忆继电器	直流继电器（80V）R1A4	控制屏	
RGDH-F	停止按钮记忆继电器	直流继电器（80V）R2A3	控制屏	
RHCE	轿内－厅外准备停层继电器	直流继电器（80V）R4A1	控制屏	
RHCE1	轿内－厅外准备停层继电器	直流继电器（80V）R4A1	控制屏	
RKUET	短接门监控继电器	直流继电器（80V）R3A2	控制屏	
RH2	第二速度继电器	直流继电器（80V）R2A3	控制屏	
RL-V	满载继电器	直流继电器（80V）R2A3	控制屏	
RL-X	超载继电器	直流继电器（80V）R1A4	控制屏	
RL1-A	司机控制继电器	直流继电器（80V）R4A1	控制屏	有司机时有
RLI1-A	司机控制继电器	直流继电器（80V）R1A4	控制屏	有司机时有
RLC-A	切断轿内照明灯继电器	直流继电器（80V）R3A2	控制屏	有司机时有
RLC1-A	切断轿内照明灯继电器	直流继电器（80V）R2A3	控制屏	
RPHT	电梯门光电保护继电器	直流继电器（80V）R0A5	控制屏	
RL-M	最小负载继电器	－80 直流继电器（80V）R4A1	控制屏	
RR-D	下行方向继电器	直流继电器（80V）R1A4	控制屏	
RR1-D	下行方向继电器	直流继电器（80V）R2A3	控制屏	
RR2-D	下行方向继电器	直流继电器（80V）R0A5	控制屏	
RR11-D	下行方向继电器	直流继电器（80V）R3A2	控制屏	
RR12-D	下行方向继电器	直流继电器（80V）R2A3	控制屏	
RR13-D	下行方向继电器	直流继电器（80V）R2A3	控制屏	
RR-U	上行方向继电器	直流继电器（80V）R1A4	控制屏	
RR1-U	上行方向继电器	直流继电器（80V）R2A3	控制屏	

续表

代号	名称	型号及规格	置放处所	备注
RR2-U	上行方向继电器	直流继电器（80V）R0A5	控制屏	
RR11-U	上行方向继电器	直流继电器（80V）R3A2	控制屏	
RR12-U	上行方向继电器	直流继电器（80V）R2A3	控制屏	
RR13-U	上行方向继电器	直流继电器（80V）R2A3	控制屏	
RRE-A	切断维修继电器	直流继电器（80V）R3A2	控制屏	
RRE1-A	切断维修继电器	直流继电器（80V）R2A3	控制屏	
RREV	反接继电器	直流继电器（80V）R0A5	控制屏	
RRVC	轿内专用继电器	直流继电器（80V）R4A1	控制屏	无司机时有
RS	层楼继电器	直流继电器（80V）R3A2	控制屏	
RUET	短接门锁继电器	直流继电器（80V）R3A2	控制屏	
RW	继续运行继电器	直流继电器（80V）R2A3	控制屏	
RW1	继续运行继电器	直流继电器（80V）R0A5	控制屏	无司机时有
RW2	继续运行继电器	直流继电器（80V）R0A5	控制屏	无司机时有
RDC	指令按钮继电器	直流继电器（80V）R1A4	控制屏	无司机时有
RSUM-A	蜂铃继电器	直流继电器（80V）R2A3	控制屏	无司机时有
RWT	门的连续运行继电器	直流继电器（80V）R2A3	控制屏	
RZB	制动器时间元件继电器	直流继电器（80V）R2A3	控制屏	
RZW	连续运行时间元件继电器	直流继电器（80V）R2A3	控制屏	
RL-M	空载继电器	直流继电器（80V）R4A1	控制屏	
ST-O	开门继电器	直流继电器（110V）DZ415	控制屏	
ST-S	关门继电器	直流继电器（110V）DZ415	控制屏	
RET-S	关门极限开关继电器	直流继电器（110V）DZ414	控制屏	
RKU	监控电压继电器	JY16A64/220，~380V	控制屏	
RSPV2	截止第二速度继电器	JY16A64/220，~220V	控制屏	
RNC	轿内紧急照明继电器	JY16A64/220，~220V	控制屏	
RKPH	相位继电器	XJ3，~380V	控制屏	
ZT	晶体管时间继电器	JS-14A-10/220，~220V	控制屏	
ZDH	晶体管时间继电器	JS-14A-30/220，~220V	控制屏	
ZW	晶体管时间继电器	JS-14A-10/220，~220V	控制屏	
ZB	晶体管时间继电器	识别80VRZR 181105 或 297059	控制屏	
SB	电磁制动器接触器	交流接触器 CJ10-10	控制屏	~220V
SH1	第一速度接触器	交流接触器 CJ10-80	控制屏	~220V
SH2	第二速度接触器	交流接触器 CJ10-80	控制屏	~220V
SFK	舒适接触器	交流接触器 CJ10-80	控制屏	~220V
SR-D	下行方向接触器	交流接触器 CJ10-80	控制屏	~220V
SR-U	上行方向继电器	交流接触器 CJ10-80	控制屏	~220V

续表

代　号	名　　称	型号及规格	置放处所	备　注
SRE	维修接触器	交流接触器 CJ10-80	控制屏	~220V
RBR1	开始减速继电器	直流继电器 J56	控制屏	
RTRVZ	减速触发继电器	直流继电器 J56	控制屏	
RTRV1	第一速度触发继电器	直流继电器 J50	控制屏	
RKBI	涡流制动器监控继电器	直流继电器 J56	电子调节器	
RSK	安全电路继电器	直流继电器 TMa	控制屏	
WRSK		电阻	控制屏	
EGD4FA	电子调节器		控制屏	
JTHS	三相开关		控制屏	
JTHSK	单相开关		控制屏	
WJTHSK	线绕电阻	RXZ1，8W，33Ω	控制屏	外购
NG80	80V 直流电源		控制屏	外购
NG22	22V 直流电源		控制屏	外购
TER	涡流制动器变压器		控制屏	外购
OSIUF	金属膜电容器	CJ11，160V，0.1μF	控制屏	外购
TSZ	工作变压器（700VA）	380V/220V，110V/24~12V	控制屏	
LT	开门状态灯	110V，8W	控制屏	
VD2	晶体二极管	2DP5H	控制屏	
VD3	晶体二极管	2DP5H	控制屏	
VD10	晶体二极管	2DP5H	控制屏	
VD11	晶体二极管	2DP5H	控制屏	
VD12	晶体二极管	2DP5H	控制屏	
VD20	晶体二极管	2DP5H	控制屏	
VD40	晶体二极管	2DP5H	控制屏	
VD201	晶体二极管	2DP5H	控制屏	
VD202	晶体二极管	2DP5H	控制屏	
W2	线绕电阻管	RXYC-T-50W-1kΩ	控制屏	3个串联
W3	线绕电阻管	RXYC-T-50W-1kΩ	控制屏	
W10	线绕电阻管	RXYC-T-50W-1kΩ	控制屏	
W11	线绕电阻管	RXYC-T-50W-1kΩ	控制屏	
W12	线绕电阻管	RXYC-T-50W-1kΩ	控制屏	
W20	线绕电阻管	RXYC-T-50W-1kΩ	控制屏	
W40	线绕电阻管	RXYC-T-50W-1kΩ	控制屏	
WRKU	线绕电阻管	RXYC-T-50W-1kΩ	控制屏	
WRNC	线绕电阻管	RXYC-T-50W-1kΩ	控制屏	
SIS1	熔断器	RL1-15 15A	控制屏	

续表

代　号	名　称	型号及规格	置放处所	备　注
VD52	晶体二极管	2DP5H	选层屏	
VD50+3÷(N-2)	晶体二极管	2DP5H	选层屏	
VD50+(N-1)	晶体二极管	2DP5H	选层屏	
VD203	晶体二极管	2DP5H	选层屏	
VD301	晶体二极管	2DP5H	选层屏	
VD2	晶体二极管	2DP5H	选层屏	
VD3÷(N-2)	晶体二极管	2DP5H	选层屏	
VD+(N-1)	晶体二极管	2DP5H	选层屏	
VD300+2÷(N-1)	晶体二极管	2DP5H	选层屏	
VD300+N	晶体二极管	2DP5H	选层屏	
VD452	晶体二极管	2DP5H	选层屏	
VD450+3÷(N-1)	晶体二极管	2DP5H	选层屏	
VD450+N	晶体二极管	2DP5H	选层屏	
VD100+N	晶体二极管	2DP5H	选层屏	
RGE-D2	厅外向下召唤记忆继电器	直流继电器（80V）R0A5	选层屏	
RGE-D3÷(N-1)	厅外向下召唤记忆继电器	直流继电器（80V）R0A5	选层屏	
RGE-DN	厅外向下召唤记忆继电器	直流继电器（80V）R0A5	选层屏	
RGE-U1	厅外向上召唤记忆继电器	直流继电器（80V）R0A5	选层屏	
RGE-U2÷(N-2)	厅外向上召唤记忆继电器	直流继电器（80V）R0A5	选层屏	
RGE-U(N-1)	厅外向上召唤记忆继电器	直流继电器（80V）R0A5	选层屏	
RR21-D÷BR20+$\frac{(N-1)}{5}$-D		直流继电器（80V）R0A5	选层屏	有加勒加斯到站钟时用
RR21-D÷BR20+$\frac{(N-1)}{5}$-U		直流继电器（80V）R0A5	选层屏	有加勒加斯到站钟时用
RRL	自动返回继电器	直流继电器（80V）R0A5	选层屏	
VD502	晶体二极管	2DP5H	选层屏	
VD500+3÷(N-2)	晶体二极管	2DP5H	选层屏	
VD500+(N-1)	晶体二极管	2DP5H	选层屏	
VD402	晶体二极管	2DP5H	选层屏	
VD403÷(N-1)	晶体二极管	2DP5H	选层屏	
VD352	晶体二极管	2DP5H	选层屏	
VD353÷N	晶体二极管	2DP5H	选层屏	
VD101	晶体二极管	2DP5H	选层屏	
VD100+2÷(N-1)	晶体二极管	2DP5H	选层屏	
DA	警铃按钮	D51.20A	轿内操纵箱	
DC-1…DC-N	轿内指令按钮	D51.20A	轿内操纵箱	可变

续表

代　号	名　称	型号及规格	置放处所	备　注
DH	急停按钮	CD51.20C	轿内操纵箱	
DREH-U DREH-D	上行，下行维修启动按钮	D51.20A	轿内操纵箱	有司机时无
DT-O	开门按钮	D51.20B	轿内操纵箱	
DT-S	关门按钮	D51.20A	轿内操纵箱	
JLC	照明灯开关	87K	轿内操纵箱	
JREC	自动、维修钥匙开关	D51.12D	轿内操纵箱	无复位弹簧
JRV	指令专用钥匙开关	D51.12B（无司机时无）	轿内操纵箱	无复位弹簧
JVEC	开扇开关	87K	轿内操纵箱	
LC-1…LC-N	指令记忆灯（按钮）	HJV12V	轿内操纵箱	可变
LL-X	超载信号灯	115V8W	轿内操纵箱	
LR-U，LR-D	上、下箭头灯	115V8W	轿内操纵箱	
SUM	超载蜂鸣器	D51.14	轿内操纵箱	
DDFLI	司机直驶按钮	D51.20A	轿内操纵箱	
DLI	司机启动按钮	D51.20A	轿内操纵箱	
LSC-1…LSC-N	层楼信号灯	HJ2~12V	轿内指层灯	可变
DLI-U DLI-D	司机换向按钮	D51.20B	轿内操纵箱	
JLI	司机钥匙开关	D51.12D	轿内操纵箱	无复位弹簧
MT	自动门电动机	11SZ56型直流伺服电动机	自动门机构	
		120W，110V，1000r/min 或三相 MQKS9 力矩电动机		
MTO	自动门电动机励磁绕组	110V	自动门机构	交流门机时无
KBT-O LET-O	开门行程开关	LX-028	自动门机构	
KBT-S KBT-2S KET-S	关门行程开关	LX-028	自动门机构	
WT-O WT-S	可变线绕电阻管	RXYC-T-150-150Ω	自动门机构	
WVT	可变线绕电阻管	RXYC-T-150-51Ω		
KBR-D KBR-U	下行，上行开始减速开关	SI-DRI	轿厢与井道	
KS	层楼开关	SI-DRI	轿厢与井道	
KSE-D KSE-U	下行、上行井道末端开关	SI-DRI	轿厢与井道	
KSERE	维修操作井道末端开关	SI-DRI	轿厢与井道	
KSEVK-D KSEVK-U	下行、上行检查速度井道末端开关	SI-DRI	轿厢与井道	
KUET	短路门锁开关	SI-DRI	轿厢与井道	

续表

代　号	名　称	型号及规格	置放处所	备　注
DREC-D DREC-U	下行、上行维修启动按钮	ZA-19	轿顶检修箱	
JHC	轿顶停止开关	KN3-3-Ⅰ	轿顶检修箱	
JREH	维修转换开关	KN3-3-Ⅰ	轿顶检修箱	
		JG-5 光电继电器		
NGPHT		CTF-5 发光头	轿厢其他	
NGPHT1	门光电保护电源	CTS-5 收光头		
KF	安全钳开关	X2-11N	轿厢其他	
KL-V	满载开关	LX-028	轿厢其他	
KL-X	超载开关	LX-028	轿厢其他	
KNA	安全窗紧急进出口开关	LX5-11 Q/l	轿厢其他	
KTC	轿厢门触点	LX-028	轿厢其他	
KTL，KTL2	安全触板触点	LX-028	轿厢其他	
LC	照明灯	荧光灯	轿厢其他	
LNC	轿内紧急照明灯	KB-71 12V	轿厢其他	
MVEC	风扇	分风式 12in	轿厢其他	
PLC	轿厢插座	250V 10A	轿厢其他	
BI	涡流制动器		机房	
GT	测速发电机	REO-444CS	机房	
JH	主电源开关	DZ10-40/330，~380V，40A	机房	
JHL	照明电源开关	250V 15A 单相	机房	
JHR	绳轮房停车开关	绳轮房停车开关	机房	
KB	制动器开关		机房	
KBV	限速器触点	X2-11N	机房	
MGB	制动器线圈	−80V，1.77A	机房	
MH	曳引电动机	~380V	机房	
MVE	主电动机、风扇电动机	DV200	机房	
NSG	轿内紧急照明充电电源		机房	
KTHMN1 KTHMH2	热电偶触点（曳引电动机）		机房	
SIL1，SIL2	照明电源熔断器	15A	机房	
DE-D$_2$…DE-DN	下行召唤按钮	D51，20A	井道	
DE-U$_1$…DE-U($N-1$)	上行召唤按钮	D51，20A	井道	
GA	到站钟	D51，5B	井道	
JAB	停止服务开关	D51，12D	井道	
JBF	消防紧急控制开关	D9.6	井道	
KNE	紧急极限开关	LX-121	井道	

续表

代　号	名　称	型号及规格	置放处所	备　注
KSSBV	限速器钢丝绳松弛开关	LX-121	井道	
KTS, KTS1	厅门联锁触头	D51、15	井道	
LE-U$_1$…LE-U($N-1$)	向上召唤记忆灯	HJ2, 12V	井道	
LR-D LR-U	下行、上行运行方向灯	115V, 8W	井道	横式
LR-D LR-U	下行、上行运行方向灯	HJ2, 12V	井道	立式
LS	厅外指层灯	115V, 8W	井道	横式
LS	厅外指层灯	HJ2, 12V	井道	立式
LW-D LW-U	下行、上行继续运行灯	115V, 40W	井道	
SOA	警铃	$\phi75mm$，~220V	井道	

2.2.2　自动和维修工作状态的选择

在轿厢的操纵屏上设有一个自动、维修控制钥匙开关，当管理人员将钥匙插进钥匙开关旋转到维修位置时，JREC 触点断开，切断了维修继电器 RRE-A 和 RRE1-A 及接触器 SRE-A 和 SRE1-A 的回路，使其失电。

其中 RRE-A 触点（7、8）接通维修接触器 SRE 回路使其吸合，于是电梯转入检修工作状态，且其主触头 Z1、-Z2、Z3、-Z4、Z5、-Z6 将曳引电动机 MH 的第一速度绕组（6级）和第二速度绕组（4级）串联相接。在电梯门关闭情况下，检修人员可借助轿内上或下维修启动按钮 DREH-U 和 DREH-D，或轿顶上、下的维修启动按钮 DREC-U 和 DREC-D，使电梯上、下慢速运行。

2.2.3　自动开、关门

该系统采用直流分励电动机（或三相交流伺服电动机作为驱动自动门机构的原动力，并利用对电枢进行串、并联电阻的方法对电动机进行调速（或利用电动机内部的涡流绕组所产生的涡流制动力矩进行调速）。

1. 自动关门

在电梯正常运行时，维修继电器 RRE-A 和 RRE1-A 及接触器 SRE-A 和 SRE1-A 通电吸合。当电梯停靠开门后，连续运行定时元件延时 5s，RZW 动作，接通了连续运行继电器回路，只要门的定时元件 ZT 吸合，连续运行继电器 RW↑……于是门的连续运行继电器 RWT↑，关门接触器吸合，门电动机（MT）向关门方向旋转（ZW↑→RZW↑…→ZT↑→RW↑→RWT↑→ST-S↑，MT↑）。初始电枢（或涡流制动绕组）在串接电阻 WVT 和并联电阻 WT-S 全部电阻下运转（或串联电阻 WBT 全部电阻下运转）。当门关到约 1/2（或 2/3）行程时，行程开关 KBT-S 接通，短路了 WT-S 或 WBT 的大部分电阻，于是 MT 减速，门继续关闭。而当门关到约 3/4 行程时，KBT2-S 接通，又短路了 WT-S 部分电阻，MT 继续减速直到门关合时限位开关 KET-S 断开为止，使 ST-S 释放，MT 断路并进行能耗制动，电梯立即停止运转。

2. 提早关门

在一般情况下，RZW 延时 5s，当最后一个乘客进入电梯 2s 后，电梯自动关闭，但如果乘客按下关门按钮 DT-S，电梯就不等候，立即执行关门（DT-S 接通→RW↑→RWT↑→ST-S↑）。

3. 自动开门

当电梯减速运行离开层楼 200mm 时，双稳态磁性开关 KUET 接通，于是 RKUET↓，RWT↓→ST-0↑执行开门。当门开到 2/3 行程时，行程开关 KBT-0 接通，短路了 WT-0（或 WBT）大部分电阻，使 MT 减速，门继续开启，最后门开足时，限位开关 KET-0 断开，ST-0 释放，MT 断路，并进行能耗制动立即停止运转。

4. "开门"按钮

如果电梯在关门或门闭合电梯尚未启动前需要再开启，则按下操纵屏上开门按钮 DT-0，断开连续运行继电器 RW1、RW2，这样门的连续运行继电器 RWT 释放，使开门接触器 ST-0 吸合，于是 RW↑→RWT↓→ST-0↑执行开门，如果需要将门在较长时间内保持敞开不闭，可揿住该按钮来实现。

5. 本层厅外开门

当轿厢停在某层（如三楼，选层器记忆继电器 RGS 3↑）门关闭并未启动（运行）按该层召唤按钮 DE-D 或 DE-U，使继电器 RGE-D3↑或 RGE-U3↑及继电器 RHCE、RHCE1 吸合，于是 RGS-D3↓或 RGS-U3↓→RHCE、RHCE1、RHCE1→RLC-A↓，RLC1-A↓→RWT↓→ST-0↑执行开门。如果电梯正在关门，需要再开启或将门在较长时间内保持敞开不闭，也可由揿下该按钮来实现。

6. 检修时的开、关门

检修时，JREC 断开，RRE-A、RRE1-A、SRE-A 和 SRE1-A 释放，这样接通了开门接触器回路，断开了关门接触器回路，只要按下开门按钮 DT-0 就能使 ST-0 吸合执行开门。若要关门只要按下关门按钮 DT-S 就能使 ST-S 吸合，执行关门。

2.2.4 电梯的启动、加速和满速运行

在连续运行状态下，维修开关 JREC 接通。维修继电器 RRE-A 和 RRE1-A 及接触器 SRE-A 和 SRE1-A 分别通电吸合。设轿厢位于底层，设三楼有向下召唤信号（RGE-D3↑），使 RGRZ-S 及 RR-U…RR13-U 吸合，则接通了向上方向接触器 SR-U 回路同时连续运行继电器 RW、RW1、RW2 吸合，于是

```
         SR-U↑
RW↑→RF→SFK…RSK↑→SB↑→SH1↑→ 抱闸松开，主拖动电动机开始六极启动
    RW1↑→ZB↑→RZB↑
```

当电梯速度达到额定速度的 45% 时，第一速度触发继电器 RTRV1↑→SH2↑→SH1↓，电梯进入四极加速运行状态，最后加速完毕，就进入稳速运行状态。

2.2.5 电梯减速和停层

当电梯向上启动，加速完毕满速运行，设 3 楼召唤登记向上时，RGE-U$_3$↑只要已经决定停层，BEL 印板的 5 端的输入就为"0"，则当轿厢到达三楼减速点时，相应的磁性开关 KBR-U 接近所属永久磁体时产生脉冲，BEL 印板的 3 端由"1"变为"0"，T$_2$ 输出为"1"；当电梯运行时，T$_3$ 输入端为"0"，T$_4$ 输出为"0"与 T$_2$ 输出一起送到存储器，并存储下来，这样使 T$_7$ 输出端 NRBR 为"1"送到积分器，另一方面通过 T$_8$ 使 RBR1 继电器吸合。

（1）当电梯开始减速时，继电器 RBR1 吸合，连续运行继电器 RW…RW$_2$ 断路，使其释放。

（2）当 NRBR 端为"1"使 SWD 印板中 V3 的输出由负变正时，T$_3$ 截止，积分器开始积分，输出由 0 逐步上升，经附加级方根产生电路，输出端接到 RED 的 27 端与 29 端的实际值进行比较，输出加到触发器 V1 负输入端，使 V1 的输出由负变正，T1 导通，继电器 RTRVZ 吸合，SFK 继电器失电，使 SH2 接触器断电，于是 RTRVZ↑→SFK↓→SH2↓开始减速，曳引电动机失电，电梯完全由惯性运行，运行情况由涡流制动器控制。

1. 制动

由于 RBR1 继电器吸合，RW2 失电，到站还有 200mm 时，RKUET 失电。于是 ZB 延时元件失电，延时 0.3s 后，ZB 的触点断开，制动器接触器 SB 失电。ZB↓→SB↓进行抱闸，电梯停止运行。

2. 维修运行状态

要使电梯处在维修状态，首先用钥匙使自动、维修开关旋转到维修位置，然后按一下关门按钮，使电梯门关闭。这时，只要揿维修按钮 DREH-D（或 DREH-U）就能使电梯运行。若揿向上按钮 DREH-U→RR-U↑…RR13-U 吸合，接通了上行方向接触器回路并使连续运行继电器 RW…RW2 吸合。

```
                SR-U↑─┐
RW↑→RF↑→SFK↑…RSK↑→SB↑ 抱闸松开，电梯以维修速度运行；只要放开按钮
        RW↑→ZB↑→RZB↑─┘
DREH-U→RR-U↓…RR13-U↓→SR-U↓→SB↓；SFK↓进行制动，电梯立即停止运行。
```

3. 单层运行

当电梯做一短程运行时，其启动后是不会满速的。这时 RR-U↑→SR-U↑→SB↑→SH1↑，设二楼向上召唤登记 RGE-U2↑，步进层楼记忆选层器到二楼 RGS-2↑→RHCE↑，RHCE1↑，若继续加速到额定速度的 45%，RTRV1 吸合→RSPV2↑→SH2 不能吸合，第二速度没有，电梯以第一速度继续运行，到达减速点 RBR1 吸合，发出减速信号，当 RTRV2 吸合时，电梯减速至 ZB↓进行制动。

2.2.6 电梯停站信号的发生及信号的登记和消除

1. 指令信号停站

无论电梯上行还是下行，按下轿厢内指令按钮，指令继电器（RGC-1…RGC-N）吸合自持，指令信号被登记，存储了停车信号。例如，当轿厢从底层上行时，设三楼有指令信号被登记RGC-3↑，轿厢到达三楼时RBRl↑，RTRV2↑，电梯减速停车。在停站时RW↓…RW2↓→RGC-3↓指令信号消除。

2. 顺向召唤停站

按下层楼的召唤按钮，召唤继电器RGE-U1、RGE-D2…RGE-DN吸合自持，召唤信号被登记，存储了停层信号。

（1）顺向向下召唤停站。例如，当轿厢从三楼下行时，向下方向继电器RR-D…RR13-D吸合自持，设二楼有召唤登记，RGE-D2↑轿厢到达二楼时，RBR1↑，RTRVZ↑，电梯减速停车。在停站时RW…RW2↓→RGE-D2↓召唤信号消除。

（2）顺向向上召唤停站。例如，当轿厢从三楼上行时，向上方向继电器RR-U…RR13-U吸合自持，设四楼有召唤登记信号，RGE-U4↑；轿厢到达四楼时RBR1↑，RTRV2↑，电梯减速停车。在停站时RW、RW1、RW2↓→RGE-U4↓召唤信号消除。

3. 最高向下召唤停站

当轿厢上行时，若最高信号是四楼向下召唤RGE-D4↑，当轿厢到达四楼时，RW…RW2↓→RGE-D4↓→RR-U↓→SR-U↓召唤信号消除。

4. 最低向上召唤停站

当轿厢下行时，若最低信号是二楼向上召唤RGE-U2↑，当轿厢到达二楼时，RBR1↑、RTRV2↓→RW…RW2↓→RGE-U2↓，在停站时RR-D…RR13-D↓→SR-D↓召唤信号消除。

5. 专用状态下的停层

在自动运行状态下，操纵屏的专用开关处于专用位置，专用继电器RRVC吸合，RHCE1的召唤回路断开，电梯只能按轿内指令停层。

2.2.7 电梯行驶方向的保持和改变

电梯的行驶方向由上、下方向继电器RR-U（或RR-D）的吸合来决定，RR-U（或RR-D）的吸合又决定于登记信号与轿厢的相对位置，对同样一个信号，如三楼指令信号，RGC-3↑，这时轿厢在四楼。RGS-4继电器吸合，它的常闭触点断开，RR-D经过步进继电器（RGS-103…RGS-101）的常闭触点通电吸合，电梯下行。如果轿厢在二楼则RGC-3↑，这时RGS-2继电器吸合，它的常闭触点断开，RR-U经过步进继电器（RGS-103…RGS-100＋N）的常闭触点通电吸合，电梯上行。

1. 方向的保持

当电梯上行时，RR-U↑，指令信号、向上召唤信号和最高向下召唤信号首先逐一被发现，当电梯执行这一方向的最后一个命令而停靠时，RR-U↓，若无向上指令出现，但下方存在召唤信号，则RR-D↑，电梯反向向下运行，逐一应答被登记的向下召唤及出现的向下指令，当电梯应答这个行程的最后一个信号时，RR-D↓。

2. 轿内指令的优先

当电梯执行最后一个命令而停靠时，在门未关闭之前，轿内指令优先被登记，决定运行方向（因RR11-U↓、RR11-D↓），RZW延时终了→RLC-D↓，召唤回路断开。若门关合后仍无指令信号，则召唤才被接受并决定运行方向。

2.2.8 灯光信号及指示灯

1. 召唤记忆灯

当揿下召唤按钮（DE-Ul、DE-U2…DE-UN）时，相应的记忆灯（LE-U1、LE-U2…LE-DN）点亮。当召唤继电器复位时，其记忆灯熄火。

2. 门外指层灯

电梯轿厢门外设有方向箭头灯（LR-D，LR-U）及指层灯（LS-1…LS-N）表示电梯运行方向和轿厢所在层楼。

3. 轿内指层灯

轿厢门口上方设有指层灯（LSC-1…LSC-N）表示轿厢所在的层楼。

4. 轿内箭头灯

轿内操纵箱上设有箭头灯（LR-U，LR-D）表示电梯运行方向。

5. 超载信号

若轿厢负荷超过额定负载，则操纵箱上的超载信号灯LL-X发光同时音响设备SUM发音（KL-X接通→RL-X↑）。

2.2.9 电梯必需的安全保护

电梯必须在轿门闭合（KTC接通）和厅门闭合上锁（KTSl…KTSN）接通后才能开动。

1. 超速保护

当轿厢运行速度超过额定值但仍小于安全钳动作速度时限速器开关KBV断开，安全回路继电器RSK断电，电梯立即停止。

2. 安全钳开关

当轿厢超速下降引起安全钳动作时,其联锁开关 KF 断开,使 RSK 电路断开,电梯立即停止运行,在 KF 未复位前电梯不能正常运行。

3. 限速器断绳开关 KSSBV

轿厢在使用过程中,若限速器钢丝绳有松弛或断开,其开关在 KSSBV 断开,使 RSK 安全电路继电器断路,电梯立即停止运行。

4. 自动门安全触板

在轿厢门前端的全长上,装有可伸缩的安全触板。在关门过程中,如果触板与乘客接触,开关 KTL1、KTL2 断开→RW、RW1、RW2↓或 RLC-A、RLC1-A↓,RWT↓→ST-0↑→ST-S↓,使门立即停止关闭并反向开启。

5. 超载保护

当轿厢负荷超过额定负载时,KL-X 接通→RL-X↑→断开运行继电器或截止轿内灯继电器回路→断开 RWT 和 ST-S 回路,使电梯不能关门启动;当负荷降低到额定负载以下时,KL-X 断开→RL-X↓,电梯才能恢复正常运行。

6. 终站保护

(1) 井道末端和上端装有末端开关 KSE-D、KSE-U,轿厢到达下端站或上端站时,除了正常的停站装置外,该开关也同时起作用并分别将 RR-D…RR13-D 或 RR-U…RRl3-U 断开。例如,电梯下行时若正常停站装置失灵,则装在底层的碰铁及时将 KSE-D 断开使 RR-D↓→SR-D↓→SB↓,电梯停止并制动抱闸。

(2) 井道末端速度检测保护。在井道上、下端,除端站开关外,还装有井道末端速度检测保护开关 KSEVK-D 和 KSEVK-U,当电梯失控时,该开关起作用,将安全电路继电器 RSK 断开,电梯立即停止。

(3) 最终限位开关。在井道上、下端站装有最终限位开关 KNE 的碰铁,当电梯失控超越末端速度检测保护后,该开关起作用将 RSK 断开,电梯立即停止。

7. 底坑停车开关

维修人员在底坑下进行工作或修理时,为了不让电梯运行,可断开井道底坑内的停车开关 JHSG。

8. 电动机过载和短路保护

采用熔断器作为主电路和控制电路等的短路保护,同时利用外敷于曳引电动机绕组发热位置的热电偶触点,当电动机绕组超过额定温度时,热电偶触点瞬时动作,切断控制电源;当电动机绕组温度降低到正常值时,热电偶触点又迅速接通,恢复控制,使电梯投入正常运行。

9. 相序保护

电梯电动机的旋转方向正常时，需要电网电源的三相电压保持规定的相序。为此采用相位继电器 RKPH，当三相电压相序正确时，其触点接通；但当相序改变时其触点断开，使电动机停转。

2.2.10 附加环节——电梯的消防工作状态

1. 电梯在各种工作情况下的消防状态的触发

将基站轿厢门外的消防员专用开关箱玻璃面板去除，将消防开关 JBF 闭合，则消防继电器 RBF、RBF1 吸合。

（1）如果这时电梯正在向下运行，则 RBFI 触头切断所有指令信号 RGC-1…RGC-N 及召唤信号对该电梯的控制，并由 RBF1 触头接通 RR-D…RR13-D 回路，使电梯下降直达基站。

（2）如果这时电梯正在向上运行，RBF1 触头分别切除指令信号和召唤信号对该梯的控制，并接通门光继电器同时切断方向继电器回路，电梯在最近的层楼停层而不开门。此时基站回路接通，使电梯反向启动向下直达基站。

```
RW…RW2↓ ─────────┐     KBR-U断开          ┌──→ SFK↓,SH2↓
RR11-U或RR13-D↓→RHCE↑,RHCE1↓→RBR1↑    RTRV2↓→RW…RW2↓↑
ZB↓→RZB↑→SB↑→RR-U…RR13-U↓→SR-U↑→停车
                         SR-D↑ ──────┐
RR-D…RR13-D↑→RW…RW2↑→RF↑→RSK↑→SB↑→SH1↑
                └──→ ZB↑→RZB↑ ──────┘
```

电梯向下启动运行直达基站。

（3）如果这时轿厢正处于停站状态，轿厢原方向是向上的则立即向下（RBF↑，RBF1↑→RR-U…RR13-U↓→RR-D…RRB-D↑）；如果原方向是向下的，则仍保持向下，并立即关门启动直达底层。

2. 消防工作时的情况

当轿厢到达底站开门后，消防继电器 RBF2 吸合，RBF1 断电复位（RRL↑→RBF2↑自持→RBF1↓），这时指令信号继电器回路又接通，使电梯直接由进入轿厢的消防人员进行控制。在指令信号下电梯关门启动运行，只按指令停站而不应答召唤信号，而当每次停站开门时所有指令信号都消除。

注：当单台电梯向下集选时（即系统为 DH1-1KA 时），其工作原理与上述完全一致，仅在外召唤信号部分取消各层的向上召唤触钮（或按钮）及相应的继电器和有关电路即可。

技能训练 7

1. 实习目的和要求

（1）了解 DYN-2-1KS 交流调速电梯。

（2）掌握 DYN-2-1KS 交流调速电梯电路的动作过程和原理。

2. 设备、工具

DYN-2-1KS 交流调速电梯电梯控制柜、常用电工工具。

3. 实习内容

（1）元件识别：掌握有关电气元件的文字符号和实际安装位置。
（2）模拟操作：掌握在电梯控制柜上正确进行静态（未挂轿厢）模拟电梯运行操作。
（3）动作元件：在电梯控制柜中找出电梯电路运行时相应动作的元件。
（4）动作过程与原理分析：写出 DYN-2-1KS 交流调速电梯电路运行时元件的动作过程并根据原理图分析其工作原理。
（5）故障排除：了解 DYN-2-1KS 交流调速电梯电路常见的故障现象，分析其原因并排除。

习 题 2

（1）写出 KJX-A-Ⅱ交流集选控制电梯启动、加速的动作元件。
（2）分析 KJX-A-Ⅱ交流集选控制电梯开、关门的工作原理。
（3）写出 KJX-A-Ⅱ交流集选控制电梯从二层上行到三层时的工艺运行过程。
（4）写出直流高速集选电梯主驱动的调速过程。
（5）交流调速电梯有哪几种调速类型？
（6）写出 DYN-2-1KS 交流调速电梯的调速过程。

第 3 章 PLC 自动控制电梯

3.1 PLC 控制基本原理

3.1.1 定义

20 世纪 80 年代末以前我国生产的各类电梯,几乎都是采用继电器作为中间过程和管理控制的电梯。我国改革开放前各电梯制造厂的规模较小,基本没有为电梯行业配套生产元器件和零部件的专业厂,继电器、按钮、开关等元器件多从机床配套电气部件厂生产的产品中挑选,其机电寿命短、动作复位和运行噪声大,基本不能满足电梯使用条件和使用环境的要求。因此造成电梯的故障率高,可靠性差,运行效果不能令人满意。

随着改革开放的进行,合资和独资电梯制造企业迅速增加,国外一些先进的电子器件或装置涌入我国市场,可编程逻辑控制器(以下简称 PLC)是其中的一种,它使我国的电梯控制技术发生跳跃式进步。

PLC 又称可编程序控制器,是一种工业控制用微机,与一般微机比较,具有在强电和恶劣条件下工作的能力,易于实现机电一体化,同时具有程序编制简单、应用设计和调试简便、周期短、运行可靠、无故障时间长等显著优点,采用 PLC 控制的电梯产品投放市场后备受广大用户欢迎。

3.1.2 PLC 及其在电梯电气控制系统中应用的技术基础

近年来电梯行业采用的 PLC 的种类繁多,以下主要以采用日本立石公司技术、国内组装的 OMRON、C 系列、P 型 PLC 为例,简述其应用。读者可以举一反三掌握其他类型 PLC 的使用和维修技能。

1. PLC 的特点

PLC 有继电器和一般微机难以比拟的优点和特点,PLC 的特点如下。
(1) 对使用条件没有苛刻要求。
① 电源:一般为 AC 220V 或 110V (85% ~ 110%)。
② 抗振动:167Hz,振幅 3mm。
③ 抗冲击:x、y、z 三个方向为 0.01N。
④ 环境工作温度:-10 ~ 50℃。
⑤ 存储温度:-20 ~ 50℃。

⑥ 湿度：35%～90%，没有凝水珠。

⑦ 与交流动力线的距离：大于200mm。

（2）高可靠性。由于在硬件和软件两方面都采用了周密的措施，一般PLC的无故障时间为4～5万小时。

（3）编程简单，使用方便。PLC采用类似于继电器控制形式的梯形图进行编程，具有继电器控制电路的直观性，符合熟悉继电器控制电路原理的电气工人和电气工程技术人员的读图习惯，在不熟悉微机及编程语言的情况下，通过较短时间培训和操作训练，也能掌握PLC的开发应用和维护保养工作。

（4）能在强电条件下工作，易于实现机电一体化。PLC是为工业控制而设计的专用计算机。在硬件和软件两方面都有周全的抗干扰措施，与动力线保持200mm以上距离就能可靠工作，而且有很好的抗振动、防潮、耐热能力，加之采用大规模集成电路技术，能够把PLC设计制作成坚固而小巧的装置，利于实现机电一体化。

（5）输入和输出点有对应的状态显示，维修方便。PLC面板或显示屏上有对应的状态显示灯（发光二极管），维修人员只要熟悉控制系统的电路原理和系统的工作程序，就可以根据各指示灯的亮或灭的情况，确认系统的工作是否正常，如果不正常，提示故障在哪个区域和范围，这样可以提高分析、判断、排除故障的效率，减少停机待修时间。

2. PLC的分类

（1）按结构形式分。

① 模块式（也称积木式）：模块式按输入点I和输出点O的点数（以下简称I/O点），又可分为以下3种。

 a. 小型：I/O在250点以下。

 b. 中型：I/O为250～1024点。

 c. 大型：I/O在1024点以上。

② 整体式（也称单机式）：整体式PLC分主机和扩展机两种机型。

 a. 主机：分20、40、60个I/O点等。

 b. 扩展机：分纯输入、纯输出、输入/输出混合3种机型。

 • 纯输入扩展：这种扩展机分4、8、16、20、28、32点等。

 • 纯输出扩展：这种扩展机分4、8、16、20、28点等。

 • 混合扩展：这种扩展机分20、28、40、60点等。

（2）按输入信号的物理性质分。

① 开关量输入。

② 模拟量输入。

（3）按输出方式分。

① 晶体管输出。

② 晶闸管输出。

③ 继电器输出（电梯行业多采用继电器输出）。

3. PLC的基本工作原理

PLC是一种工业用微机，它的中央处理单元是微处理器CPU，它的结构形式和工作原理与微机相仿。对于不大熟悉微机的人们，在学习使用 PLC 时，可先从熟悉它的正确应用技术和操作入手，至于它完成逻辑控制过程中的工作原理先不要考虑太多。待掌握它的使用和操作之后，若有可能再进一步去了解和掌握它的工作原理，基于此及受篇幅所限，这里只对 PLC 的工作原理进行简要介绍。

采用继电器作为中间过程和管理控制的电气控制系统与采用 PLC 作为中间过程和管理控制的电气控制系统有如下相同之处。

（1）采用继电器作为中间过程和管理控制的电气控制系统，一般由输入、中间逻辑控制、输出三部分组成，三部分的关系可用如图 3-1 所示的框图表示。

① 输入部分：输入部分一般按被控对象的特点和要求，采用各种按钮、行程开关等器件，给控制系统输入通断信号，经继电器的逻辑程序控制后，实现被控对象按预定要求运行的目的。

电梯继电器控制系统中的主令按钮、外召按钮、换速平层传感器、两端站限位开关等均属输入部分的器件，人们常把这类器件称为操纵元件。

② 中间控制部分：中间控制部分一般按被控对象的要求，通过操纵元件送来的通断信号，经以继电器为主的逻辑程序控制后，通过接触器控制被控对象使其实现按预定要求运行的目的。

电梯继电器控制系统中的层楼继电器、外召唤继电器、上下方向控制继电器等均属中间控制部分的器件，人们把这类继电器称中间控制继电器。

③ 输出部分：输出部分主要包括电气控制系统中的各种被控对象，如电梯控制系统中的门电动机、曳引电动机、指示灯等。对于电梯电气控制系统，通过输入部分输入电信号，经继电器进行逻辑程序控制后，通过接触器控制电梯开关门、启动加速运行、到站平层停车等。

（2）PLC 控制的电气控制系统。采用 PLC 取代继电器作为中间过程和管理控制的电气控制系统，其电路原理如图 3-2 所示。

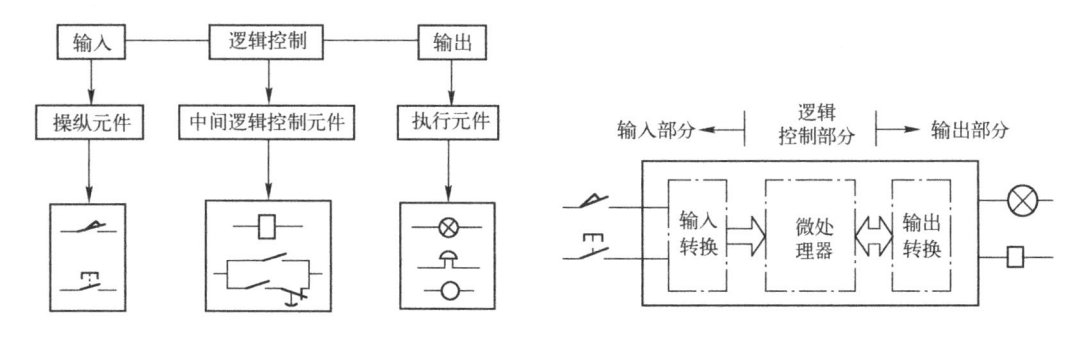

图 3-1　继电器控制电气系统框图　　　　图 3-2　PLC 控制电气系统框图

由于 PLC 是一种专用于工业控制的微机，实现中间逻辑运算、程序控制的是微处理器、存储器、触发器之类的电路单元和器件。因此，操纵元件输入的电信号微机不能处理，需要先转换成微机能处理的低电平信号。同理，微机输出的低电平信号也需要转换成功率较大的电压电流信号，这样才能通过接触器或继电器控制被控对象按预定要求运行。因此 PLC 的内部电路结构是相当复杂的，经简化后的 PLC 电路原理结构如图 3-3 所示。

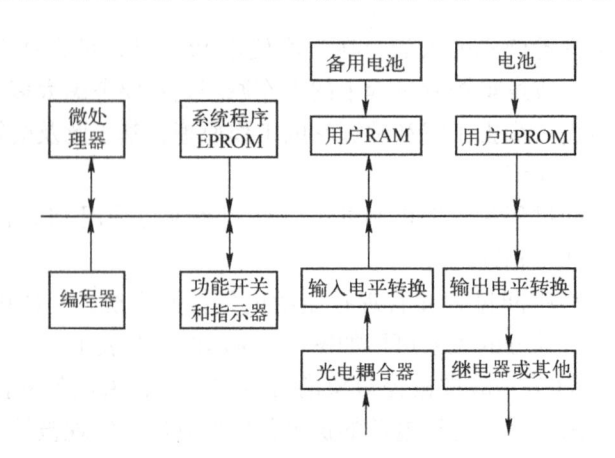

图 3-3 PLC 电路原理结构框图

（3）PLC 的组成及各组成部分的作用。

① 微处理器 CPU：微处理器是 PLC 的核心器件，它具有以下作用。

a. 接收并存储从编程器输入的用户程序和数据。

b. 以扫描方式接收输入部分输入的状态和数据，并将其存入状态表或寄存器中。

c. 系统投入运行后，调读存储器中的用户程序，并按指令规定的要求发出相应的控制信号，启闭相应的门电路，执行数据的存取、传送、比较、转换等操作，完成程序规定的逻辑运算和算术运算。

d. 根据运算结果，更新有关标志位的状态、输出状态及寄存器的内容，实现输出控制。

e. 诊断电源、PLC 内部电路工作状态及编程语法错误等。

② 存储器：存储器分系统程序存储器和用户程序存储器两种。

a. 系统程序存储器用于存放监控程序、解释程序、调试和管理程序等。

b. 用户程序存储器用于存放用户程序，如梯形图或由梯形图转换的助记符程序等。

③ 输入 I 和输出 O 模块（简称 I/O 模块）：I/O 模块是微处理器与外围设备之间的连接件，包括 I/O 状态显示和接线端子排等，主要用于 I/O 电平转换、电气隔离、数据传送、A/D 和 D/A 转换等功能。

④ 外围设备：包括编程器、盒式磁带录音机、绘图仪、打印机及 ROM 写入器等。

（4）PLC 硬件结构及其工作原理。PLC 按其结构型式分为整体式和模块式两种。整体式也称单机式，模块式也称积木式。整体式 PLC 内部硬件结构原理如图 3-4 所示。PLC 的中心处理单元 CPU 预先把监控程序和解释程序等写入并固化在 ROM 或 EPROM 存储器中。CPU 以自上而下、自左而右的顺序做周期性扫描，并按顺序边扫描边解释边执行。采用边扫描边解释边执行的工作方式，既简化了程序设计，又提高了 PLC 的运行可靠性。PLC 外部电路经输入端子输入的信号，存放于输入映像寄存区，CPU 在工作过程中，数据和信息来自输入映像寄存器，经解释执行后通过元件映像寄存器输出，其流程如图 3-5 所示。

（5）PLC 的 I/O 滞后现象。PLC 有许多优点，但也有不足之处，较为突出的是对 I/O 点信号响应存在滞后现象。这种滞后现象是由输入滤波器的时间常数、输出继电器的动作时间、CPU 执行程序时的扫描周期等几方面叠加造成的。这种滞后时间对于 PLC 控制的电梯，在层站数比较多的情况下，有可能影响电梯的平层准确度。但是在梯形图设计中如有必要，则可采取预换速措施,把叠加滞后的时间消除掉,也可免受其影响。对于多层站的单机运行、两台并联和三台以上群控电梯,PLC 就很难胜任了。

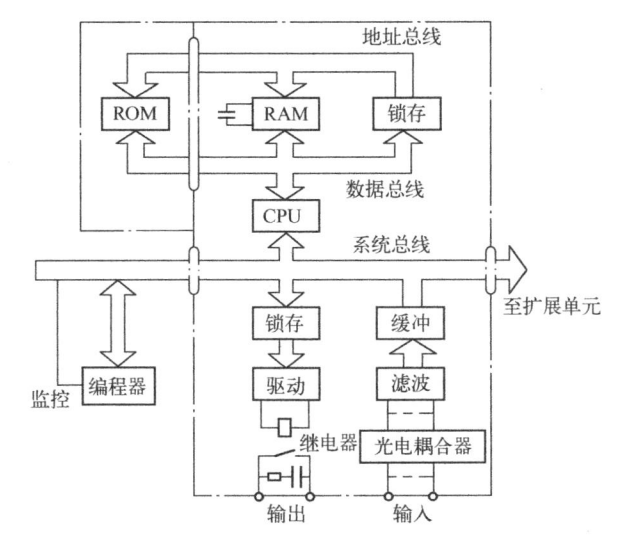

图 3-4 整体式 PLC 硬件结构原理框图

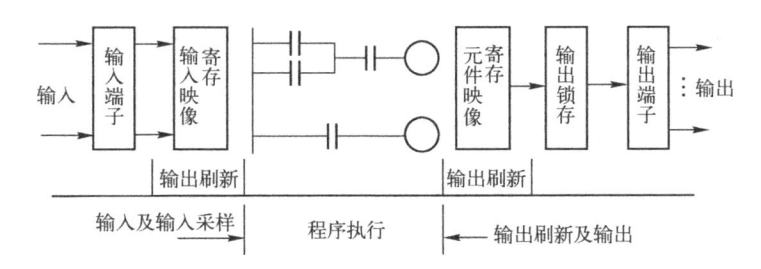

图 3-5 PLC 工作流程示意图

(6) PLC 与中间继电器做过程控制比较。

① 相同之处。

a. 电路结构形式基本相同。

b. 信号输入及经处理后的输出控制相同。

② 不同之处。

a. 组成器件。

- 继电器控制由各种电磁式继电器组成。
- PLC 由各种软继电器(无触点式电子电路单元)组成。

b. 工作方式。

- 继电器控制:依据操纵元件输入的电信号,由各种电磁式继电器做相互制约控制,实现控制被控对象按预定要求运行。
- PLC 控制:由 CPU 以扫描方式,依据采集到的外部信息,经运算操作处理后通过输出点,实现控制被控对象按预定要求运行。

c. 触点数量。

- 继电器控制中的各种继电器触点数量很有限。

● PLC 的各种软继电器、输入点和输出点可重复使用，使用次数不受限制。
d. 程序控制。
● 继电器控制功能单一，不灵活。
● PLC 控制的编程、参数修改简单灵活。

4. PLC 在电梯电气控制系统中应用的技术基础

采用 PLC 取代传统继电器控制电梯电气控制系统的中间过程控制继电器，一般应熟悉和做好以下工作。

（1）系统设计。根据确定的电梯拖动和控制方式及其他特殊要求，以及所在单位和个人条件，计算 I/O 点数并选择 PLC 的型号规格，同时设计、绘制电路原理图和安装接线图。

（2）设计 PLC 梯形图程序。采用 PLC 作为中间过程控制的电梯电气控制系统，在电路原理图和安装接线图设计、绘制完成后，还必须设计、绘制与电路原理图对应的 PLC 梯形图程序，梯形图程序是 PLC 内各种软、硬继电器的逻辑控制图，它的逻辑控制方式类似于中间过程控制继电器之间的逻辑控制电路图。因此它是 PLC 控制电气系统设计工作的重要环节之一。设计梯形图程序时，对于初次承接任务的人员，应按 PLC 使用手册的提示，了解 PLC 的 I/O 点分配、组合排列和代号，PLC 内各种软继电器、数据区、通道的代号，常用指令的编制规则和代号等。例如，OMRON、C 系列 P 型 PLC，有 136 个内部辅助继电器 MR、16 个专用辅助继电器 SMR、160 个保持继电器 HR、8 个暂存继电器 TR、48 个定时器和高速计数器 TIM/CNT、64 个数据存储器等。只有搞清 PLC 的基本结构和常用基本指令，才能把梯形图程序设计好。设计梯形图程序时应遵守以下原则。

① I/O 点和内部各种软继电器等的点和触点可多次重复使用。
② 软继电器的线圈不能与左边竖直母线直接连接，应有过渡触点。
③ I/O 点和内部各种软继电器的点和触点可以连接成串联、并联及串并联电路。
④ 软继电器线圈右边不能再有触点。
⑤ 在一套梯形图程序中，相同代号的线圈不能重复出现。
⑥ PLC 的输入/输出点可作为软继电器使用。

现以控制一个闪光灯的图为例，介绍继电器控制电路原理图及其控制原理与 PLC 取代中间控制继电器的 PLC 梯形图程序及其控制原理之间的区别，如图 3-6 所示。

图 3-6（a）中两边的两根竖线为电源母线，1J 为普通电磁式继电器，2J 和 3J 为得电延时动作失电快速复位式电磁继电器，D 为闪光灯，QA 为启动按钮。当点按一下启动按钮 QA 时，

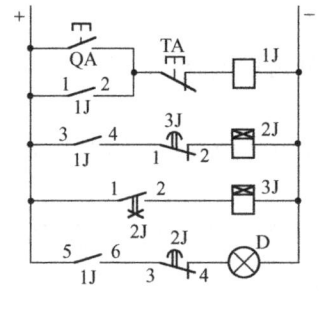

（a）继电器控制电路原理图 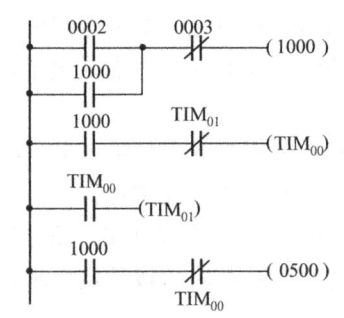　　（b）PLC 梯形图程序

图 3-6　电路原理图与 PLC 梯形程序

$$QA \uparrow \rightarrow J \uparrow \rightarrow \begin{cases} 1J_{1,2} \uparrow \rightarrow 完成自保电路。 \\ 1J_{5,6} \uparrow \rightarrow D\ 得电点亮。 \\ 1J_{3,4} \uparrow \rightarrow 经预定时间\ 2J \uparrow \rightarrow \begin{cases} 2J_{3,4} \uparrow \rightarrow D\ 失电熄灭。 \\ 2J_{1,2} \uparrow \rightarrow 经预定时间\ 3J \uparrow \rightarrow 3J_{1,2} \uparrow \rightarrow 2J \uparrow \rightarrow D\ 点亮、 \\ 3J \uparrow \cdots D\ 闪亮。 \end{cases} \end{cases}$$

若图 3-6（a）中的继电器由 PLC 取代，启动按钮 QA 按要求接至 PLC 输入点 0002 上，这时 PLC 的梯形图程序如图 3-6（b）所示。图 3-6（b）中左边的长竖线相当于电源，两根平行的短竖线表示 PLC 输入/输出点及软继电器的常开点，两根平行短竖线中间加一斜线则为常闭触点，右边的 1000、TIM_{00}、TIM_{01} 分别取代 1J、2J 和 3J 作为 PLC 内的软继电器线圈，0500 为 PLC 继电器输出式输出点的继电器线圈，该继电器的触点控制闪光灯 D 的通断电路。由于 PLC 的输入/输出点、软继电器可重复使用，因此所有继电器线圈和触点无法区分和编号，如 $1J_{1,2}$、$2J_{1,2}$ 等。

当点按连接 PLC 输入点 0002 的启动按钮 QA 时，

$$QA \uparrow \rightarrow 0002 \uparrow \rightarrow \begin{cases} 0500 \uparrow \rightarrow D\ 得电点亮。 \\ 1000 \uparrow \rightarrow 除实现自保外， \\ 经预定时间\ TIM_{00} \uparrow \rightarrow \end{cases} \begin{cases} 0500 \uparrow \rightarrow D\ 失电熄灭。 \\ 经预定时间\ TIM_{01} \uparrow \rightarrow TIM_{01} \uparrow \rightarrow D\ 得电点亮、 \\ TIM_{01} \uparrow \cdots D\ 闪亮。 \end{cases}$$

（3）编灌梯形图程序。梯形图程序设计完成后，还需要把梯形图程序灌输到 PLC 的存储器中去。编灌梯形图程序的方法有多种，可以用计算机，也可以用与 PLC 配套的编程器，这种编程器有三种。

① 助记符程序编程器。
② LCD 图形编程器。
③ CRT 图形编程器。

对于编灌梯形图程序不很多的单位和个人，采用助记符程序编程器比较方便实用。OMRON、C 系列 P 型 PLC 的助记符程序编程器如图 3-7 所示。

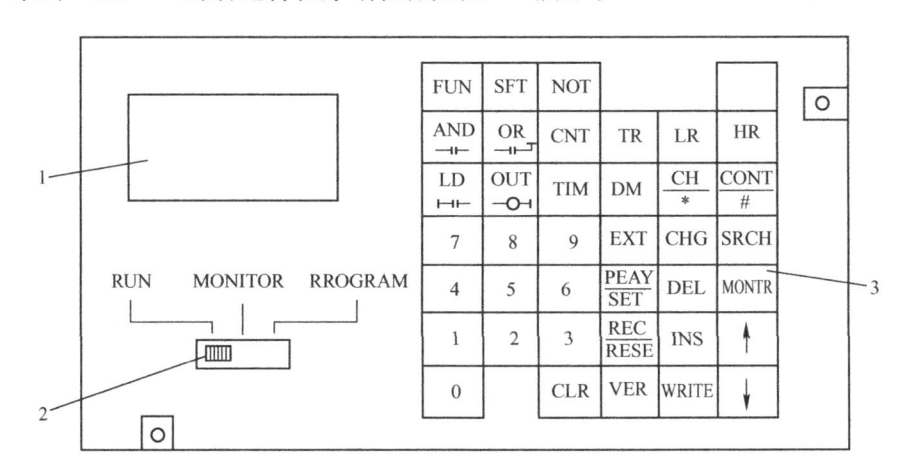

1—显示屏；2—状态转换开关；3—操作键

图 3-7 OMRON、P 型 PLC 助记符程序编程器

图 3-7 中的 0～9 键用于输入程序地址，CLR 键用于清零，其他键用于写入、修改、调读指令等。

编灌梯形图程序前，应按 PLC 使用手册的提示，掌握梯形图程序转变为助记符程序的灌程操作。对于 OMRON、C 系列 P 型 PLC，应熟悉 LD、OUT、AND、OR、NOT、END、AND-LD、OR-LD 等 8 种指令语句的使用场合和使用方法，以及清除 PLC 存储器中的指令和数据、建立地址、输入程序、调读程序、检查程序、查找触点、插入指令、删除指令、读扫描时间、串并混合梯形图程序的键入方法等，以免在灌输程序过程中，把正确的梯形图程序灌输错了，造成不必要的麻烦，影响 PLC 正常运行。

（4）模拟试验检查。把梯形图程序灌输到 PLC 存储器中去之后，应进行模拟试验检查。

模拟试验检查有两种方法。

① 只对 PLC 本身进行模拟试验检查。

② 把 PLC 装到控制柜中去，待整个控制柜的配接线全部完成后再进行综合性模拟试验检查。具体检查方法与采用继电器作为中间过程控制的电梯电气控制系统相仿。对于 PLC 或 PLC 控制的电梯控制柜，可采用勾线（假设外围电路是好的）和搭线（相当于外界输入的主令、外召唤、电梯位置、到站提前换速、平层等输入的信号）的方法，达到模拟电梯的运行工作状态、检查 PLC 的梯形图程序和控制柜的配接线是否正确，以及元器件是否良好的目的。

（5）存储程序。在对 PLC 或装有 PLC 的控制柜做模拟检查试验，确认一切符合要求后，若有必要可参照 PLC 使用手册，把梯形图程序存放到计算机的硬盘里做永久性保存，需要时再调出并输入到 PLC 的存储器中去，以减轻烦琐的手工编灌程序操作，提高工作效率，也可减少不必要的差错。

（6）常用的 PLC 编程指令（OMRON、P 型 PLC）。

① KEEP（FUN11）指令：由于 PLC 内的各种类似继电器的软电路单元较多，功能丰富，点和触点又可多次重复使用，制约梯形图程序设计的因素大大减少。因此，对于同一电梯拖动控制系统，不同设计人员设计成的 PLC 梯形图程序往往差别很大，但电梯的运行效果则可能差别不大。

KEEP（FUN11）指令常被用于内、外指令信号登记的 PLC 梯形图程序控制环节，其继电器控制原理和 PLC 控制的梯形图程序如图 3-8 所示。

图 3-8（a）中的控制原理本书已述及，这里不予重复。图 3-8（b）中的 KEEP$_{(11)}$ 称为锁存指令，适用于 PLC 内的输出点、辅助和保持继电器等。0502 和 0503 是 PLC 输出点的继电器线圈代号，它相当于图 3-8（a）中的 1NLJ 和 3NLJ 两个电磁式继电器，0107 和 0109 相当于层楼主令按钮 1NLA 和 3NLA，1000 为电梯到达准备停靠层站提前控制换速的 PLC 软继电器。采用 KEEP$_{(11)}$ 指令的 0502 和 0503 继电器线圈有两个输入端，上输入端称为 S 端，下输入端称为 R 端。当 0502 的 S 端与梯形图竖母线接通时，0502 动作，当 R 端与梯形图竖线接通时 0502 复位，当 S 端和 R 端同时接通时，R 端优先，0502 处于复位状态。当司机点按 1 楼主令按钮时，1NLA↑→0107↑→0502↑，并保持动作状态，1 楼主令信号被登记，到达 1 楼的换速点时，1THG↓→1000↑……，电梯换速，0502 的 R 端与梯型图的竖母线接通，0502↓，1 楼主令信号被消除。KEEP$_{(11)}$ 指令具有的这一性能使电

梯的许多性能得以完美实现。

(a) 继电器控制电路原理　　　(b) PLC控制梯形图程序

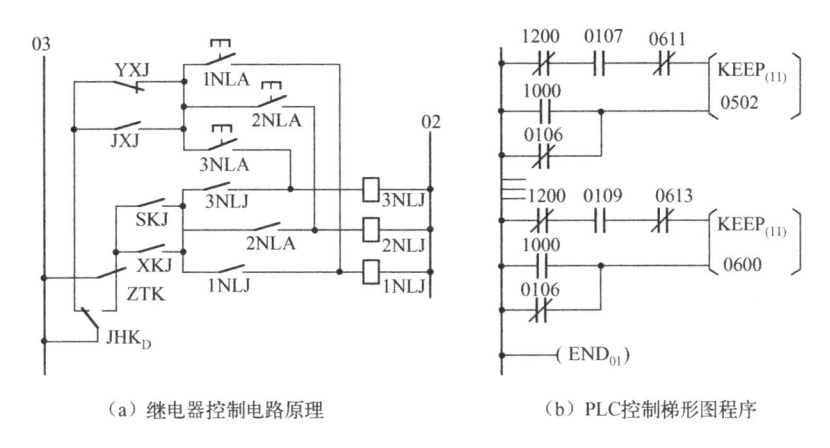

图 3-8　主令信号登记继电器控制电路原理图和 PLC 控制梯形图程序

② TIM 和 TIMH 定时器：各种 PLC 均具有性质相同、数量不等的定时器。OMRON、P 型 PLC 有 48 个 TIM 和 TIMH 定时器，序号为 00~47，均为减一定时器，两种定时器的计量单位不同，TIM 定时器的计量单位为 0.1s，TIM 定时器的计量单位为 0.01s，TIM 定时器的设置值为 0~99.9s，TIMH 定时器的设置值为 0~999.9s。TIM 定时器在 PLC 控制电梯的梯形图程序中是必不可少的指令之一。继电器控制电梯启动、加速电路原理和 PLC 控制梯形图程序如图 3-9 所示。

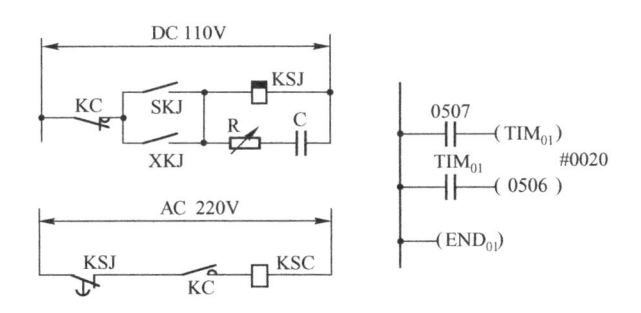

(a) 继电器控制电梯启动加速电路原理图　(b) PLC控制梯形图程序

图 3-9　继电器控制电梯启动、加速

图 3-9 (a) 中的控制原理本书已述及，这里不予重复。图 3-9 (b) 中的 0507 和 0506 为继电器输出型 PLC 的输出点。在采用 PLC 控制的交流双速电梯电气控制系统中，采用 PLC 的输出点 0507 控制快速接触器 KC，0506 点控制快加速接触器 KJC。当 PLC 根据输入信号和逻辑运算后确认具备启动电梯的条件时，

$0507\uparrow$ $\begin{cases} KC\uparrow\rightarrow YD\ 经电抗器得电，电梯缓慢启动运行。\\ 经 2s 时间 TIM_{01}\uparrow\rightarrow 0506\uparrow\rightarrow KJC\uparrow\rightarrow 短接电抗器，YD 在全电压下加速至\\ 满速运行。\end{cases}$

以上两种指令，对于采用 PLC 取代中间过程控制继电器的电梯电气控制系统，在 PLC

的梯形图程序中均为必不可少的控制环节。除此之外，还可能使用 DIFD$_{(13)}$ 和 DIFU$_{(14)}$ 前后沿微分指令、CMP 比较指令、CNT 计数指令、CNTR 可逆计数指令等，因篇幅所限，不便多述。但在本书介绍 PLC 控制电梯的控制原理时，可结合梯形图程序予以提示。读者如需要也可查阅相关 PLC 的使用手册。

3.1.3 电梯 PLC 控制系统的基本结构

电梯 PLC 控制系统与其他类型的电梯控制系统一样，主要由信号控制系统和拖动控制系统两大部分组成。图 3-10 为电梯 PLC 控制系统的基本结构框图，主要硬件包括 PLC 主机及扩展、机械系统、轿厢操纵盘、厅外呼梯盒、指层器、门机、调速装置与主拖动系统等。与继电器控制系统比较，它去掉了用于呼梯信号登记、定向、换速的大部分继电器及机械选层器。

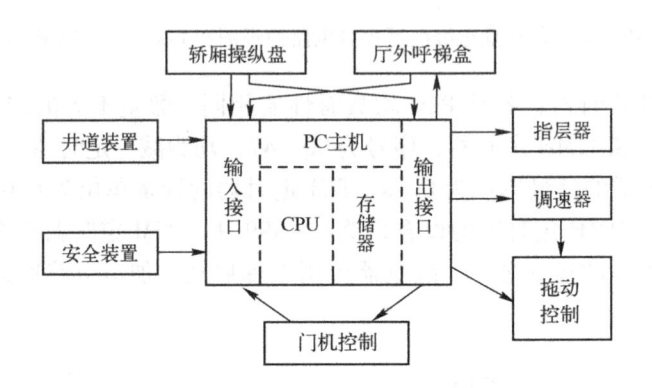

图 3-10 电梯 PLC 控制系统的基本结构框图

系统控制核心为 PLC 主机，操纵盘、呼梯盒、井道及安全保护信号通过 PLC 输入接口送入 PLC，由存储在存储器的 PLC 软件运算处理，然后经输出接口分别向指层器及召唤指示灯等发出显示信号，向主拖动和门机控制系统发出控制信号。

1. 信号控制系统

电梯信号控制基本由 PLC 软件实现，机械选层器与绝大部分继电器已被 PLC 取代。电梯信号控制系统如图 3-11 所示，输入到 PLC 的控制信号有运行方式选择（如自动、有司机、检修、消防运行方式等）、运行控制、内指令、外召唤、安全保护、井道信息或旋转编码器光电脉冲、开关门及限位信号、门区或平层信号等；输出控制信号有楼层显示、呼梯及选层指示、方向指示、到站钟、开关门控制、拖动控制信号等。

信号控制系统的所有功能（如召唤信号登记、轿厢位置判断、选层定向、顺向截梯、反向截梯、消号及反向保号、换速、平层、开关门、电梯自动运行过程等）均为程序控制。

对于交流、直流不同类型的电梯，除部分特殊的控制功能和输入/输出信号外，PLC 电梯信号控制的主要功能基本相同，因而信号控制的程序模块具有较强的通用性。

第 3 章 PLC 自动控制电梯

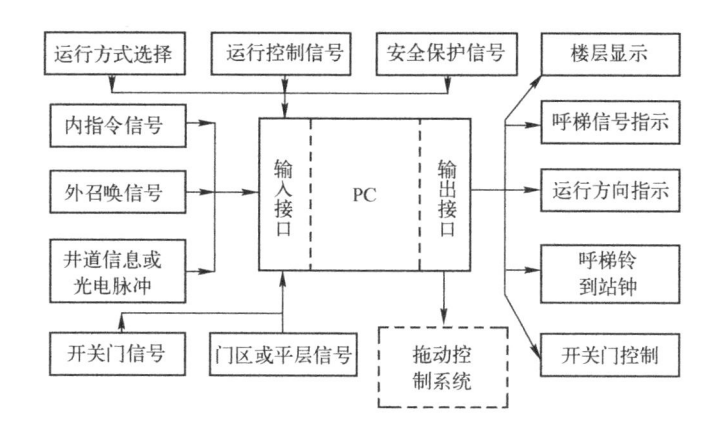

图 3-11 电梯 PLC 信号控制系统框图

2. 拖动控制系统

电梯主要有直流和交流两种拖动方式。PLC 控制的拖动系统主电路及调速装置与继电器控制系统相比无须做很多改动。拖动系统的工作状态及部分反馈信号可送入 PLC，由 PLC 向拖动系统发出速度指令切换、启动、运行、换速、平层等控制信号。

（1）直流电梯。

① 单相励磁。快车、检修、平层等速度给定电压的切换可由 PLC 输出点直接控制，并由 PLC 控制电动机的启动与自停。运行方向直接控制加在发电机组的励磁电流。单相励磁直流电梯通过速度环进行运行速度的调节，其原理如图 3-12 所示。

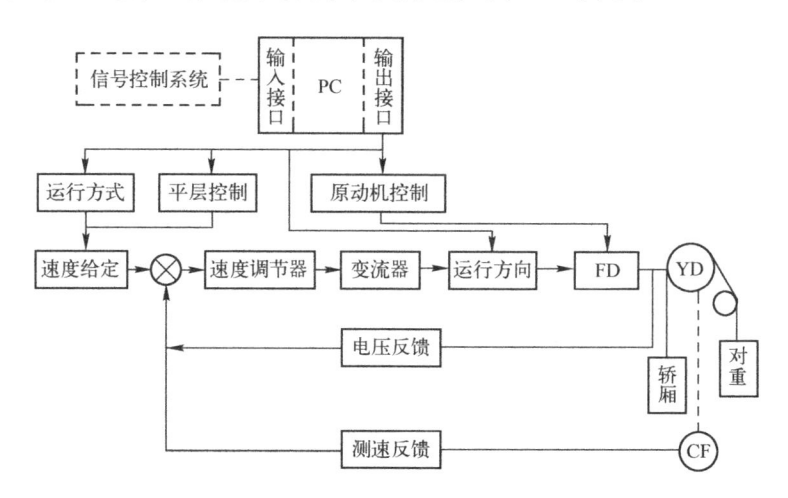

FD—发电机组；YD—曳引电动机；CF—测速发电机

图 3-12 单相励磁直流电梯拖动 PLC 控制原理图

② 三相励磁。平快、平慢速度给定电压的切换可由 PLC 直接控制，例如，检修速度给定采用平快速度也可由 PLC 点控制，否则其与快车速度给定应由 PLC 通过继电器间接控制。三相励磁直流电梯由电流环、速度环对运行速度进行闭环控制，运行平稳、响应速度快、平层准确。高速电梯的速度电平检测可由 PLC 软件通过单、多层运行判断来实现。图 3-13 为

三相励磁直流电梯拖动系统 PLC 控制原理图。

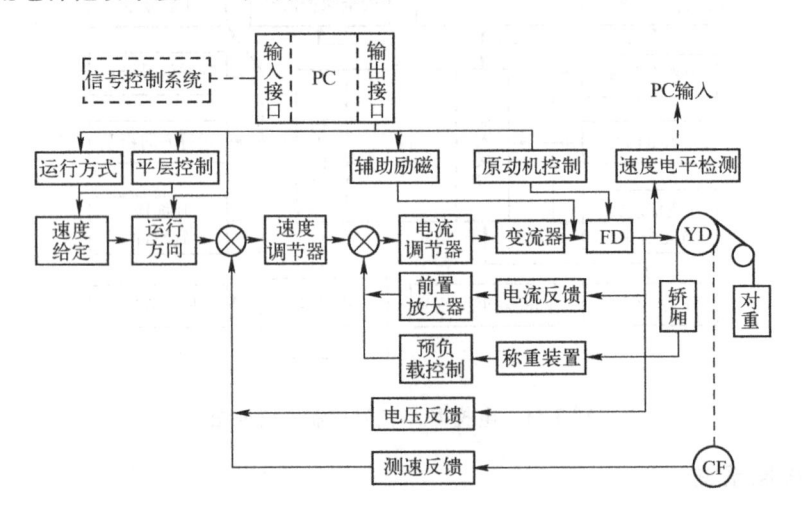

图 3-13 三相励磁直流电梯拖动 PLC 控制原理图

技能训练 8

1. 实习目的和要求

（1）了解 PLC 的结构。
（2）掌握 PLC 的基本操作和工作原理。
（3）掌握 PLC 的编程。

2. 设备、工具

PLC、计算机等。

3. 实习内容

（1）PLC 的结构与输入/输出接口。
（2）PLC 的编程。
（3）PLC 的监控与运行。
（4）PLC 的故障排除。

3.2 交流双速 PLC 集选控制电梯

3.2.1 PLC 控制系统基本结构

1. 系统构成

交流双速电梯 PLC 控制系统主要由曳引电动机及其拖动电路、门电动机及其控制电路、

PLC 及控制柜、轿厢操纵盘、厅召唤按钮盒、层楼指示器等部分组成。图 3-14 为控制系统原理图，图 3-15 为 PLC 的 I/O 电路图，表 3-1 为控制系统部分电气部件的文字符号说明。与继电器控制系统相比，PLC 控制系统去掉了机械选层器与大部分继电器，主要由 PLC 实现电梯运行的自动控制。

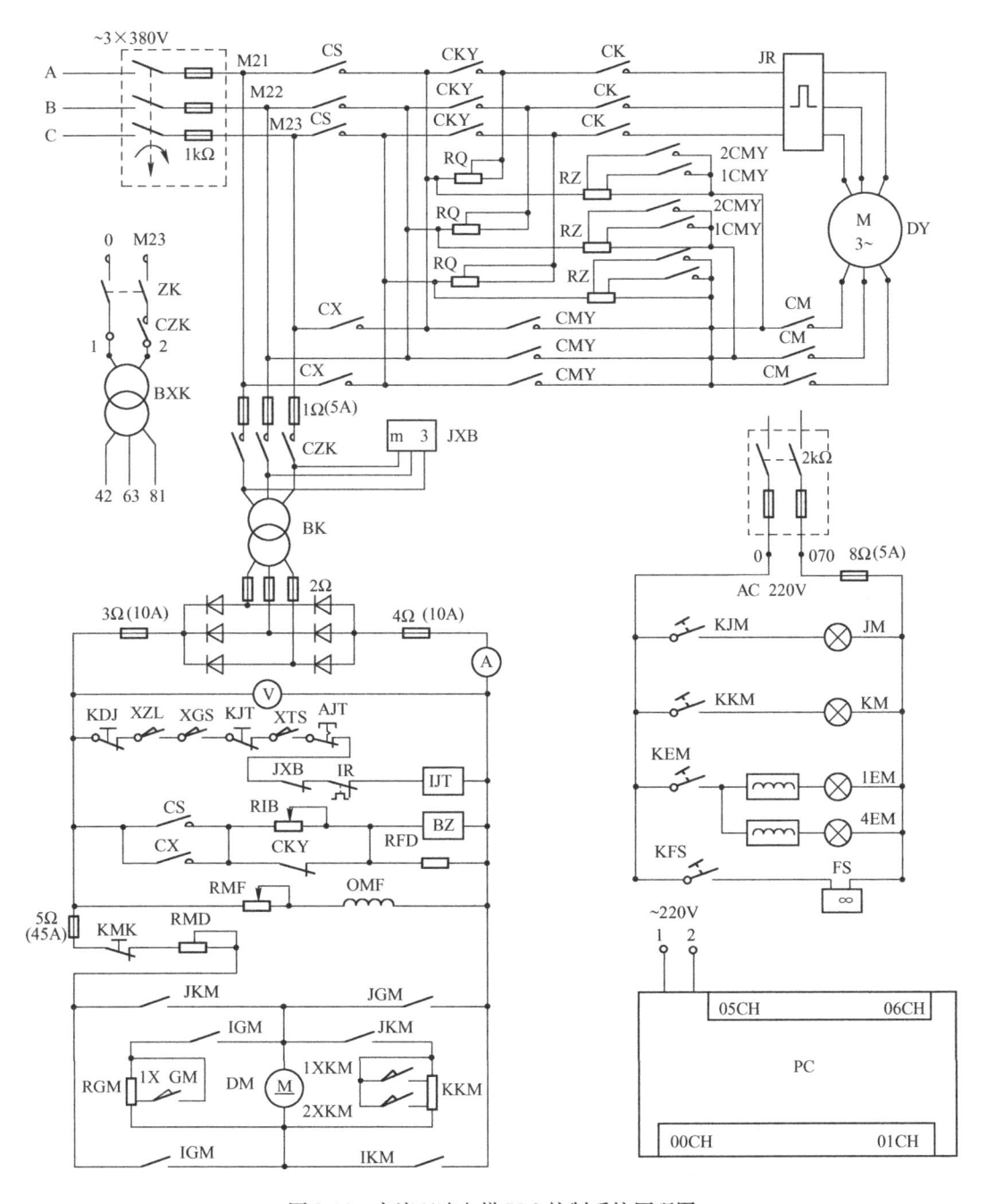

图 3-14 交流双速电梯 PLC 控制系统原理图

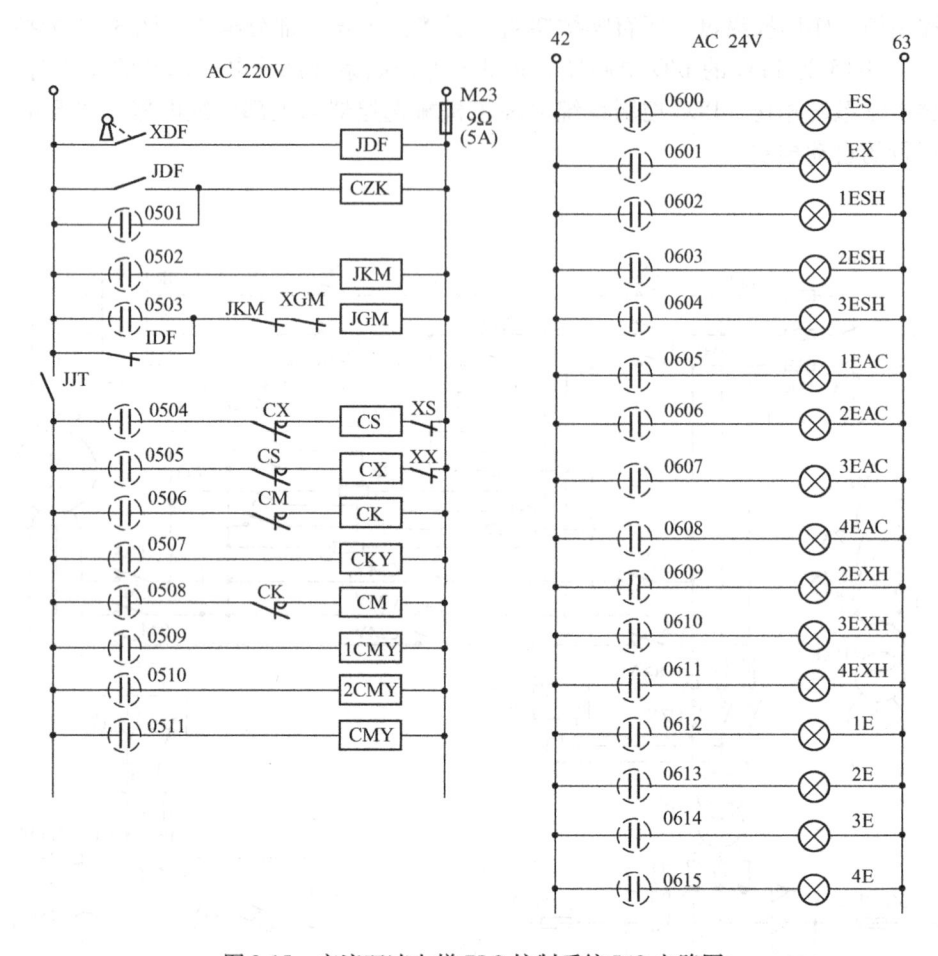

图 3-15 交流双速电梯 PLC 控制系统 I/O 电路图

2. 系统特点

（1）曳引电动机拖动电路与继电器控制方式相同。

（2）控制电路仅保留了包括相序继电器在内的 14 个负载电流较大的接触器和继电器。当增加层站数时，只须增加 PLC 扩展单元即可，所需的接触器和继电器数量不变。

（3）系统为 4 站全集选控制，使用一个 C60P 主机。适用于 4 层站的多层建筑或 3 层一站的高层建筑。如果是采用软件计算层楼数、下集选控制、内选外呼输出指示信号合一（内选信号长亮、外呼信号闪烁），可用于 7 层站的电梯控制；如果 PLC 输入/输出信号采用编码或矩阵电路，可用于层站数更多的电梯控制。

（4）轿顶和井道分别安装磁保双稳态开关和磁铁对轿厢位置进行检测，输入 PLC 两个信号 A、B。若采用软件计算层楼数，可省去这两个输入点。

（5）层站数较少时，将门锁信号直接输入 PLC。当层站较多时，应保留门联锁继电器。

（6）开门按钮信号与安全触板（小扇）信号并联输入 PLC。

（7）指层采用 PLC 一对一输出层灯显示方式。

（8）自动、司机、消防、检修 4 种运行方式均由 PLC 控制。

表 3-1 交流双速电梯 PLC 控制系统电气部件文字符号表

器件符号	器件名称	器件符号	器件名称
DY	交流电动机	KCF	消防开关
DM	开关门电动机	AZ	直驶按钮
CS	上运行接触器	XAY	安全触板开关
CX	下运行接触器	AKM	开门按钮
CK	快速运行接触器	AGM	关门按钮
CKY	快速状态接触器	1XMS…	厅门门锁开关
CM	慢速运行接触器	XKM	开门限位开关
CMY	慢速状态接触器	XGM	关门限位开关
1CMY	制动接触器	XSH	上行缓冲开关
2CMY	制动接触器	XXH	下行缓冲开关
JXB	相序继电器	GX	下行平层感应器
BK	控制变压器	GQ	提前开门感应器
BXK	信号变压器	GS	上行平层感应器
KDJ	底坑检修急停开关	A	磁保双稳态开关 A
XZL	胀绳轮开关	B	磁保双稳态开关 B
XCS	超速断绳开关	1AS、1AX	轿内检修上下行按钮
KJT	机房检修急停开关	2AS、2AX	轿顶检修上下行按钮
XJS	安全窗开关	iSZA	i 层厅外上召唤按钮
AJT	急停按钮	iXZA	i 层厅外下召唤按钮
JR	热继电器	iAC	i 层轿内选层按钮
JJT	急停继电器	iESH	i 层厅外上召唤信号指示灯
BZ	直流抱闸线圈	iEXH	i 层厅外下召唤信号指示灯
KMK	门机电路开关	iEAC	i 层轿内选层信号指示灯
OMF	门机励磁绕组	iE	电梯运行位置指示灯（i 层）
RMD	门机电路限流电阻	LH	厅外呼梯铃
RGM	低速关门分流电阻	ES	上行方向指示灯
RKM	低速开门分流电阻	EX	下行方向指示灯
XDF	底层钥匙开关	KJM	轿顶检修灯开关
JDF	底层钥匙继电器	JM	轿顶检修灯
CZK	电源接触器	KKM	底坑检修灯开关
JKM	开门继电器	KM	底坑检修灯
JGM	关门继电器	KEM	轿内照明灯开关
kJL	轿内检修开关	EM	轿内照明灯
KTL	轿顶检修开关	KFS	电扇开关
KZH	有无司机转换开关	FS	轿内电扇

3.2.2 系统工作原理

1. 运行准备

（1）合闸上电。合上 1K 为主拖动电路和控制电路提供三相交流电源，合上 2K 可提供单相照明电源，合上 ZK 可为信号变压器工作做准备。

(2）开梯自动开门。用钥匙接通底层厅外钥匙开关 XDF，继电器 JDF 吸合。JDF 触点接通电源接触器 CZK，CZK 触点同时使控制变压器 BK 和信号电源变压器 BXK 的电源接通，并使 PLC 上电。BK 副边输出的交流电经三相桥式整流器变为直流 110V，为安全回路、抱闸及门电动机提供直流电源。BXK 副边可输出交流 24V、36V，为指示灯、呼梯铃等提供电源。

PLC 通电后，由 PLC 输出直流 24V 作为 PLC 输入信号电源。由于轿门和厅门关闭，关门限位开关 XGM 接通，JDF 信号输入 PLC 后，PLC 输出点 0502 为 ON，使开门继电器 JKM 通电吸合，门电动机 DM 通电转动开门。在开门过程中低速开门分流开关 1XKM、2XKM 依次接通，分流电阻 RKM 部分短路，门电动机电枢电压降低，转速下降，开门速度减小。当门开到限定位置时，XKM 接通，信号输入 PLC 后，使 0502 为 OFF，JKM 断电释放，DM 停转。

（3）安全工作条件。正常条件下，底坑检修急停开关 KDJ、胀绳轮开关 XZL、超速断绳开关 XGS、机房检修开关 KJT、安全窗开关 XJS、操纵盘急停按钮 AJT、相序继电器 JXB 触点、热继电器 JR 触点等都处于接通状态，因此急停继电器 JJT 吸合，其触点输入 PLC 0001 点作为电梯运行的必要条件。

2. 运行

（1）运行方式选择。电梯具有由 PLC 控制的自动、司机、检修、消防 4 种运行方式。

司机进入轿厢后，用钥匙接通操纵盘电锁。电锁具有检修、司机、自动 3 个位置，转动钥匙选择所需运行方式。检修信号通过 KJL 输入 PLC，KZH 输入 PLC 为自动运行，当转到司机状态时，信号不用送入 PLC。当既无 KJL，又无 KZH 信号时，PLC 判定为司机运行状态。KTL 为轿顶检修开关，具有运行的最高优先权。KCF 为消防开关，当其接通后，由 PLC 程序自动转为消防运行，自动返回下基站后，切换为消防员专用状态。

选择了运行方式后，由 PLC 软件决定不同运行方式的控制功能。

（2）选层自动定向。在有司机操作状态下，如果乘客要去 4 层，司机按轿厢操纵盘选层按钮 4AC，通过 0111 点输入 PLC，由内选登记程序将选层信号登记，并通过 PLC 输出点 0608 驱动内选信号指示灯 4EAC 点亮，同时 PLC 定向程序根据轿厢位置，确定运行方向。若此时轿厢在一层，则定上行方向。0600 输出点控制上行方向灯亮。

若为无司机自动运行状态，除内选定向外，厅召唤也可自动定向。

（3）关门。司机按关门按钮 AGM，信号送入 PLC，输出点 0503 使关门继电器 JGM 吸合，其触点使门电动机 DM 接通直流电（极性与开门相反），DM 转动关门。当关门约 2/3 行程时，低速关门分流开关 1XGM 接通，分流电阻 RGM 被部分短路，DM 电枢电压降低，转速减小，关门速度放慢。当门完全关闭时，关门限位开关 XGM 接通，其信号送入 PLC 后，通过程序处理使 0503 为 OFF，JGM 断电释放，DM 停转。

轿门关闭过程中带动本层厅门同时关闭。

若为无司机运行状态，开门到位后 PLC 内部自动关门定时器开始计时。当计时到预定值时，输出点 0503 为 ON，JGM 吸合，DM 通电关门，关门过程与有司机状态相同。

（4）启动运行。当本层厅门关好时，厅门门锁开关 1XMS 闭合。若其他各层厅门均已关好，iXMS 全部闭合，其信号输入 PLC。PLC 自动定向后，程序控制上运行接触器 CS 和快车接触器 CK 吸合。如果上行缓速开关 XSH 闭合，并输入 PLC，且上行限位开关 XS 闭合，曳引电动机 DY 定子绕组接成"YY"型串启动电阻 RQ，以快速绕组通电正向启动运行。

电磁制动器线圈 BZ 通过 CS 触点、CKY 常闭触点接通电源，制动器立即开闸，DY 正向运转，轿厢向上运行。同时 PLC 内部启动定时器计时，并使 0507 延时输出，CKY 吸合，CKY 主触点将启动电阻 RQ 短接，DY 按额定电压使转速迅速升至额定转速运行。CKY 常闭触点断开，BZ 通过电阻 RJB 继续接通电源，保持松闸状态。

3. 换速停车

（1）换速。电梯向上运行，当轿顶的磁保双稳态开关经过井道磁铁时，双稳态开关状态翻转，并将信号输入 PLC，经程序将位置编码信号译为层楼信号。若采用时间原则换速，当层楼计数为 4 层时，定时器开始计时至换速点。如果采用距离原则换速，则调整井道磁铁安装位置，使其距平层停车点恰为换速距离。当计数为 4 层时 PLC 发出换速信号，控制 CK、CKY 断电释放，慢车接触器 CM 吸合，DY 定子绕组接成单"Y"形通过制动电阻 RZ 接通电源，使电动机同步转速下降为稳定转速的 1/4。电动机本身产生制动力矩，转速在轿厢惯性作用下迅速减小，轿厢运行速度变小。

PLC 发出换速信号的同时，第一制动定时器开始计时。当计时到控制制动接触器 1CMY 吸合时，其触点短接部分制动电阻，同时 PLC 内部第二制动定时器开始计时。计时到 2CMY 吸合时，再次短接大部分制动电阻，使 DY 转速进一步下降。当第三制动定时器使慢速状态接触器 CMY 吸合时，制动电阻 RZ 全部被短接，DY 以低速运转，轿厢缓慢进入平层区。

（2）提前开门。电梯换速后轿厢慢速进入平层区，当井道 4 层遮磁板插入安装在轿顶的磁感应器 GQ 时，干簧管复位，触点接通并输入 PLC，PLC 立即发出提前开门信号，使 JKM 吸合通电，DM 转动开门。

（3）平层停车。轿厢继续上行到达平层位置，上平层感应器 GS 触点复位接通并输入 PLC，PLC 控制 CS 释放，切断 DY 电源。同时制动器线圈 BZ 断电抱闸制动，使轿厢平层停车。此外 PLC 控制 CM、CMY 断电释放，对该层内选或外召唤信号消号。

在电梯从 1 层向 3 层或 4 层运行时，若在 2 层换速点前有 2 层厅外上召唤信号 2SZA 输入 PLC 并已登记，当轿厢上行至 2 层层楼计数点或换速点时，经 PLC 程序判断发出换速信号，在 2 层平层停车。

如果 2 层有厅外下召唤信号，PLC 进行信号登记，但上行时不换速停车，反向保号，而在下行时才顺向换速停车。

（4）直驶。若轿厢内乘客已满或有其他原因，司机按直驶按钮 AZ 后，由 PLC 程序对所有外召唤信号屏蔽处理，包括对顺向呼梯信号也不进行换速停车，保持所有外召唤登记信号，直驶到达内选最近一层站换速停车。

（5）最远反向截车。在无司机自动运行时，若无内选或顺向呼梯信号，PLC 对厅外反向呼梯信号具有最远反向截车控制功能，并全部由程序自动判断处理。

4. 保护功能

（1）强迫换速停车。为了防止轿厢冲顶和蹲底，当电梯运行至顶层或底层时，PLC 系统具有强迫换速停车功能；可采取双重强迫换速。

① 当 PLC 层楼位置判断为顶层或底层时，不管有无内选外呼信号，电梯处于快车运行

状态均发出换速信号。

② 在顶层或底层井道安装缓速开关或磁铁，轿顶安装撞杆或双稳态开关，安装位置应在正常换速点稍过一点或同一点（可通过 PLC 监控判断）。当轿厢运行至顶层或底层时，缓速开关或双稳态开关触点断开，PLC 输入信号 XSH 或 XXH 断开，PLC 立即发出换速信号。

（2）上、下行限位。当轿厢驶过端站平层位置还未停车时，通常在超过平层位置 10～20cm，轿顶撞杆触动上限位开关 XS 或下限位开关 XX 使触点断开，直接切断 CS 或 CX 通路，CS 或 CX 释放，BZ 抱闸制动。

（3）急停。若发生意外、按动轿内急停按钮 AJT 或超速 XCS 开关断开，急停继电器 JJT 断电释放，PLC 接收到其触点断开信号后，立即切断 CS 或 CX，使 BZ 抱闸制动停车。

（4）防夹人自动开门。在关门过程中如果碰轿门安全触板开关 XAY、XAZ，其信号与开门按钮 AKM 信号并联输入 PLC，由 PLC 控制门电动机停止关门，重新开门，防止夹人。

5. 检修运行

如果轿内钥匙开关转到检修运行状态，或轿顶检修开关打在检修位置，KJL 或 KTL 信号输入 PLC，程序对所有内选外呼信号复位，并通过连锁指令不执行内选和上、下外召唤程序模块，不执行快车运行程序。

（1）厅门全部关好后 0111 信号输入 PLC，如果按操纵盘慢上按钮 1AS 或轿顶慢上按钮 2AS，信号输入 PLC 后控制程序使上运行接触器 CS 和慢车接触器 CM 通电吸合，DY 绕组接成单 Y 形通过制动电阻 RZ 启动，并低速运行。PLC 定时器依次使 1CMY、2CMY、CMY 通电吸合，逐级短路制动电阻，直至 DY 直接接通电源，按低速额定转速运行，轿厢低速上行。

（2）在检修状态下按着开门按钮 AKM，即使厅门没有关，可进行开门检修运行。

（3）当 KTL、KJL 同时处于检修位置时，轿内、轿顶同时按慢车按钮，PLC 程序优先执行轿顶慢上、慢下按钮操纵。

6. 消防运行

将底层厅外消防开关接通，0005 信号输入 PLC，控制程序将消除所有内选外呼登记信号，直接返回下基站开门，进入消防员专用状态，恢复轿内指令功能。

7. 停梯断电

在上电开梯时，JDF 吸合，其触点输入 PLC，并使 0501 点闭合。JDF 另一触点与 0501 点并联使 CZK 通电吸合。

运行结束后，将轿厢停在底层，用钥匙断开厅外钥匙开关 XDF，JDF 断电释放。PLC 接到停梯信号后，发出关门信号，同时 0501 继续闭合。当门关好后，0501 断开，CZK 切断控制电源和信号电源。

3.2.3 控制程序

PLC 控制程序包括层楼位置译码、内选、厅外上下召唤、定向、反截、换速、开关门控制、启动和制动控制等软件模块。下面介绍交流双速电梯的启动和制动控制，如图 3-16 所示。

图 3-16 中 0504、0505 分别为上、下运行状态。在轿厅门关好、定向且满足其他运行条件后，0506 为 ON，使快车接触器 CK 吸合，同时定时器 T20 计时，H2 存放启动电阻切换时间。当计时到 0507 为 ON 时，短接启动电阻，快速运行。

当换速切换到慢车绕组运行 0508 为 ON 时，第一级制动电阻切换时间定时器 T21 开始计时。H3、H4、H5 分别存放三级制动电阻切换时间。当 T21 计时到设定值 0509 为 ON 时，1CMY 通电吸合，短接第一级制动电阻，同时 T22 开始计时，T22 与 0510 为 ON 时，2CMY 吸合短接第二级制动电阻。T23 计时到 0511 使 CMY 接通吸合，短接第三级制动电阻。低速运行至平层区后，提前开门，然后平层停车。

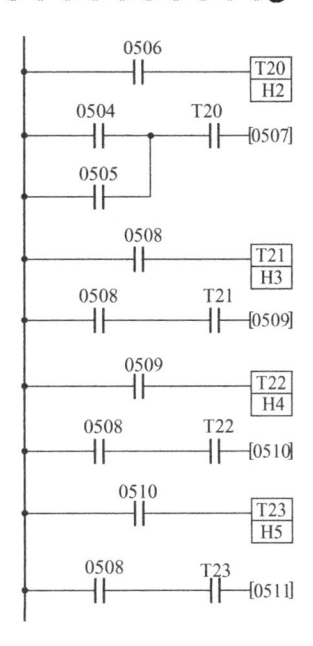

图 3-16 交流双速电梯启动和制动控制梯形图

技能训练 9

1. 实习目的和要求

（1）巩固 C 系列 PLC 的基本操作和工作原理。
（2）了解交流双速 PLC 集选控制电梯。
（3）掌握交流双速 PLC 集选控制电梯电路的动作过程和原理。

2. 设备、工具

C 系列 PLC、交流双速 PLC 集选控制电梯控制柜、常用电工工具。

3. 实习内容

（1）C 系列 PLC 的操作。
（2）元件识别：掌握有关电气部件的文字符号和实际安装位置。
（3）模拟操作：掌握在电梯控制柜上正确进行静态（未挂轿厢）模拟电梯运行操作。
（4）动作元件：在电梯控制柜中找出电梯电路运行时相应动作的元件。
（5）动作过程与原理分析：写出交流双速 PLC 集选控制电梯电路运行时元件的动作过程并根据原理图分析其工作原理。
（6）故障排除：了解交流双速 PLC 集选控制电梯电路常见的故障现象，分析其原因并排除。

3.3 交流变频调压调速 PLC 控制电梯

3.3.1 交流变频调压调速 PLC 电梯的自动控制系统

采用曳引驱动电梯的拖动系统，主要有交流电动机－直流发电机组供电的直流电动机拖动系统、交流双速异步电动机变极调速拖动系统、交流双速异步电动机调压调速（俗称 ACVV）拖动系统、交流单速异步电动机调频调压调速（俗称 VVVF）拖动系统 4 种。

其中，采用交流调压调速拖动系统的电梯与直流拖动电梯比较，具有一次性投资小的优点，有较好的节能效果；与交流变极调速拖动电梯比较，具有乘坐舒适感好的优点，也有一定的节能效果。但是采用这种拖动系统的电梯在运行过程中，是依靠施加于曳引电动机慢速绕组上的直流能耗制动电源，在相关电路及晶闸管的控制下，由能耗制动电流在电动机内所产生的能耗制动力矩，把电梯系统存储的动能以热能的形式消耗掉，实现电梯自动跟踪理想给定速度曲线运行的。因此采用这种拖动系统的电梯，仍存在着能耗较高，曳引电动机容易发热，特别是在减速过程中必须从电网吸取足够大的能耗制动电流，产生足够大的能耗制动力矩，因而引发比较大的电磁噪声等缺陷。因此也有不尽如人意的地方。

采用交流调频调压调速拖动系统的电梯，可以较好地消除交流调压调速拖动系统电梯的缺陷。与采用交流调压调速拖动系统的电梯比较可节能 40%～50%，与直流拖动电梯比较可节能 65%～70%。

交流调压调速拖动系统是依据交流电动机的转矩 M 与施加于电动机的端电压的平方成正比的原理，是在不改变电动机同步转速的情况下，以提高转差率实现调速的，因此损耗大，能耗高，效率低。而交流调频调压调速拖动系统是依据电动机的转速 n 与电动机供电电源频率 f 成正比的原理，通过改变电动机定子绕组供电电源频率，改变电动机的同步转速实现调速的。由于它的转差率小，以及系统附加的自动控制环节，使这种调速系统具有调速范围宽、效率和精度高等优点。因此，近年来国内生产的新电梯，以及对原老电梯进行技术改造时采用这种拖动系统已日趋广泛，在部分电梯产品中，有取代直流调速拖动、交流变极调速拖动、交流调压调速拖动系统之势。采用交流调频调压调速拖动系统的原理结构如图 3-17 所示。

交流调频调压调速电梯拖动系统多采用交—直—交，脉冲宽度调制（PWM）方式。在这种控制方式中，PWM 是逆变器的核心部件。在调速过程中，为保持交流电动机定子和转子间隙磁通不变，在改变电动机供电电源频率的同时，也相应改变其电压值，使 U/f 为常数，因此既实现变频又实现变压。PWM 的工作原理简单介绍如下。

由大功率二极管组成的三相全波整流电路将三相交流电转换成直流电，经滤波后输出的直流电压，经大功率晶体管（高速开关管）组成的逆变器，变换成近似正弦波变化的矩形脉冲电压。大功率晶体管的基极驱动信号为 PWM 型控制。调节输出脉冲电压的宽度和脉冲列的转换周期，就可改变输出电压的幅值和频率，达到对电动机进行调速的目的。

PWM 波形成的常用方法和基本原理是同时输入三角波的载波电压和正弦波（参考）的调制电压两个控制电压，利用载波电压的三角形波与调制电压的正弦波相交方案确定分段矩形脉冲的宽度，以控制逆变器中大功率晶体管的导通和截止，也可得到被调制的输出脉冲列。脉冲列的基波为相位各差 120° 的三相正弦波，基波电压的大小取决于参考正弦波的幅值，频率则与参考正弦波相同。为了保证输出电压的幅值与频率间的函数关系，需要一个可以控制幅值和频率的三相参考正弦波信号，这个信号一般由计算机产生。正弦波 PWM 原理结构如图 3-18 所示。

计算机在计算每个脉宽和隙宽的同时进行 PWM 变频控制时，只有很短的运算处理时间，特别是高频段往往要求在几十微秒内给出处理结果，而且计算机还有其他运算控制任务，因此计算机里的 CPU 工作非常繁忙，需要运算速度比较高的计算机才能完成其工作任务。关于 PWM 的设计计算，感兴趣的读者可参考有关资料和书籍。

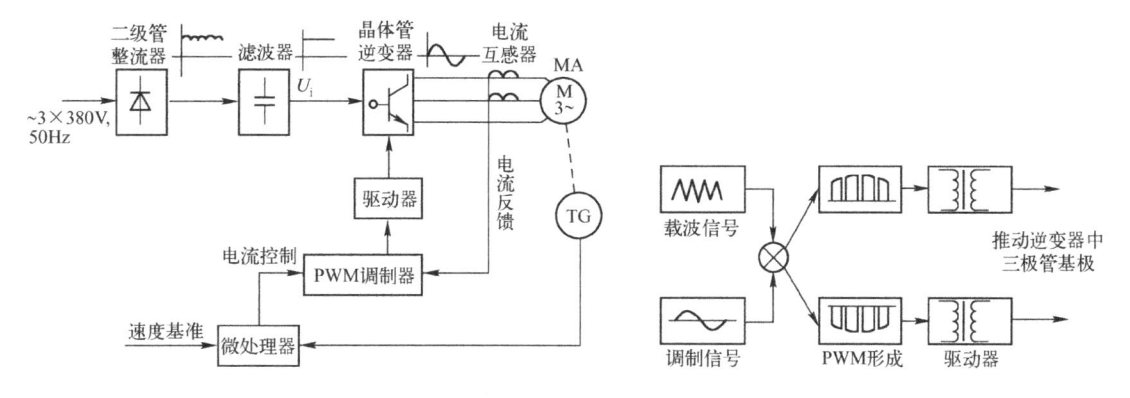

图 3-17 交流调频调压调速拖动系统的原理结构框图   图 3-18 正弦波 PWM 原理结构框图

随着大功率晶体管、大规模集成电路器件、微型计算机等制造技术的发展，目前工业发达国家生产的变频变压调速装置规格品种很多，我国仍处于引进开发和组装生产阶段。电梯行业完全采用国产的变频变压调速装置只是时间问题。

3.3.2 交流单速异步电动机安川变频器全闭环调频调压调速拖动、$v \leqslant 1.0 \mathrm{m/s}$ 集选 PLC 控制电梯电路原理

图 3-19 适用于额定速度 $v \leqslant 1.0 \mathrm{m/s}$、4 层 4 站、曳引电动机功率小于 18.5kW 的各类电梯。图 3-19 的 PLC 梯形图程序如图 3-20 所示。

1. 图 3-19 中选用的主要电气部件

（1）拖动系统中的曳引电动机最好采用变频调压调速专用电动机，同步转速和功率取决于电梯额定速度、额定载荷、曳引电动机的传动效率等。

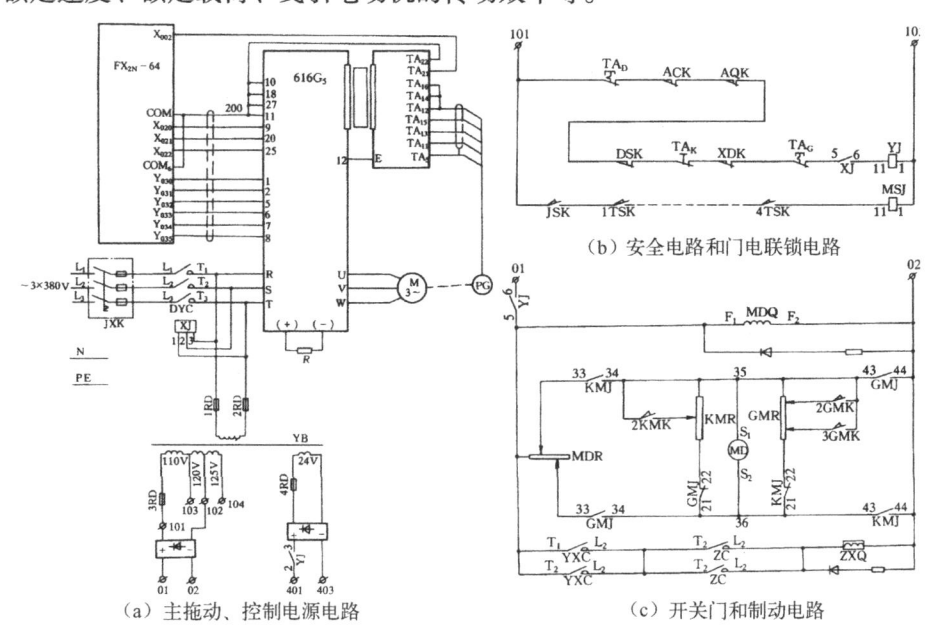

（a）主拖动、控制电源电路　　（b）安全电路和门电联锁电路　　（c）开关门和制动电路

图 3-19 交流单速异步电动机安川变频器全闭环调频调压调速拖动、
$v \leqslant 1.0 \mathrm{m/s}$ 集选 PLC 控制电梯电路原理图

图3-19 交流单速异步电动机安川变频器全闭环调频调压调速拖动，$v \leqslant 1.0 \text{m/s}$ 集选PLC控制电梯电路原理图（续）

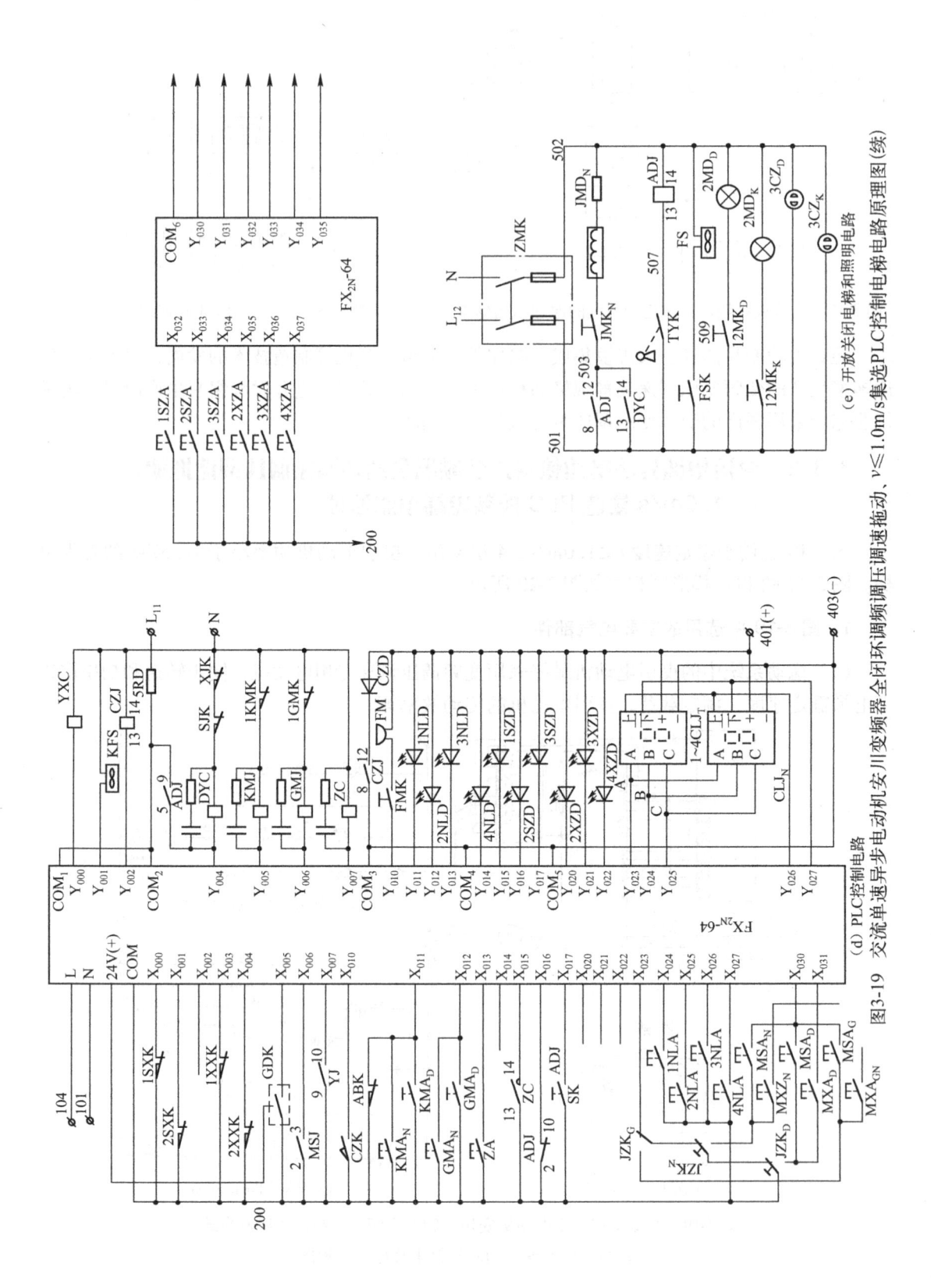

(a)

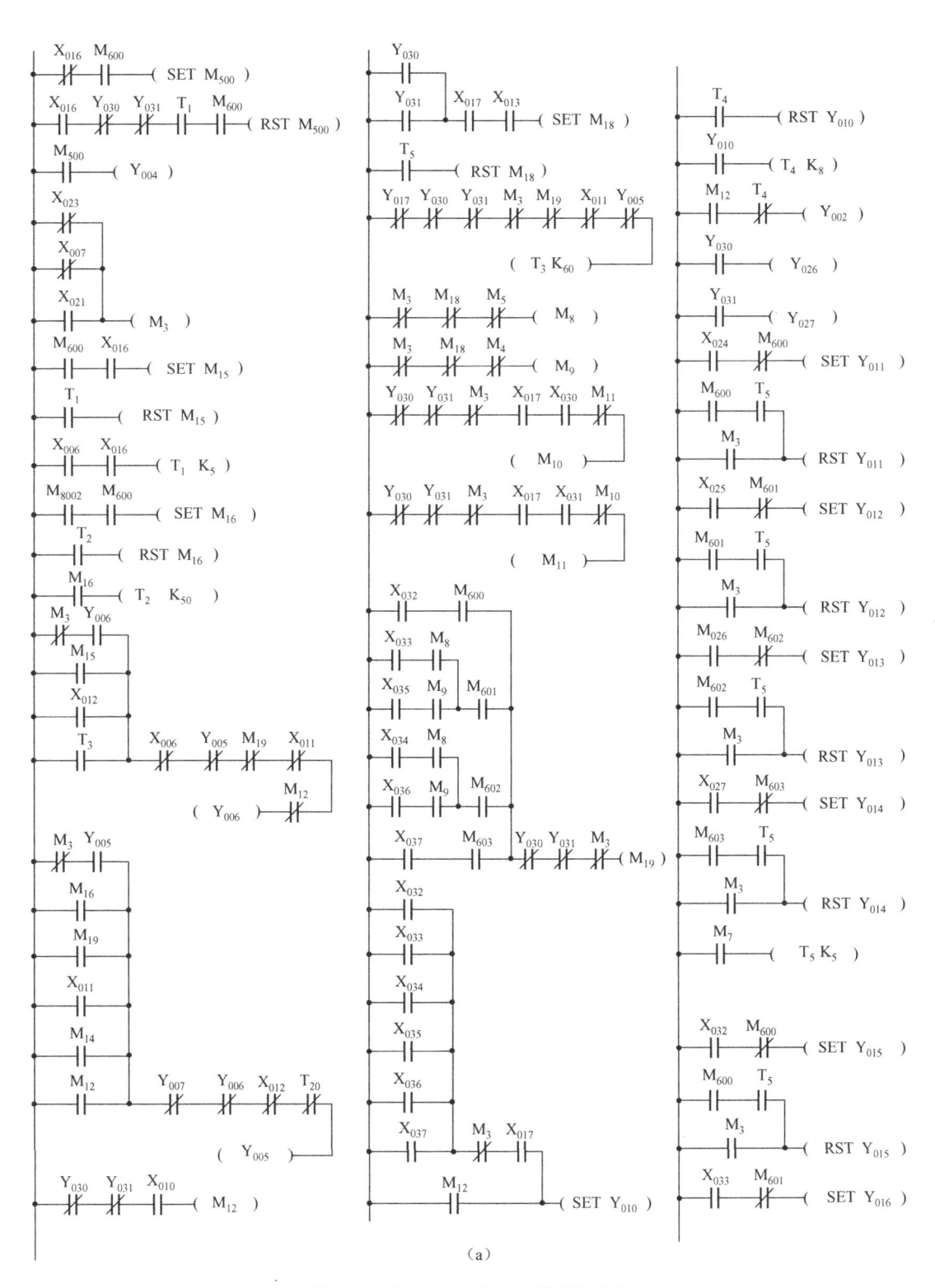

图 3.20　图 3-19 中的 PLC 梯形图程序

(b)

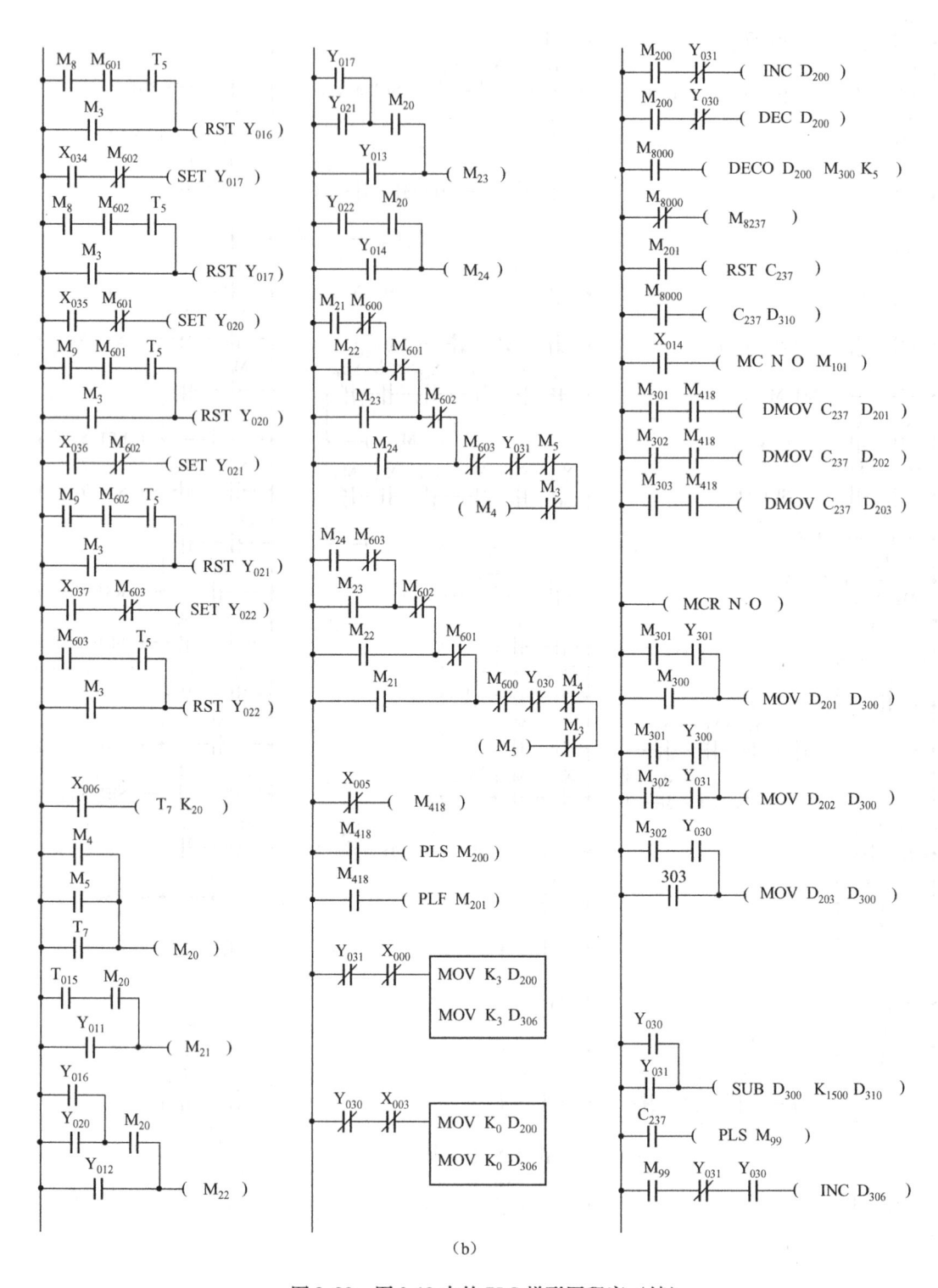

图 3.20 图 3-19 中的 PLC 梯形图程序（续）

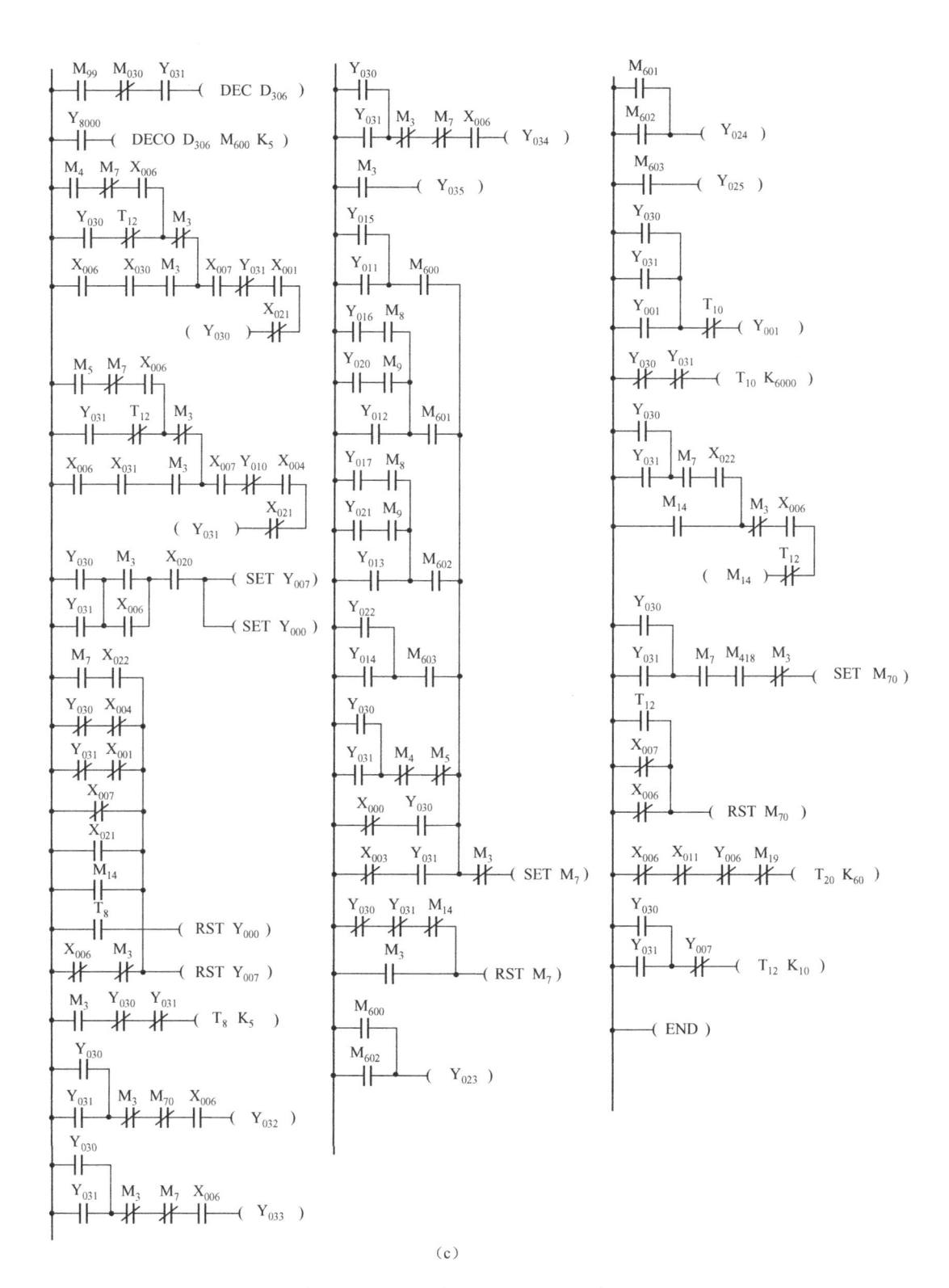

图 3.20　图 3-19 中的 PLC 梯形图程序（续）

(2)变频器采用日本安川技术、在中国上海组装的 VS-616G5 型安川变频器。变频器的输出功率应大于等于曳引电动机的额定功率。这种变频器的性价比较好，通过自学容易获取曳引电动机的参数。这种变频器的现场调整点比较多，现场调试相对麻烦，但通过认真阅读变频器的随机说明书，并按说明书的提示和电梯的运行特点对相关参数进行设置和调整，一般均能使电梯获得比较满意的乘坐舒适感和使用效果。

(3)与 VS-616G5 变频器构成闭环控制的旋转编码器，采用中国上海生产的 HLE-6OOL-3F 型轴套式旋转编码器。

(4)PLC 采用日本三菱 FX2N-64M 型 PLC。这种 PLC 的输入/输出点代号、程序指令等与 OMRON、C6OP 型 PLC 有差异，读者如需要，可查阅其使用手册。

(5)电梯运行计数控制采用日本立石公司的 OMRON、E4 型光电开关。

(6)图 3-19 中的主要电气部件的文字符号见表 1-2。

2. 交流单速电动机安川变频器全闭环调频调压调速拖动、$v \leqslant 1.0 \mathrm{m/s}$、集选 PLC 控制电梯电路原理（如图 3-19 所示）

(1)运行前的准备工作。采用本控制系统的电梯在运行前需要做好以下准备工作。

① 慢速运行前的准备工作。

a. 根据变频器说明书，按电梯的性能要求和运行特点重新设定变频器的有关参数。

b. 按变频器说明书的提示和方法，在曳引电动机无载荷的情况下，通过变频器键面操作，使变频器完成对曳引电动机相关参数的自学。本电梯控制系统为有 PG 矢量控制方式，必须通过自学，由变频器自动设定必要的电动机有关参数，这样才能实现电梯的矢量控制运行，达到最佳的运行效果。

所谓 PG 即脉冲输出式旋转编码器，矢量控制即磁场和力矩互不影响，按指令进行力矩控制；电流矢量控制，是同时控制电动机的一次电流及其相位，分别独立控制磁场电流和力矩电流，实现在极低速状态下的平滑运行和高力矩高精度的速度及力矩控制。

② 快速运行前的准备工作。电梯经慢速运行，电梯安装或改造大修工程基本完工，并经慢速上下运行检查校验，确认电梯机电主要零部件技术状态正确良好。变频器相关参数经认真设定后，还应将 PLC 的输入点 X_{014} 与线号 200 短接，控制电梯自下而上运行一次，让 PLC 做一次学习，使旋转编码器输出的脉冲存入预定的通道里，作为正常运行时 PLC 实现测距和控制减速的参考信号，自学成功后应将 X_{014} 与线号 200 之间的短接线拆除。此后便可做快速试运行，并根据试运行结果进行认真调整，直到满意为止。

(2)关门和开门的操作及控制原理。

① 关门。

a. 下班关闭电梯关门断电。

- 管理人员或司机通过一楼外召唤按钮 1SZA 把电梯召回基站。电梯到达基站后，PLC 的软继电器 $M_{600}\uparrow \rightarrow Y_{023}\uparrow \rightarrow$ 电梯位置显示装置经译码电路后数码管显示 1 字。
- 用专用钥匙扭动厅外召换箱上的钥匙开关 TYK

第 3 章 PLC 自动控制电梯

$$\text{TYK, TYK}\uparrow \to \text{ADJ}\downarrow \to \begin{cases} \text{ADJ}_{8,12}\downarrow \to \text{准备切断 JMD}_N \text{ 电路。} \\ \text{ADJ}_{9,5}\downarrow \to \text{准备切断 DYC 电路。} \\ \text{ADJ}_{2,10}\uparrow \to X016\uparrow \to M15 \uparrow \to T006 \to \text{GMJ}\to \text{实现下班关门,} \\ \text{门关妥 MSJ}\uparrow \to \text{MSJ}_{2,3}\uparrow \to X_{006}\uparrow \to \text{经额定时间 } T_1\uparrow \to M_{500}\downarrow、 \\ M_{15}\downarrow \to Y_{004}\downarrow, \text{实现下班关闭电梯关门断电。} \end{cases}$$

b. 轿内关门按钮 GMA_N 或轿顶关门按钮 GMA_D 关门。管理人员或检修人员按下 GMA_N 或 GMA_D 时,GMA_N 或 $GMA_D \uparrow \to X_{012}\uparrow \to Y_{006}\uparrow \to GMJ\uparrow \cdots$ 实现关门按钮关门。

c. 无司机状态下,电梯平层停靠开门后经 6s 自动关门。在无司机状态下,电梯平层停靠开门后经 6s,$T_3\uparrow \to Y_{006}\uparrow \to GMJ\uparrow \cdots$ 实现平层停靠开门后经预定时间自动关门待命。

本控制系统因 PLC 输入点数不够,未设满载开关,因此没有满载关门和直驶等功能。

② 开门。

a. 上班送电开门开放电梯。司机或管理人员用专用钥匙扭动厅外召唤箱上的钥匙开关 TYK,TYK$\uparrow \to 501$ 和 507 接通 $\to$ ADJ$\uparrow \to$

$$\begin{cases} \text{ADJ}_{8,12}\uparrow \to \text{轿内照明灯 JMD}_N \text{ 亮。} \\ \text{ADJ}_{2,10}\uparrow \to X016\uparrow \to \text{准备接通 M500 的吸合电路。} \\ \text{ADJ}_{9,5}\uparrow \to \text{DYC}\uparrow \to \text{PLC 得电,专用继电器} \\ M_{8002}\uparrow \text{(动作一个扫描周期)} \to M16\uparrow \to \end{cases} \begin{cases} \text{经预定时间 } T_2\uparrow \to M_{16}\downarrow。 \\ Y_{005}\uparrow \to KMJ\uparrow \cdots \text{实现上班送电开门开电梯。} \\ M_{600}\uparrow \cdots \text{电梯位置显示装置显示 1 字。} \end{cases}$$

b. 超载开门。

在非检修状态下,电梯超载时,

$$CZK\uparrow \to M12\uparrow \to \begin{cases} Y_{005}\uparrow \to KMJ\uparrow \cdots \text{实现超载开门。} \\ Y_{010}、Y_{002}\uparrow \to \text{FM 响、CZD 亮、T4 经预定时间}\uparrow \to Y_{010}、Y_{002}\cdots \\ \text{FM 断续响,CZD 闪亮。} \end{cases}$$

c. 本层开门。在非检修状态下,厅外乘用人员按下电梯停靠待命层站厅外召唤箱上的按钮 NSA 或 NXA 时,$M_{19}\uparrow \to Y_{005}\uparrow \to KMJ\uparrow \cdots$,实现本层开门。

d. 轿内开门按钮 KMA_N、轿顶开门按钮 KMA_D 和安全触板开门。乘用人员或检修人员按下 KMA_N、KMA_D 或碰压安全触板 ABK 复位时,$X_{011}\uparrow \to Y_{005}\uparrow \to KMJ\uparrow \cdots$ 实现开门按钮或安全触板开门。

e. 平层停靠开门。电梯到达准备前往层站平层时,恰好电梯的速度为零,因而变频器的输出也为零。由于变频器的输出为零,$X_{022}\uparrow \to M_{14}\uparrow \to Y_{000}\downarrow、Y_{007}\to Y_{005}\uparrow \to KMJ\uparrow \cdots$ 实现到站零速平层停靠放闸开门。

(3) 3 楼厅外乘员按下 3XZA 要求下行。3 楼厅外乘员看到电梯位置显示装置显示 1 字,获悉电梯已经送电开放,而按下 3XZA 要求下行时,对 3 楼下行召唤信号的处理与交流调速电梯相仿,这里不予重复。

(4) 设电梯为司机操作运行状态,司机听到蜂铃信号后要答应乘员召唤,开梯到 3 楼接送乘员。

司机应答 3 楼乘员按下 3XZA 要求下行的操作与交流调速电梯的控制原理相仿,有两种操作控制方法可供选择。若司机听到蜂铃信号后,直接按下关门按钮,启动电梯前往 3 楼接送乘员。

① 3 楼厅外乘员点按下行召唤按钮时，$3XZA\uparrow\to X_{036}\uparrow\to Y_{021}\uparrow\to 3XZD$ 点亮。

② 司机直接按下关门按钮，电梯启动、加速、满速向 3 楼运行：司机按下关门按钮，$GMA_N\uparrow\to X_{012}\uparrow\to Y_{006}\uparrow\to GMJ\uparrow\cdots$门关妥 $MSJ\uparrow\to MSJ_{2,3}\uparrow\to X006\uparrow\to$ 经预定时间 $T_7\uparrow\to M_{20}\uparrow\to M_{23}\uparrow\to M_4\uparrow\to Y_{030}\uparrow\to Y_{032}\uparrow$、$Y_{033}\uparrow$、$Y_{034}\uparrow$，这时有以下两种情况。

a. 变频器内的计算机适时给出运行答应信号，$X_{020}\uparrow\to Y_{000}\uparrow$和 $Y_{007}\uparrow\to ZC\uparrow\to$ 制动器线圈 ZXQ 得电松闸。

b. 变频器内的计算机适时调出整定后的运行速度曲线指令，控制逆变器输出频率和电压连续可调的三相交流电源，曳引电动机 YD 得电启动、加速、满速向 3 楼运行。

③ 电梯到达 3 楼的上行换速点时开始减速运行：电梯由 1 楼向 3 楼运行过程中，光电开关离开每层楼的遮光板时，光电开关 $GDK\uparrow\to X_{005}\uparrow\to M_{418}\uparrow\to M_{200}$ 动作一个上沿微分周期→INC_{D200} 执行上行计数，并将结果经转移传送、解码后控制对应的软辅助继电器 $M_{600}\sim M_{603}$ 动作，实现对电梯的运行控制。当位于轿顶的光电开关离开位于井道的 2 楼遮光板时，SUB 指令按旋转编码器给出的脉冲开始运算计数，当叠积计数与预先存入通道内 2~3 楼脉冲的差等于 SUB 指令的设定值时，$M_{602}\uparrow\to M_7\uparrow\to Y_{033}\uparrow$、$Y_{034}\uparrow\to$ 变频器内的计算机适时控制逆变器改变输出电源的频率和电压，电梯按变频器的给定速度曲线指令减速运行，当 M602↑时，电梯位置显示 3 字。

④ 电梯在 3 楼零速平层停靠开门：经对变频器和 PLC 相关参数的反复调整和整定，当电梯在 3 楼平层时，变频器的输出也恰好为零，$X_{022}\uparrow\to M_{14}\uparrow$、$Y_{000}\downarrow$、$Y_{007}\downarrow$
→$\begin{cases} Y_{005}\uparrow\to KMJ\uparrow\cdots\text{实现零速平层停靠放闸开门。} \\ \text{经预定时间 } T_{12}\to M_{14}\text{、}Y_{030}\text{、}M_7\uparrow\text{、}M_{70}\uparrow\text{，控制系统处待启动运行状态。} \end{cases}$

（5）乘员进入轿厢，司机问明准备前往层楼，若乘员准备前往 1 楼，电梯下行时的控制原理与上行时相仿。

（6）电梯从 1 楼到 3 楼或从 3 楼到 1 楼，2 楼厅外顺向召唤信号截梯；司机状态下强迫换向；司机状态下直驶；无司机状态下乘员自行操作；检修慢速上、下运行控制的工作原理与交流调速电梯的控制原理相仿，不予重复。

技能训练 10

1. 实习目的和要求

（1）巩固 F 系列 PLC 的基本操作和工作原理。
（2）了解交流变频调压调速 PLC 控制电梯。
（3）掌握交流变频调压调速 PLC 控制电梯电路的动作过程和原理。

2. 设备、工具

F 系列 PLC、交流变频调压调速 PLC 控制电梯控制柜、常用电工工具。

3. 实习内容

（1）F 系列 PLC 的操作。

（2）元件识别：掌握有关电气元件的文字符号和实际安装位置。

（3）动作元件：在电梯控制柜中找出电梯电路运行时相应动作的元件。

（4）动作过程与原理分析：写出交流变频调压调速 PLC 控制电梯电路运行时元件的动作过程并根据原理图分析其工作原理。

（5）故障排除：了解交流变频调压调速 PLC 控制电梯电路常见的故障现象，分析其原因并排除。

习 题 3

（1）PLC 控制和继电器控制有哪些异同点？

（2）交流双速 PLC 控制的运行工作过程是什么？

（3）三相晶闸管励磁装置的基本结构及其工作原理是什么？

（4）分析直流高速电梯 PLC 控制的工作原理。

（5）试分析交流变频调压调速的工作原理。

（6）写出交流变频调压调速 PLC 控制电梯的控制原理。

第4章 微机自动控制电梯

4.1 微机控制基本原理

4.1.1 微机系统在电梯控制系统中的应用原理

微机控制的电梯体积小、成本低、自动化程度高、节省能源、通用性强，可靠性高，可以实现复杂的功能控制。

现以迅达电梯有限公司的一位微机控制系统——Miconic-L为例，说明微机在电梯控制系统中的应用原理。

1. 系统框图

Miconic-L系统在电梯控制系统中的应用可以分为两大部分，即每个单台梯的控制部分和多台梯的公用控制部分（见图4-1）。

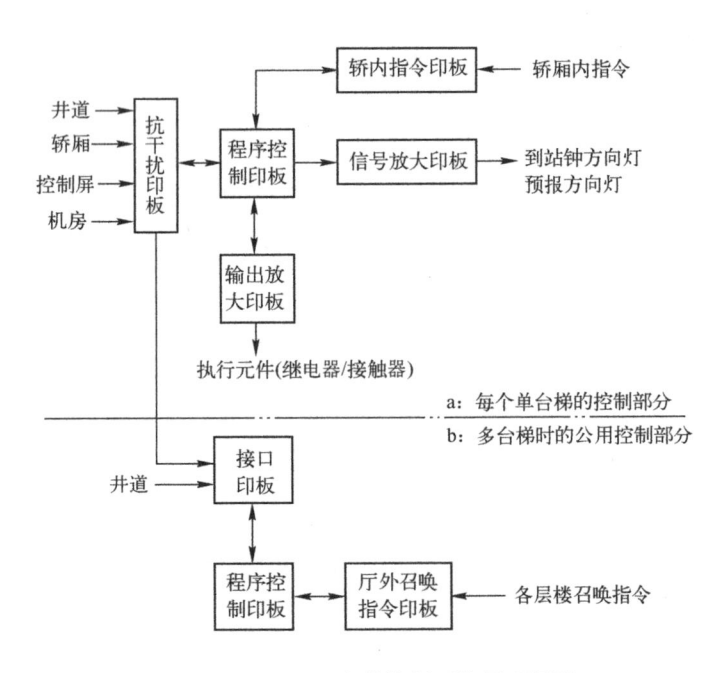

图4-1 Miconic-L电梯控制系统原理框图

从图 4-1 中可以清楚地看到：所有触点的开关信号均经抗干扰印板的抗干扰处理后才进入程序控制印板中去，这样就增强了微机系统的抗干扰能力，以往我国曾有电梯厂家与有关单位合作研试过用微机的电梯控制系统，但未获得推广的重要原因是抗干扰处理不完善或不恰当；而迅达电梯公司的 Miconic-L 控制系统是处理得很好的，可以说几乎不受任何外来信号的干扰。这样，Miconic-L 的电梯控制系统的稳定性和可靠性有了保证。

从图 4-1 中还可以看到：Miconic-L 控制系统的执行部分和安全保护部分仍应用了少量的继电器、接触器，这是因为国际上有关《电梯制造和安装安全规程》中有明确的规定：凡是安全回路、安全保护环节中必须应用可以直接看见的有触点元件。因此任何国家的微机控制电梯均应用了很少量的继电器和有触点开关元件等。Miconic-L 控制系统当然也不例外。其次，电梯系统中执行元件（强电部分）从技术角度上看，完全可以用无触点的晶闸管开关元件所替代，但是从经济角度上看，执行元件（强电部分）若用晶闸管无触点元件，势必增加系统的复杂性，且大功率的晶闸管元件费用大大超过用简单接触器的费用；同时由于系统的复杂程度增加，在一定程度上也降低了系统的可靠性。因此只要选择品质优良的专用于电梯的继电器、接触器也可以保证其可靠性。这样，既好又省的方案为什么不采用呢？基于技术、经济两个方面的综合考虑，最后才确定了 Miconic-L 控制系统的执行元件仍采用品质优良的继电器（西门子电器）、接触器（MG 系列）作为系统的执行元件。

2. Miconic-L 微机系统的内部结构

（1）Miconic-L 微机系统框图（见图 4-2）。图 4-2 中的各方框列出了它们的执行元件，现将各执行元件的工作原理简述如下。

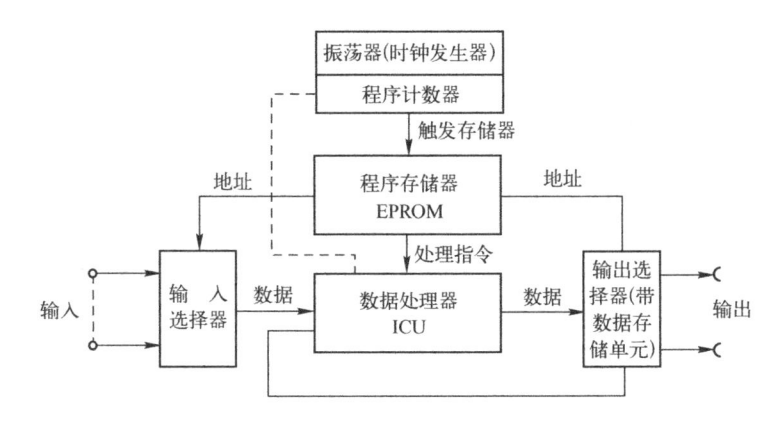

图 4-2　Miconic-L 微机系统框图

① 程序存储器。顾名思义，程序存储器包含所有的程序指令及属于给定程序的程序顺序列，即包含具体电梯控制系统的输入与输出之间进行一系列的逻辑操作指令。

程序存储器可以看成是包含所有必要指令的档案库，从该档案库中能调出预先编制的程序指令。这种调用不只进行一次，而是根据预先规定的循环程序重复进行。而每一个程序都包括两部分指令。

a. 逻辑运算指令，即操作指令（逻辑运算"与"、"或"、"或非"、"与非"或取数、存储等）。

b. 运算域指令，即地址指令。这些指令被分别存储在 1 至 1024 个单独的"抽屉"中。因此每个指令存储单元均包含操作指令和地址指令。

正确执行程序功能的条件当然必须以正确的顺序抽取这些"抽屉"，并且其中所包含的一切指令都必须符合电梯控制系统的逻辑操作要求。

在图 4-2 中，指令被送至数据处理器（ICU）中，或被送至输入与输出选择器内（地址指令）。

程序存储实际上是集成电路（IC）半导体器件，其"存储单元"和指令均是"二进制编码"。这种存储器的系列依次被写成：

ROM（只读存储器）　　PROM（可编程只读存储器）

EPROM（可改写的可编程只读存储器）

Miconic-L 系统采用 EPROM（2716 或 2532），这是一种可改写（可擦去）的可编程只读存储器，即使用者可用编程器自己编制 EPROM 程序，而且在必要时可擦去和改写。

② 程序计数器。这一单元是顺序的扫描存储器，并以此来驱动计算机运行。这一单元实际上可看成是一种电子脉冲开关电路。它按顺序不断触发程序存储器中的指令。因此程序计数器必须具有像程序存储器中"抽屉"那么多的计数容量。

Miconic-L 系统中的程序计数器步进到最高数（5bit = 32），然后再跳回至原始位置（0位），接着再重新扫描（这就称为一个程序循环）。

③ 时钟振荡器。程序计数器需要一个为其定时的时钟，它起着顺序的驱动计数器的作用，这项工作由振荡器执行（见图 4-2）。

该振荡器产生 1MHz 或 250kHz 的高频方波，这相当于每秒钟扫描 50 万个信息。

④ 输入选择器。须由 ICU 处理的电梯控制系统的所有输入信息均应连接至输入选择器，如层楼的召唤按钮信号、磁性开关、负载触点、门控触点继电器和接触器等都须引入至输入选择器上。输入选择器的原理示意如图 4-3 所示。

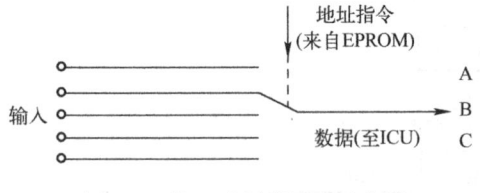

图 4-3 输入选择器原理示意图

对于程序中的每一步，由存储器发出地址指令来通知输入选择器，而输入选择器则按地址指令将输入信号中的某一个信号连接至 ICU。这意味着程序中的每一步，只有一个输入信号被触发或被处理。实际上输入选择器就是一个选择开关，由程序存储器（EPROM）的地址指令选择、接通。

输入选择器也是一个集成电路（IC）中的半导体器件，被选中的输入开关信号以二进制信号送至 ICU 中。在这一过程中，其他未被选中的输入信号仍处于待动的状态。

⑤ 带数据存储的输出选择器（或称输出锁存器）。输出选择器的原理示意图如图 4-4 所示。从图 4-4 中可以看出，输出选择器除了数据流向相反之外，与输入选择器很相似。在每个处理过的程序步之后，将 ICU 输出的"二进制"处理结果用信号送入输出选择器。选择器根据程序存储器的地址指令将信息送至输出选择器的某个输出端。

输出选择器的每个输出信号由其本身的数据存储，它将保证在有关程序步之后保留输出信号的最后数量。

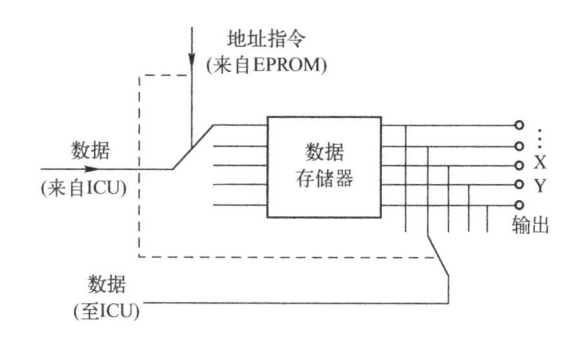

图 4-4 输出选择器原理示意图

数据流向还可向相反方向进行，即从输出选择器回到 ICU，若按程序指令，某些输出信号还由 ICU 处理。

所有输出选择器的实际输出将借助放大器，实现对各种电控部件（如继电器、接触器、信号装置等）的控制。

输出选择器也是一个集成电路（IC）半导体器件。

⑥ ICU 数据处理器（工业控制单元）。在 Miconic-L 控制系统中，我们应用一个所谓的"一位微处理器（ICU）"，它带有所有必需的逻辑基本功能（如"与"、"或"、"与非"、"或非"等），这样就能完全满足电梯的控制要求了，其结构示意图如图 4-5 所示。

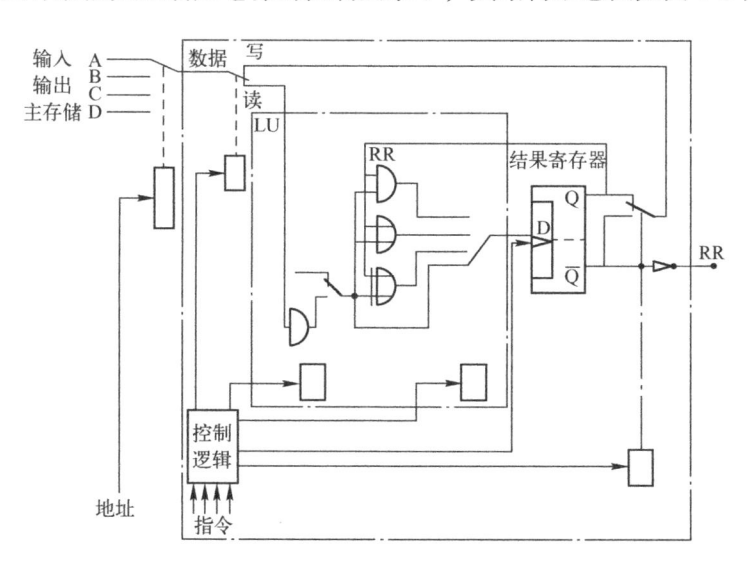

图 4-5 ICU 数据处理器结构示意图

写入 EPROM 的程序可进行串行逻辑运算（基本功能），运行着的程序不仅触发 ICU 内每一阶段的必要的计算器运算，而且还要保证正确无误地输入与输出（通过所谓的数据总线与 ICU 连接）。程序也控制 ICU 计算结果存储于适当输出或中间暂存器 RAM 中。通过 ICU 的所有数据以"二进制"码进行处理，即任何给定信息不是"0"（逻辑 0）就是"1"（逻辑 1）。

（2）Miconic-L 微机系统中 ICU 的指令。在该系统中 ICU 共有 16 条指令，见表 4-1。

表 4-1　Miconic-L 系统中 ICU 的 16 条指令

指令代码		助记符	动　作
十六进制	二进制		
0	0000	NOPO	无变化
1	0001	LD	存数送入 RR
2	0010	LDC	存反送入 RR
3	0011	AND	逻辑与运算"数据"·RR→RR
4	0100	ANDC	与运算"数据反"·RR→RR
5	0101	OR	逻辑或运算"数据+RR"→RR
6	0110	ORC	或运算"数据反+RR"→RR
7	0111	XNOR	异或非运算"数据≡RR"→RR
8	1000	STO	RR 输出→数据
9	1001	STOC	RR 输出反码→数据
A	1010	IEN	送数到输入寄存器
B	1011	OEN	送数到输出寄存器
C	1100	JMP	程序计数器跳跃到所选择的地址
D	1101	RTN	程序计数器返回到零（软件复位）
E	1110	SKZ	如果 RR=0，跳过下条指令
F	1111	NOPE	无变化

3. Miconic-L 系统中的"软件"基本概念

在 Miconic-L 控制系统中的一个重要部分是"软件"系统，理论上是不能分割的，但从其所起的作用可分为下述几个主要环节。

（1）扫描器。

① 作用。经连续扫描后可以判定电梯轿厢的瞬时位置及内、外召唤信号的层楼位置，从而有可能为决定出电梯的运行方向做好准备；其次是通过扫描器使微机系统与电梯控制系统进行有机的联系。

② 原理。该扫描器是 1 个 5bit 的"加 1"和"减 1"的二进制计数器，也可以说是一个步进开关，其原理如图 4-6 所示。由于它只有 5bit，因此它的变化次数为 $2^5=32$ 次，即最多可以表示 32 个层楼。但实际上"0"层是不用的，而用做转换方向之用，因此从这里可知 Miconic-L 的控制系统只能用于 31 层以下的电梯。

扫描器的步进是在计算机系统每进行完一次程序循环后（1plop）给出一个脉冲信号来步进的。图 4-6 中的高二位是分组信号，低三位是计数信号。

（2）选层器。

① 作用。直接指明电梯轿厢的实际位置（停止、检修、校正运行时）并控制所需的应有位置（即正常运行的超前位置）。这样控制系统通过选层器就可在内、外召唤信号作用下正确地定出电梯运行方向及准确的到达目的层楼。

② 原理。该选层器也是一个 5bit 的"加 1"和"减 1"的二进制计数器，也可以说是一个步进开关。但是它的步进信号是从井道内的层楼磁开关信号（即电梯轿厢的位置和电梯的运行方向等有关信号）来步进的。当电梯在检修、校正、消防、紧急供电和短层距时是直接步进的。

"软件"选层器的原理如图 4-7 所示。

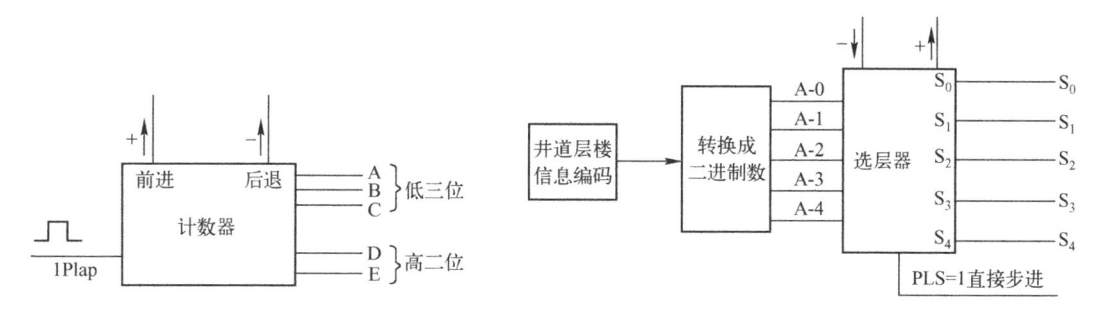

图 4-6 扫描器原理框图

图 4-7 选层器原理框图

(3) 内、外召唤信号的登记及记忆。

① 作用。是把内外乘客的召唤指令信号经记忆锁存器送入输入选择器,经选择后送入微机系统,以"软件"形式与选层器(电梯的位置)比较后即可决定出电梯的运行方向。

② 原理。其原理如图 4-8 所示。

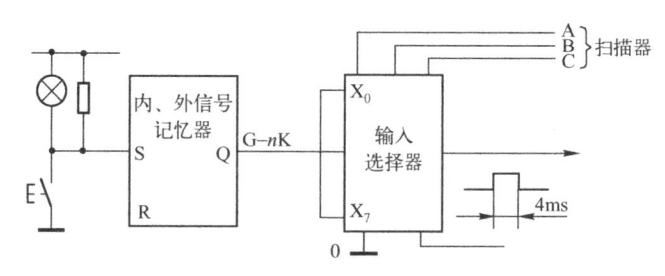

图 4-8 内、外召唤信号的登记及记忆的原理框图

但是这里要说明的是:对轿内指令信号是与电梯运行方向(或是说与扫描器方向)无关,仅与有无封锁信号有关;而各层厅外召唤信号不仅与封锁信号(如超满载、直驶不停、独立专用运行等)且与电梯的运行方向(也即扫描器的扫描方向)有关。

(4) 电梯运行方向的产生。

① 作用。是电梯运行的充分与必要条件之一,是任何电梯必不可少的一个环节,保证在有内、外召唤信号的条件下,可靠地决定出电梯的运行方向。

② 原理。利用内、外召唤信号与选层器的电梯瞬时位置经比较器(软件)后,自动决定出电梯的运行方向,其原理如图 4-9 所示。

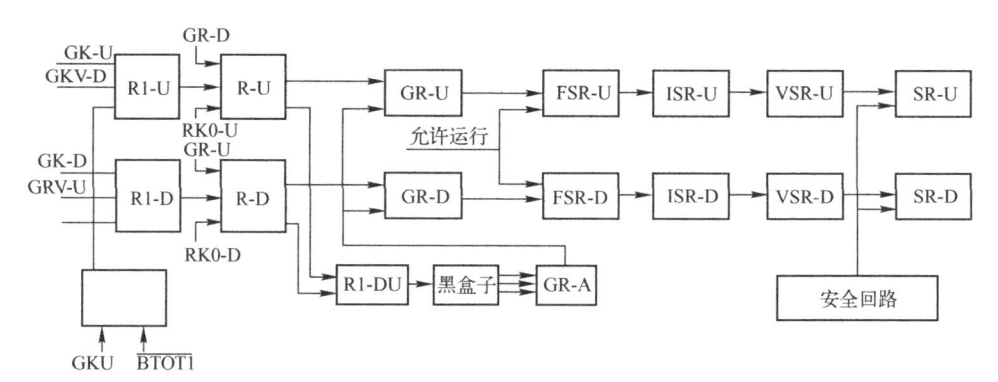

图 4-9 电梯运行方向(软件)产生的原理框图

在图4-9中，关键的问题是如何将断续的脉冲量转换成长期作用的量，从图4-9中可以看出，主要是通过一个"黑盒子"（事实上是一个"软件延时器"）把断续的脉冲量信号转换成常量信号。

（5）开、关门控制。

① 开门。在正常运行时，当电梯制动减速至速度小于0.5m/s时，才有可能开门，在电梯到达门区时，尚须"硬件"（门区磁开关）配合后才能开门，另外尚有"本层开门"、夹人或超载时的"重新开门"等。

② 关门。在无司机时延时自动关门、关门按钮关门和强迫关门等多种情况。

无论是开门还是关门均是通过"软件"和"硬件"的配合而实现的。

（6）启动、加速控制。当电梯系统从 Miconic-L 控制系统中的"软件"方面得到确定的运行方向和门已关好的信息后，电梯即可得到允许启动和加速的"软件"信号，从而通过执行元件（"硬件"——接触器、继电器）使电梯按预定方向启动运行，并加速至稳定速度。

（7）制动减速命令的产生。

① 选层器步进（电气超前）的条件。

a. 有内、外召唤命令时。

b. 自动返回基站时。

c. 检修等状态时。

以上均需要在电梯启动的瞬间且在门区内发出。

② 制动减速命令的发出。与电梯速度有关，当 $v \leq 1$m/s 时，减速命令由"软件"发出；而当 $v > 1.0$m/s 时则由"硬件"——井道磁开关发出。但在两端站时则由硬件和软件一起发出。

③ 制动减速的监控。发出减速信号后，经一定时间后电梯尚未减速时，则通过"软件"使电梯立即停车掣停。

（8）Miconic-L 系统中"软件"应用实例——最小负载（空载）的控制。为防止出现某些乘客在离开电梯轿厢后将所有轿内操纵箱上的指令信号都登记上而轿厢内空无一人时的层层运行停车的浪费现象，在 Miconic-L 系统中设有最小负载控制环节，这样即使操纵箱上的全部指令信号都登记上，也只能空运行最近的一个层楼（相对的）后就立即把登记的全部指令信号消除掉，即在空载情况下只能空运行一次，其"软件"模块原理如图4-10所示。

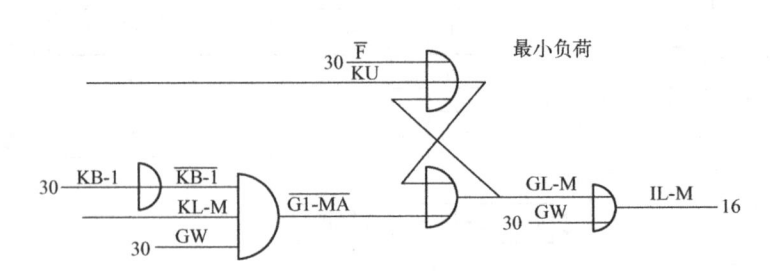

图4-10 最小负载控制"软件"模块原理图

其程序清单见表4-2。

表4-2 Miconic-L系统中最小负载控制的软件程序清单

程序清单行序号	十六进制的双程序步数	十六进制的程序步	十六进制指令	十六进制地址指令	指令的助记符	外部功能存储单元的十进制地址	被存储功能的附加说明
0268	C516	28B	1	112	LD	KL-M	
0269	C518	28C	4	04F	ANDC	M79	KB-1
0270	C51A	28D	3	04D	AND	M77	GW
0271	C51C	28E	8	036	STO	M54	TEMP:1（GL-MA）
0272	C51E	28F	1	009	LD	M9	NP
0273	C520	290	5	147	OR	KU	
0274	C522	291	5	071	OR	M113	GL-M
0275	C524	292	4	036	ANDC	M54	TEMP:1（GL-MA）
0276	C526	293	8	071	STO	M113	GL-M
0277	C528	294	5	04D	OR	M77	GW
0278	C52A	295	8	072	STO	M114	IL-M

4. Miconic-L控制系统用于多台电梯时（群控）的功能

Miconic-L群控系统能实现Miconic-L区域控制，即使电梯上、下行调配电梯轿厢至运行区域的各个不同服务区。所有的服务区段都集中统一调配，并分配给群控梯中各个具体的电梯。这种区域的位置与范围均由各台电梯"通报"的实际工作情况所确定，并随时予以监察。

Miconic-L群控系统能自动适应最常见的交通条件，从而保证了在下列各交通情况下具有最少的候梯时间和最大限度地利用现有的交通能力。

（1）空闲交通。
（2）一般至繁忙的分散交通。
（3）大楼某些区域呈现繁忙交通（ZSP）。
（4）大楼内某些特定层楼呈现繁忙交通（ESP）。

从图4-1中可以看出，根据当时实际区域的分配情况，能把所有的外召唤指令信号经群控部分的程序印板和接口印板（或称多路分配器）分配到该梯群中的各台电梯中去。

若这些电梯停留着且还未登记召唤信号，那么一个停着的空闲轿厢的运行区域就会向邻近轿厢延伸一半路程。

当所有电梯轿厢已明确分配运行方向时，这些轿厢中的任何一台电梯均将应答那些厅外召唤信号，即应答其本身位置与邻近轿厢位置之间某点的召唤信号。

上述的Miconic-L区域是依据对各层厅外层站的召唤信号及轿内指令信息的循环扫描。该扫描活动由一个不停止的扫描器来执行，它记录着分配电梯的楼层计数器的读数。而每一个楼层计数器与扫描器同步运行，并且把涉及的轿厢实际位置取为0点，计数装置不断地相互进行对比；通过组合逻辑运算做出判断，判定出所有电梯中离现行的扫描状态最近的一台电梯，并把厅外层站的召唤信号分配给有关的空闲电梯。这种连续不断的循环扫描保证及时判定瞬时的交通形势，它理想地辅助了Miconic群控集选控制，并使其具有惊人的适应性及应变交通的能力。

现就上述 4 种交通情况简述如下。

(1) 空闲交通在这种情况下，群控系统中仅仅有部分电梯进行工作，即其余电梯轿厢空闲等候。为了保证尽快应答那些厅外召唤信号，空闲轿厢中有一台电梯停留在基站，而其他所有轿厢被分散到整个运行行程上。空闲轿厢自动返回基站（或称主层楼），若可能，自始至终至少应让一台电梯停留在基站上。

假如基站没有电梯，而正在运行中的电梯轿厢中没有一台发车的终点站是基站，那么处于最便利位置的空闲轿厢将自动地直接返回基站。

在这个过程中（即返回基站的过程中），基站上的任何厅外召唤信号均不予应答；而对基站下面的那些厅外召唤信号，则空闲轿厢经过基站（不停）而给予应答服务。

空闲轿厢的发车条件为：为了使各层楼的候车时间尽量缩短（即使在闲散时间内也是如此），所有空闲轿厢将从分布在整体服务区域的各处调度发车。实际上大楼应划分成像一组群控电梯台数一样多的分段服务区，这一点可以通过接口印板上的二进制超小型开关触点的设置而实施。为了有利于交叉发车，各分段服务区域须包括一个停车楼层，这样不论什么时候，该区域内没有轿厢时，这些停车楼层就会活跃起来。若碰巧有一台电梯进入这一服务区域内，那么这一区域内的任何一层都可看做停车楼层。每台电梯轿厢均可停在各服务区域的任何一层或各"停车楼层"的任何一个层楼。

假如在任何一个服务区域内有一台以上的空闲轿厢，而其他的某一服务区域内没有空闲轿厢，则在这个没有空闲轿厢的区域内就会产生一个模拟召唤信号，使有一台以上空闲轿厢的区域内多余的空闲轿厢立即自动运行至没有空闲轿厢的区域。这些模拟召唤信号是出现在交通不忙的服务区域的停车楼层上。

(2) 一般到繁忙的分散交通。这一情况就是从大楼各处有大体相同数量的厅外召唤信号登记，并有大体同等数量的乘客用梯。这类交通情况，Miconic 的区域控制就能应付，因为 Miconic 的服务区域是随时在变更的。

(3) 大楼某些特定区域内呈现繁忙交通（ZSP）。这种交通情况发生在一天的某段时间内，大楼的某个区域内出现溢出的电梯内、外召唤信号（如在某区域内出现 4 个以上的内、外召唤信号时定为溢出），则该区域称之为区域负荷中心（ZSP），说明该区域内交通十分繁忙；其他区域内的空闲轿厢自动去应答 ZSP 内溢出的厅外召唤信号。使得拥挤的交通情况就会缓解。

区域负荷中心（ZSP）内的召唤信号比往常更快速的一个接一个地得到服务。这样在短时间内该区域内的召唤信号数量也会随之减少。

溢出的数量设定是通过每台电梯的可调计数器进行检测的。

(4) 某层楼呈现繁忙交通（ESP）。这种工作状态往往发生在某一层楼会议室（或餐厅）散会时或其他活动等的特殊情况，此时在这一层楼连续使电梯满载并向一个方向运行（如向下运行），而电梯在满载情况下刚离开又出现与电梯运行方向相一致的厅外召唤信号（如向下召唤信号），我们就定义这种状态为层楼负荷中心（ESP）。在出现 ESP 的情况下，Miconic 系统就会把空闲轿厢调配至该层楼负荷中心的层楼，随之载客高峰也会迅速缓解。

在一般情况下，Miconic 的群控系统可以控制 2~4 台电梯。常用的是 2~3 台电梯的群控。

4.1.2 一位微机系统的附加控制功能

除了前述的主要控制功能以外，Miconic-L 控制系统还有很多可供客户选择的附加功能。

（1）有司机控制功能。Miconic-L 控制系统一般为无司机控制，在我国大多是有/无司机两用的，因此在软件（EPROM）中已写入有司机这一功能。

（2）独立运行（专用）控制功能。一般通过轿内操纵箱的专用钥匙开关实现此功能。在开关接通情况下，电梯只应答轿内指令信号而运行，而不应答厅外召唤信号，只有当钥匙开关复位后才恢复至正常运行状态。

（3）优先运行（直驶不停）控制功能。这一功能相当于一般乘客电梯的直驶不停控制，就是一次性不应答厅外召唤信号，待电梯制动减速后即可恢复正常运行。

（4）消防控制功能。有关这一控制功能的基本情况及其要求详见 1.6.3 节中的内容。在 Miconic-L 控制系统中的消防控制功能与上述一样，只不过在"软件"（EPROM）中总是要写入这一功能的。

（5）紧急供电控制功能。这一功能是专用于有自备发电机组的客户的，它也有 4 种类型，即 NS1、NS2、NS11、NS21，具体选用哪一种由客户决定。

（6）轿厢选择控制功能。这一功能专用于医院大楼内，由医生或护士接通某层厅外的专用钥匙开关后即可使电梯直达该层，以应付医疗抢救工作之急需。

该系统尚可有其他许多附加控制功能，这里不一一介绍。

4.2 VVVF 变压变频微机控制电梯

4.2.1 VVVF 变压变频微机电梯的自动控制系统

变压变频（Variable Voltage Variable Frequency，VVVF）电梯控制系统，是 20 世纪 80 年代国际上应用的最新电梯控制技术。该系统将交流电整流成直流电，再通过逆变器将直流电调制成不同电压、不同频率的交流电，以达到改变交流电动机转速的目的。VVVF 电梯控制系统，通过电压、电流和速度的信号反馈，由计算机对交流电动机进行精确调节控制，使电梯运行效率大大提高，使运行性能更加完善。VVVF 电梯控制系统由计算机及其输入/输出部件组成，其主要作用是对电梯的呼梯信号进行及时处理，决定电梯的运行状态和方式，以及启动与制动等电梯运行的所有控制，其先进的计算机组件和灵活的控制软件，使电梯性能和运行质量大大提高。该电梯也是一种由乘客自己操作的或有时也可由专职司机操作的自动电梯。电梯在底层和顶层分别设有一个向上或向下召唤按钮，而在其他各层站设有向上、向下召唤按钮各一个（集选控制）或一个向下召唤按钮（向下集选控制）。该电梯的所有召唤按钮箱上还设有电梯运行位置的数码层楼显示器和电梯运行方向的方向箭头灯。轿厢操纵箱上则设有与停站数相等的相应指令按钮。当进入轿厢的乘客按下指令按钮时，指令信号被登记。当等待在层外的乘客按下召唤按钮时召唤信号被登记。电梯在向上行程中按登记的指令信号和向上召唤信号逐一给予停靠，直至有这些信号登记的最高层站或有向下召唤登记的最低层站为止。然后，又反向向下按指令及向下召唤信号逐一停靠，每次停靠时电梯均自动进行减速、平层、开门。而当乘客进出轿厢完毕，电梯又自行关门启动，直至完成最后一个工作命令为止。若再有信号出现，电梯则根据命令位置自动定向，自动启动运行。若无工作命令，轿厢则停留在最后停靠的层楼。其电气电路原理参阅图 4-11，表 4-3 为其电气电路原理图元件代号说明。

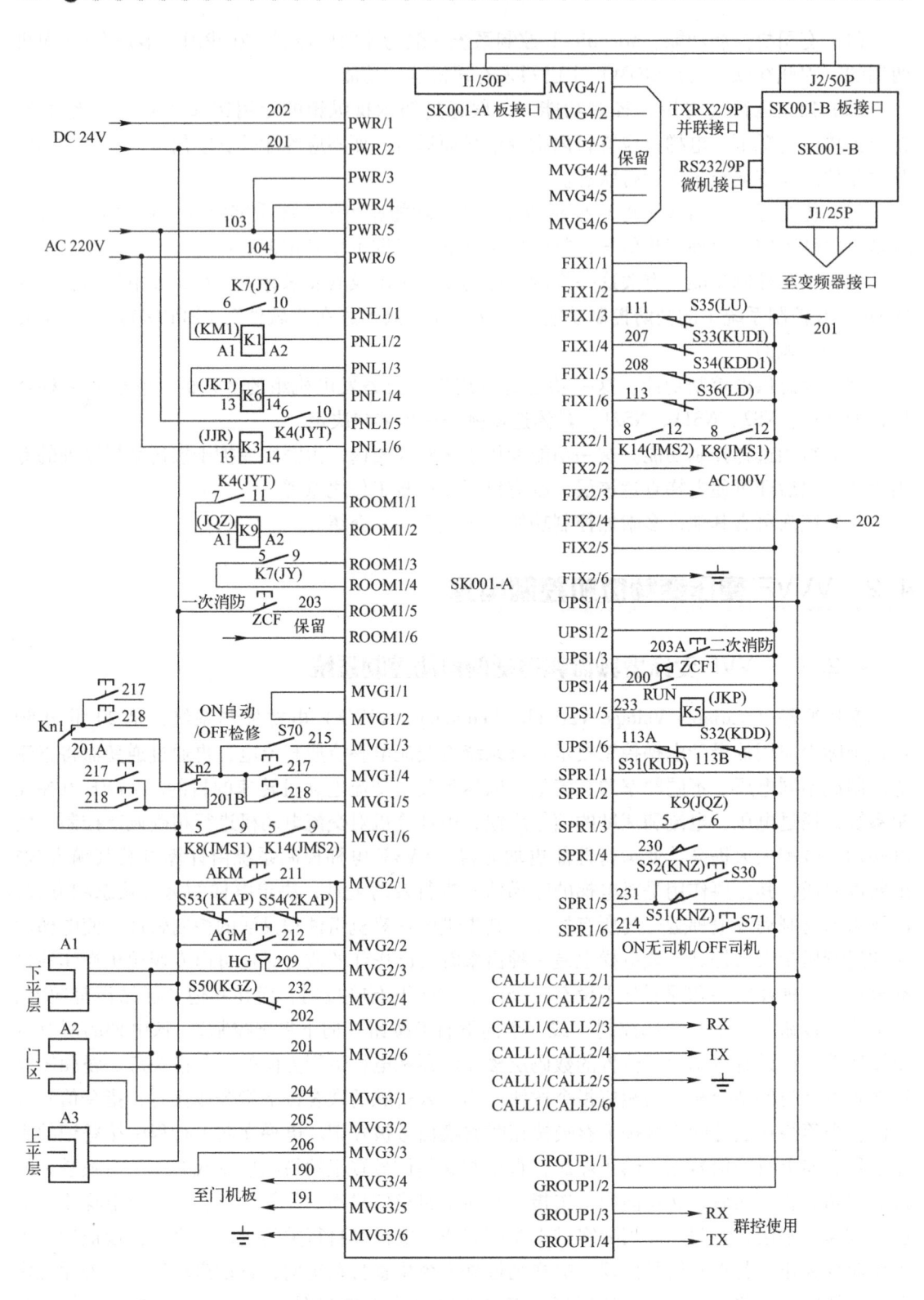

图 4-11（a） 微机集选控制变压变频调速（VVVF）乘客电梯电气原理图

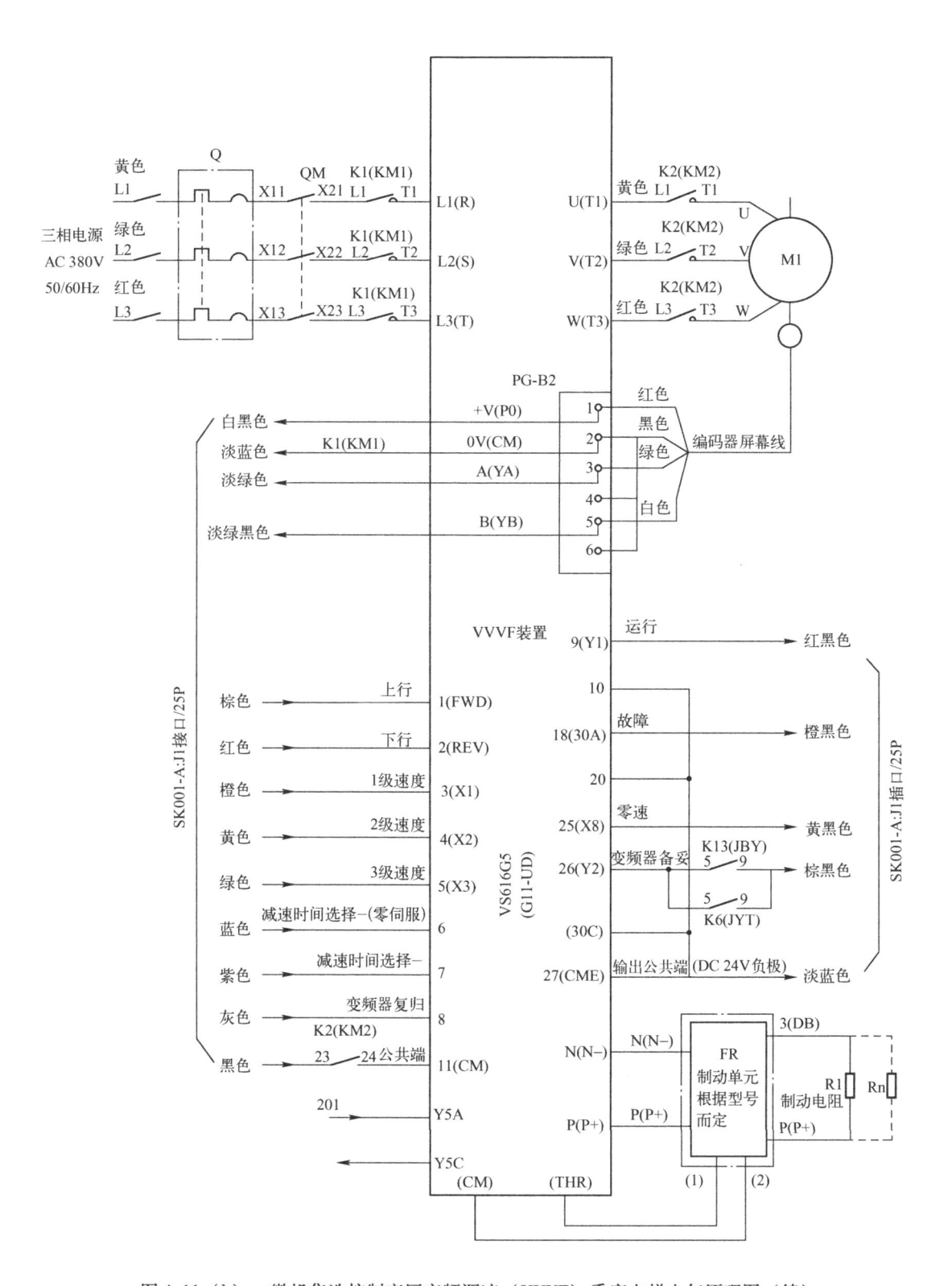

图4-11（b） 微机集选控制变压变频调速（VVVF）乘客电梯电气原理图（续）

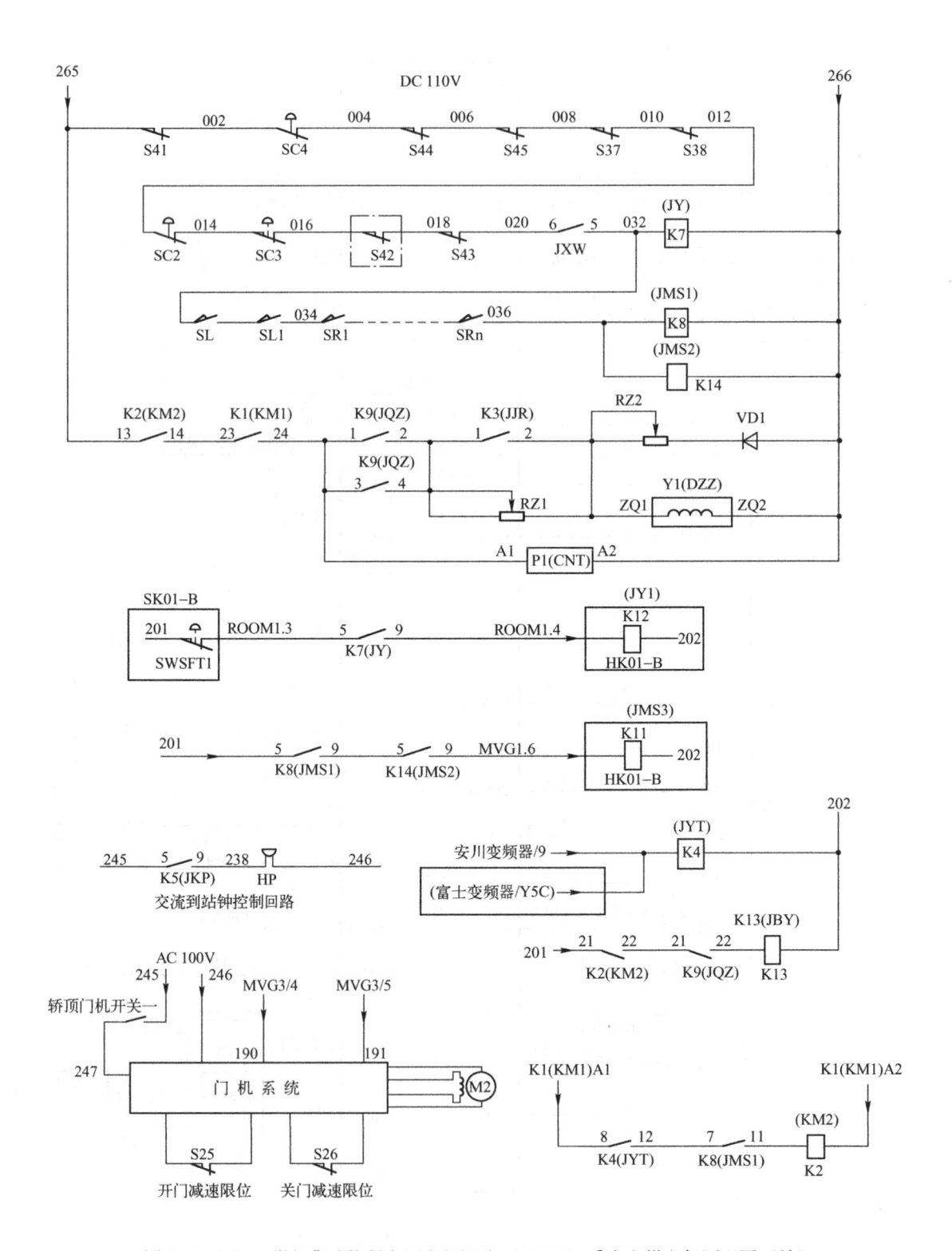

图 4-11（c） 微机集选控制变压变频调速（VVVF）乘客电梯电气原理图（续）

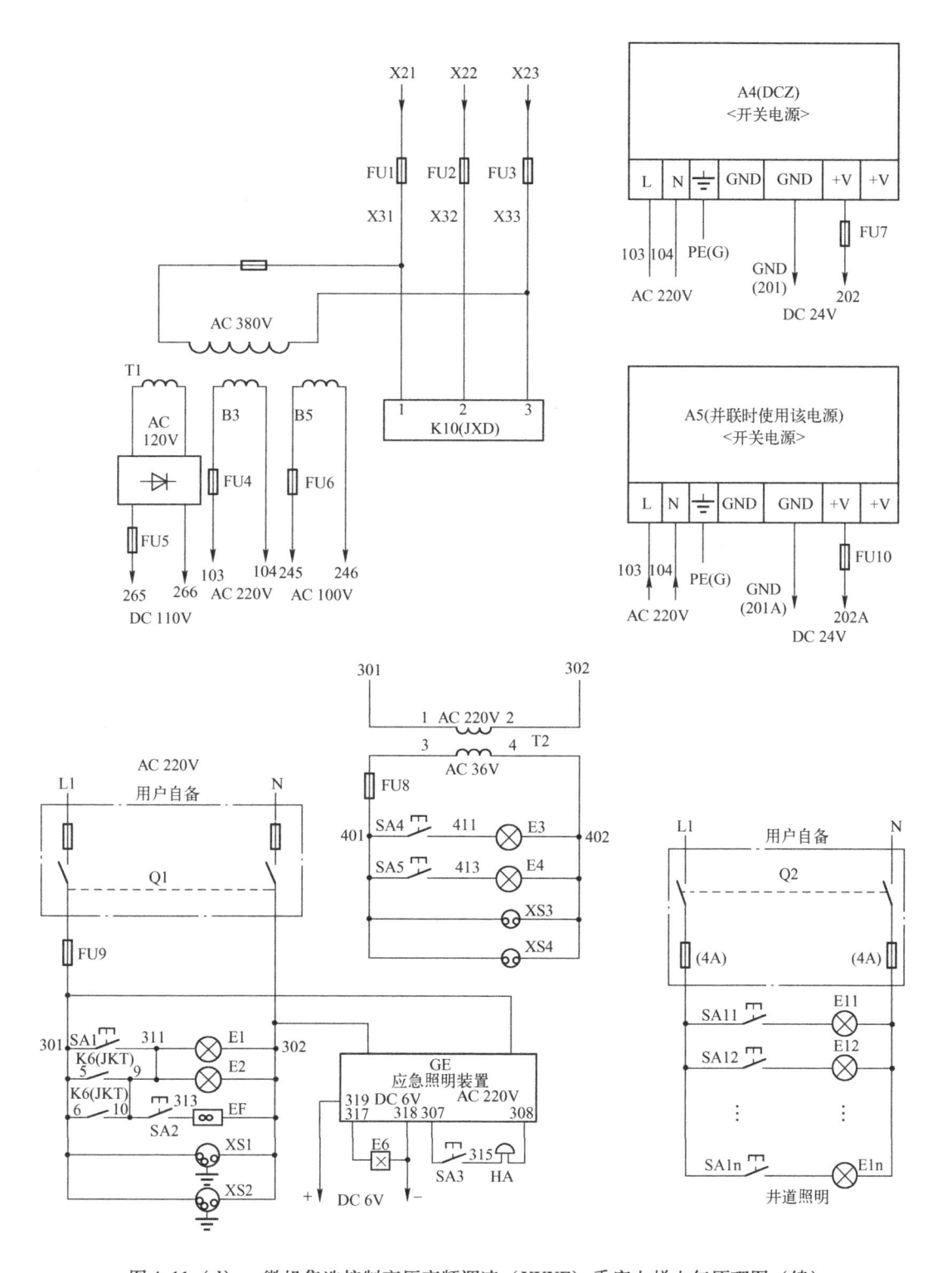

图 4-11（d） 微机集选控制变压变频调速（VVVF）乘客电梯电气原理图（续）

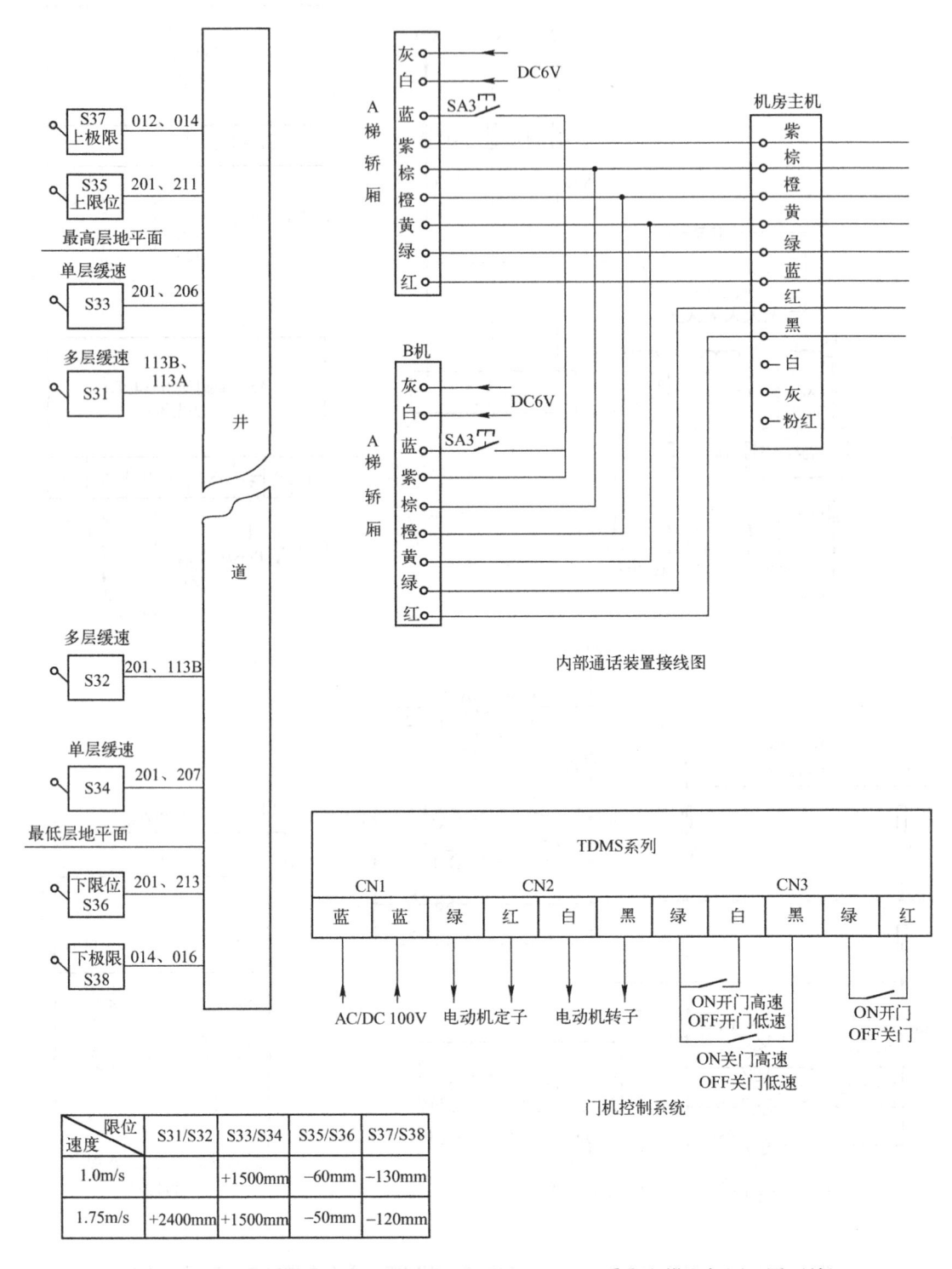

限位\速度	S31/S32	S33/S34	S35/S36	S37/S38
1.0m/s		+1500mm	−60mm	−130mm
1.75m/s	+2400mm	+1500mm	−50mm	−120mm

图4-11（e） 微机集选控制变压变频调速（VVVF）乘客电梯电气原理图（续）

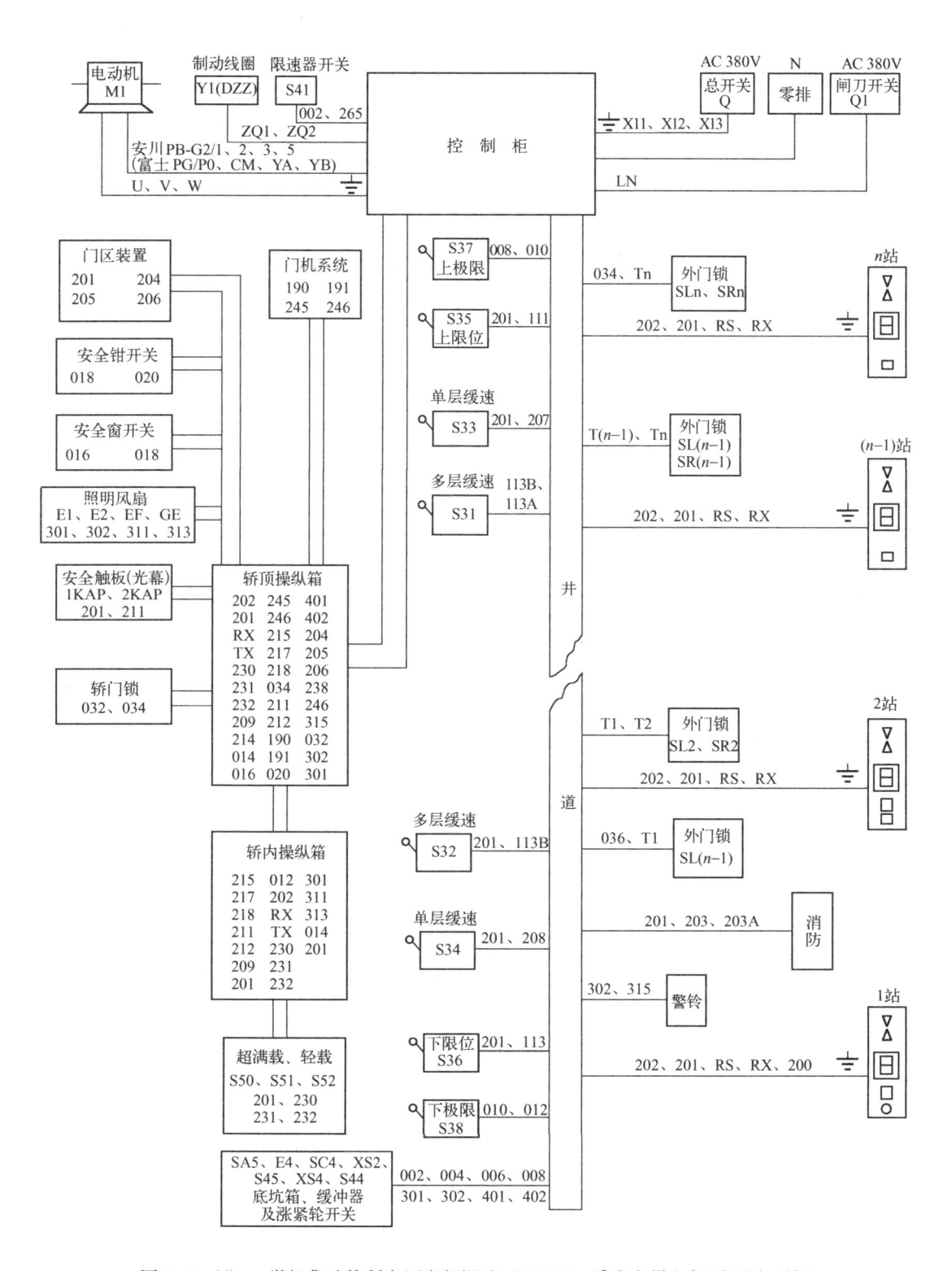

图 4-11（f） 微机集选控制变压变频调速（VVVF）乘客电梯电气原理图（续）

表 4-3 VVVF 乘客电梯电气原理图元件代号说明

代　号	名　称	型号及规格	置放处所	备　注
FU1～FU3	熔断器	DZ47-60/10A	控制柜	AC 380V 工作回路
FU4	熔断器	DZ47-60/3A	控制柜	AC 220V 工作回路
FU5	熔断器	DZ47-60/6A	控制柜	DC 110V 工作回路
FU6	熔断器	DZ47-60/3A	控制柜	AC 100V 工作回路
FU7	熔断器	DZ47-60/6A	控制柜	DC 4V 工作回路
FU8	熔断器	DZ47-60/3A	控制柜	AC 220V 照明回路
FU9	熔断器	DZ47-60/3A	控制柜	AC 36V 照明回路
VF	变频器	VS16-G5/G11-UD	控制柜	日本富士
SK001-A	微机板	KSCO VER1.0981019	控制柜	
SK002-B	驱动板	SKCO VER1.0981125	控制柜	
V1	二极管	6A10	控制柜	
RZ1，RZ2	电阻管	IRX20-T-75W 75Ω	控制柜	
A4（DCZ）	开关电源	S-100-24	控制柜	
K10（JXW）	相序保护器	XJ3-G	控制柜	
P1（CNT）	计数器	ZQF DC 100V	控制柜	
QM	空气开关	NF100-AS	控制柜	
K1（KM1）	主接触器	PW-SN AC 220V	控制柜	
K2（KM2）	副接触器	PW-3N AC 220V	控制柜	
K3（JJR）	维持电压继电器	COIL AC 220V	控制柜	
K4（JYT）	运行继电器	COIL AC 220V	控制柜	
K5（JKP）	到站钟继电器	COIL DC 24V	控制柜	
K6（JKT）	照明继电器	COIL DC 24V	控制柜	
K7（JY）	电压继电器	COIL DC 110V	控制柜	
K8（JMS1）	门锁继电器	COIL DC 110V	控制柜	
K14（JMS2）	门锁继电器	COIL DC 110V	控制柜	
K13（JBY）	备妥继电器	COIL DC 24V	控制柜	
K9（JQZ）	制动接触器	LCI-D129 AC 220V	控制柜	
R1～3	制动电阻	RXHC-20 72Ω/1kW	控制柜	
BR	制动单元	CDBR-4030/GU11	控制柜	
T1（TDY）	电梯变压器	TDT-2	控制柜	
T2（B1）	检修变压器	BKC-150VA，220V/36V	控制柜	
Kn2	机房检修开关	LAT5	控制柜	
Kn1	轿顶检修开关	LAY5	轿顶操纵箱	
SC4	轿顶急停开关	LAY5-11T（红色）	轿顶操纵箱	
ADS	慢上指令按钮	LA2	轿顶操纵箱	
ADX	慢下指令按钮	LA2	轿顶操纵箱	

续表

代　号	名　称	型号及规格	置放处所	备　注
HP	到站钟	3in AC 100V	轿顶操纵箱	
S50（KGZ）	超载开关	LXW5-11M 微动开关	轿底	
S51（KMZ）	满载开关	LXW5-11M 微动开关	轿底	
S52（KNZ）	空载开关	LXW5-11M 微动开关	轿底	
A1	下平层开关	Z3S-GS3Z4 DC 24V	轿顶	
A2	门区开关	Z3S-GS3Z4 DC 24V	轿顶	
A3	上平层开关	Z3S-GS3Z4 DC 24V	轿顶	
S31	上行多层强减开关	LX41（LX1370）	井道	
S32	下行多层强减开关	LX41（LX1370）	井道	
S33	上行单层强减开关	LX41（LX1370）	井道	
S34	下行单层强减开关	LX41（LX1370）	井道	
S35	上行限位开关	LX41（LX1370）	井道	
S36	下行限位开关	LX41（LX1370）	井道	
S37	上行极限开关	LX41（LX1370）	井道	
S38	下行极限开关	LX41（LX1370）	井道	
RUN	锁梯开关	LAW 型电门锁	召唤箱	
S30	直驶开关	AC 250V，10A	轿内操纵箱	
S70	自动/检修开关	AC 250V，10A	轿内操纵箱	
S71	有无司机开关	AC 250V，10A	轿内操纵箱	
LED	层外层楼显示器	OVT米8-97-2	召唤箱	
HS（DS）	上方向箭头灯	0.8in（绿）	召唤箱	
HX（DX）	下方向箭头灯	0.8in（红）	召唤箱	
XS1	检测电源插座	三眼 250V，10A	轿顶	
XS3	检视电源插座	二眼 250V，10A	轿顶	
XS2	检测电源插座	三眼 250V，10A	底坑	
XS4	检视电源插座	二眼 250V，10A	底坑	
E3	轿顶照明灯	36V，60W	轿顶	
E4	底坑照明灯	36V，60W	底坑	
SA1	轿内照明灯	AC 250V，10A	轿内操纵箱	
SA2	轿内风扇开关	AC 250V，10A	轿内操纵箱	
SA3	警铃按钮	ALA-SW-97-01	轿内操纵箱	
SA4	轿顶照明灯	LAY5	轿顶	
SA5	底坑照明灯	LAY5	底坑	
E1 E2	轿内照明灯	AC 220V，40W	轿厢	
SL30，SR30	轿门联锁开关	LX29-7/3 行程开关	轿顶	
SL1～SLn	层门联锁开关	2HT18F3 自动门锁	层门门框	快门

续表

代　号	名　称	型号及规格	置放处所	备　注
SR1～SRn	层门联锁开关	DS161	层门门框	慢门
HA	警铃	3in AC 220V	基层上坎架	
SA1～SAn	井道照明开关	拉线开关 5A	井道	
EI1～EIn	井道照明灯	AC 220V，60W	井道	
SC3	轿顶急停	LAT15-11T（红色）	轿顶操纵箱	
SC4	底坑急停	LAT5-11T（红色）	底坑	
SC2	轿内急停	AC 250V，10A（红色）	轿内操纵箱	
S41	限速器开关	UKS	机房	
S42	安全窗开关	UKS	轿顶	
S43	安全钳开关	UKS	轿顶	
S44	断绳开关	UKS	底坑	
M1	主电动机	三相 380V，15kW	机房	
S25	开门减速开关	LX29-7/3 行程开关	自动门机构	
S26	关门减速开关	LX29-7/3 行程开关	自动门机构	
S27	轿顶门机开关	LXY5	轿顶操纵箱	
M2	自动门电动机	110SZ 56/H3	轿顶	
HG	超载铃	701-2 DC 24V	轿内操纵箱	
AKM	开关按钮	IN-SW-D-97-01	轿内操纵箱	
AGM	关门按钮	IN-SW-D-97-01	轿内操纵箱	
AYS	上行启动按钮	TSH	轿内操纵箱	
AYX	下行启动按钮	TSH	轿内操纵箱	
ZCF	一次消防开关	KN3A 2 ×3	消防开关箱	
ZCF1	二次消防开关	KN3A 2 × 3	消防开关箱	选用
S45	缓冲器开关	UKS	底坑	
GE	应急照明电源		轿顶	
E6	应急照明灯	DC 6V，5W		
S54 S55	安全触板触点	LX-028	轿厢	
EF	风扇	QF-280 横流式风扇	轿厢	

4.2.2 有/无司机状态和自动检修状态的选择

电梯的轿内操纵箱上 S71 开关的闭合与否，决定该电梯是否处于无司机或有司机运行状态，当 S71 开关接通时电梯即处于无司机运行状态；断开时即处于有司机运行状态。当该电梯需要处于检修运行状态时，则只要断开轿内操纵箱上的 S70 开关即可。闭合 S70 开关，即使该电梯处于正常运行状态。但这里要注意的是：当轿厢顶上检修开关 Kn1 处于断开状态时，机房内控制屏上的检修开关 Kn2 不起作用，即在电梯处于检修运行时，首先要保证在井道内、轿顶上检修人员的人身安全。

4.2.3 自动开关门

该电梯的门机系统为 TDMS 系列,采用直流他励电动机(llSZ56/H3,110V)作为驱动自动门机构的原动力,并利用对其电枢进行串、并联电阻的方法对电动机进行调速,控制和调节开关门的速度,其功能均是由该电梯系统的计算机板(SK001-A)中预先设定的程序而自动实现的。

电梯准确停靠到层楼平面,门完全开启后,计算机板中设定的自动关门延时时间到达一定时间(一般为 5~6s),使门机的电子调速板工作,并执行关门程序,其门机调速过程与前述几种电梯系统相似(因门机电动机也是 llSZ56/H3 直流伺服电动机);若认为延时关门时间太长,也与前几类电梯一样,可以通过揿按轿厢操纵箱上的关门按钮 AGM 或立即揿按其上的指令按钮,使电梯立即关门或很快关门。当电梯将要到达目的层楼,并进入慢速平层时,门区开关动作为自动开门做好准备。

该电梯控制系统所具有的功能与前述几种集选控制电梯系统一样。在电梯未运行前,也可实现"开门"按钮(AKM)开门,或安全触板(或光电装置被遮断)开门,或本层层外开门功能。同样检修或消防运行时的开关也相类似,由于该电梯控制是 16 位计算机控制,可以实现的功能,比前述几种电梯控制系统多得多,这里不再详述。

4.2.4 电梯运行方向的产生、保持和有司机时的换向

电梯行驶方向的产生,与前述控制系统相同。但该电梯的位置信号是由安装于曳引电动机轴端的编码器(PG-B2)和门区开关的配合而自动测量、记录各个层楼间的高度及电梯运行的总高度,并送入计算机板上的 Fnl.5,同时以检修速度由下至上,再由上至下全程运行一个周期而得到的,这样电梯的位置信号与内外指令、召唤信号的位置可以进行比较,在位置信号上方的定上行方向,而在其下方的定下行方向。

对于电梯运行方向的保持和有司机时的换向,按任何集选控制系统的要求,只要在电梯轿厢的上方有任何内指令信号或外召唤信号存在,电梯将始终保持上行方向。但电梯处于有司机工作状态时,若司机因个别特殊乘客的要求而要改变原已定的运行方向,则司机可以通过揿按轿内操纵箱上 AYS(或 AYX)按钮而换向,但这时必须记住,只有电梯停在层楼平面处,电梯尚未启动运行,若电梯已在运行,则绝不允许换向!这是任何电梯控制系统最基本的安全要求。

4.2.5 电梯的启动、加速和满速运行及减速停车运行

1. 在无司机工作状态下的启动

设电梯停在底层,轿内乘客欲去 5 层即揿按轿内操纵箱上"5"层指令按钮(该按钮为微动按钮,它是通过将指令由控制屏主计算机板经输出接口传输至轿厢操纵箱内专用编码印板而工作的)或在 5 层门外召唤揿按向上按钮,经过计算机板(SK001-A)处理后自动定出上行方向,并由轿内操纵箱上的指令编码印板或 5 层门外召唤按钮箱内的召唤印板信号记忆(灯亮)。与此同时,若无意外情况发生,则在 5s 左右,电梯自动关门启动运行。

2. 加速和满速运行

该电梯的驱动调速系统选用日本安川公司的矢量型（VS61G5）或日本富士电气的Gll-UD变频器。此变频器性能优良，具有S形曲线，有多种速度可任意设置。尤其是在零速时可输出1.2倍额定转矩。这使得电梯启动和加速非常平稳和舒适，而且抗干扰，可靠性很高。

3. 制动减速和停车

在电梯由底层向上运行并将要到达5层前，自动发出制动减速信号，这个减速点的确定是由装于曳引电动机轴端PG-B2编码器和SK001-A主计算机板上的高速计数器经运算后确定的，它发出信号的迟与早与电梯的额定速度有关，在安装调试完毕，这个距离和时间是不会变的，在计算机板（SK001-A）中存储和记忆，并进行监控和保持。特别是在上、下两端站，除了计算机板中的保护环节外，还有机械位置（距离）加以保护。当电梯发出减速信号后，由计算机板指令变频器的多段速度（S曲线）变化为低速度，并经其自身系统进行制动减速，当速度下降至0.33m/s时，电梯也已进入平层区，为以后的停车开门做好准备。当电梯确已进入准确平层位置（误差为+4mm）时，变频器输出"零速"转矩，然后制动器（抱闸）线圈断电制动，即所谓"零速抱闸"，使电梯在毫无知觉情况下停车。

4.2.6 单层和多层运行

该电梯系统的速度调节范围很大，可适用于1.0~1.75m/s的速度，所以当电梯仅运行一个层距（一般为3.0m左右）时梯速是不能达到1.75m/s的，因启、制动的加、减速度受到电梯技术标准的限制（即小于等于1.5m/s）。因而在实际运行中为了保证运行一个层距和两个层距均有较高的运行效率，该电梯系统也设有单层（仅运行一个层距）和运行两个层距以上的多层运行控制。因该电梯是全计算机控制的系统，能自动根据内、外指令信号与电梯位置信号的比较判定出某一次运行是单层还是多层，从而经计算机输出接口，令变频器的S形曲线选择单段速或是多段速运行状态。

4.2.7 电梯的安全保护和其他灯光信号指示等

1. 电梯的安全保护环节

该电梯系统是变压变频（VVVF）全计算机（SK001）控制的乘客电梯。具备了常规电梯必须有的安全保护环节，如内、外门锁保护（SL1~SLn，SR1~SRn，SR30和SL30），限速器开关（S41）、安全开关（S43）、限速器绳松弛开关（S44）、缓冲器开关（S45）、主曳引电动机的过载及短路保护，供电系统的缺相保护等。同时还具备了驱动调速装置（变频器）的多种保护，其进线和出线则遵循GB 7588—95《电梯制造与安装安全规范》中第12.7.3条规定的保护（KM1和KM2接触器）。在电梯井道内的上、下两端站均有多个保护环节（见VVVF电梯电气接线图）。

2. 灯光信号指示

该电梯采用的灯光信号指示均不是前述几种电梯中所采用的灯光显示，而是发光二极管

及其所组成的数码显示系统，这些器件除了节电之外，还具备寿命长、可靠性高等特点

技能训练 11

1. 实习目的和要求

（1）了解 VVVF 变压变频微机控制电梯。
（2）掌握 VVVF 变压变频微机控制电梯电路的动作过程和原理。

2. 设备、工具

VVVF 变压变频微机控制电梯控制柜、常用电工工具。

3. 实习内容

（1）元件识别：掌握有关电气元件的文字符号和实际安装位置。
（2）模拟操作：掌握在电梯控制柜上正确进行静态（未挂轿厢）模拟电梯运行操作。
（3）动作元件：在电梯控制柜中找出电梯电路运行时相应动作的元件。
（4）动作过程与原理分析：写出 VVVF 变压变频微机控制电梯运行时元件的动作过程并根据原理图分析其工作原理。
（5）故障排除：了解 VVVF 变压变频微机控制电梯电路常见的故障现象，分析其原因并排除。

4.3 现代 60-VF 变频调压电梯

60-VF 电梯是韩国现代电梯有限公司的产品。该种电梯由交流变频调压控制系统控制，梯速为 1m/s，运行平稳，舒适感好，平层精度高，故障率低，节省电能，噪声低，机房占地面积小，适用于公寓和饭店。

4.3.1 控制柜简介

控制柜电路基本分 3 部分，一是控制电路板部分，一个是继电器部分，再一个就是调频调驱动部分。

1. 控制板部分由 6 种电路板组成

主要有电源板、计算机板、呼叫输入板、功能板、控制板和通道板。
（1）电源板（POWER Bd）：该板为其他各板提供电源。该板输入的是交流 110V 和直流 24V 电源，经整流、稳压处理后，输出一个标准的直流 24V 和一个标准的直流 5V 电源供各板使用。

该板上有两个发光二极管，当上部红色的发光二极管发光时，说明直流 5V 电源正常；当下部的绿色发光二极管发光时，说明直流 24V 电压正常。反之，如果以上某个发光二极管不发光，则说明其所监视的电源不正常，此时须检查电源开关和相应的连接线是否完好。

直流 5V 电压是如下变换的。

① 输入：100/120V 交流电压，0.4A，50/60Hz。

② 输出：DC 5V, 3A。

(2) 计算机板（CPU Bd）：计算机板是一块具有输入/输出功能的电梯系统的总程序板，它有两个功能：接受输入板的输入信号并按程序输入；输出信号。计算机板电路有 6 个部分：CPU 电路，I/O 电路，记忆电路，放大电路，试验电路和网络通信电路。

在该板上有两个发光二极管：一个红色，一个黄色。当红色发光二极管发光时，说明该板的 5V 直流电源正常。黄色发光二极管发光时，说明检验电路正常。如果黄色发光二极管灭了，则说明系统有故障。系统故障一般来自两方面，一个是电源故障，另一个是输入信号故障。如果发生扫描跳动，那也是故障。故障被 CPU 检查发现后，黄色发光二极管熄灭，系统停止工作。

(3) 呼叫输入板（CALL Bd）：呼叫输入板的功能是传递轿内呼梯信号和候梯厅呼梯信号到 CPU 板。呼叫板由 3 块相同的板组成：轿内呼叫板，候梯厅上行呼叫板，候梯厅下行呼叫板。某一块板到底要完成哪些功能，取决于该板上开关 SW1 的状态，见表 4-4、表 4-5 和表 4-6。

表 4-4　1~8 层

开关号＼功能	1	2	3	4	5	6	7	8	端子板
轿内呼梯	1	1	0	0	1	0	0	0	TA1
厅呼梯 UP\DN	0	0	1	1	1	0	0	0	TBU1

注：表中 1 表示 ON（开）；0 表示 OFF（关）。

表 4-5　1~16 层

开关号＼功能	1	2	3	4	5	6	7	8	端子板
轿内呼梯	1	1	0	0	1	0	0	0	TA1
厅呼梯上	0	0	1	1	1	0	0	0	TBU1
厅呼梯下	1	1	0	0	0	1	0	0	TBD1

表 4-6　1~31 层

开关号＼功能	1	2	3	4	5	6	7	8	端子板
轿内呼梯	1	1	0	0	1	0	0	0	TA1
	0	0	1	1	1	0	0	0	TA2
厅呼叫上	1	1	0	0	0	1	0	0	TBU1
	0	0	1	1	0	1	0	0	TBU2
厅呼叫下	1	1	0	0	0	0	1	0	TBD1
	0	0	1	1	0	0	1	0	TBD2

(4) 功能板（FUNCTION S/W Bd）：功能板完成功能信号传递任务。通过控制柜外部的传感器或者开关和控制柜内部的继电器接触器完成系统的有关功能，如开门、关门、自动/

手动操作等。它由两块相同的板组成，具体哪块板有哪些功能，通过该板上8WI开关来选择，见表4-7。

表4-7 功能板确定

开关号 功能	1	2	3	4	5	6
标准功能	1	1	0	0	1	1
选择功能	0	0	1	1	0	0

标准功能板只完成为电梯配备的标准功能，如自动/手动、开门、关门等。

选择功能板完成根据客户提出的要求而配备的功能，如地震感知功能、火警返回功能等。

标准功能板上的开关2决定轿门开门后延时关门的时间，在0~7s的范围内可调。调节延时关门时间的开关位置见表4-8。

表4-8 延时关门时间调整表

开关号	秒	0	1	2	3	4	5	6	7
1		0	1	0	1	0	1	0	1
2		0	0	1	1	0	0	1	1
3		0	0	0	0	1	1	1	1

标准功能板和选择功能板上的发光二极管发光时，代表某些功能实现，见表4-9。每块板上有16个发光二极管，每个发光管代表着一种功能，这为电梯维修人员检查电梯提供了方便。

表4-9 发光管代表的功能

板名 灯序	标准功能板	选择功能板
1	EM 外部安全	EQ 地震
2	不用	不用
3	ICT 自动/手动	不用
4	PLU 上限位	FRS 火警返回开关
5	PLD 下限位	FCS 轿内火警开关
6	不用	FHS 警员开关
7	MTH 电动机温度	IND 独立运行开关
8	POT 制动器开关	不用
9	SUP 检修上行	K5K 员工专用
10	SDN 检修下行	EMP 服务梯
11	DZ 门区	WT80 直驶
12	ATT1 司机专用开关	不用

续表

灯序 \ 板名	标准功能板	选择功能板
13	GL 门关	不用
14	DOL 开门限位	ATTD 司机下行
15	DOB 门开	ATTU 司机上行
16	DCL 关门限位	不用

(5) 程序控制板（SEQUENCE CONTROL Bd）：程序控制板接收 CPU 板输出的信号，并按程序发出控制信号来完成电梯的功能，如门开，关、自动、手动操作和电梯开、停转换功能。表4-10 是该板上发光二极管发光时表示的功能。

表 4-10　程序控制板发光管代表的功能

发光管序号 \ 板名	程序控制板
1	UR 上行
2	DR 下行
3	HSR 高速
4	OPR 开门
5	CLR 关门
6	HLU 厅呼叫上行
7	HLD 厅呼叫下行
8	不用
9	不用
10	UIR 上向
11	DIR 下向
12	不用
13	不用
14	ARR 到站
15	LCS 终端
16	不用

(6) 通道板（PIPLC Bd）：通道板的功能是将 CPU 的位置信号变换成层楼信号显示在屏幕上。

楼层号码编制可通过该板上 DIP 开关 J_1 来改变。

60VF 指层显示器有两种类型：点阵型（光管）和 12 段型（数码）。选择显示器的型式时需要相应调整 DIP 开关，见图 4-12（a）。

12 段型时 J_1 开关的位置见图 4-12（b）。层楼显示不同时可参照表 4-11 改变开关状态。

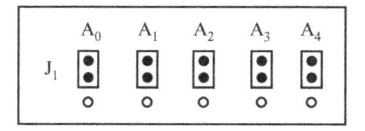

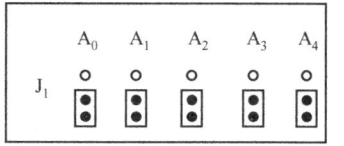

第4章 微机自动控制电梯

(a) 点陈型 J_1 开关位置　　　(b) 12段型开关位置

图 4-12　60VF 指层显示器

表 4-11　层楼显示开关状态表

层楼显示 \ 开关	1	2	3	4	5
1～31	0	0	0	0	0
B1～30	1	0	0	0	0
B2～29	0	1	0	0	0
B3～28	1	1	0	0	0
1～31 (4→F)	0	0	1	0	0
B1～30 (4→F)	1	0	1	0	0
B2～29 (4→F)	0	1	1	0	0
B3～28 (4→F)	1	1	1	0	0
1～31	0	0	0	1	0
-1～30	1	0	0	1	0
-1～29	0	1	0	1	0
-3～28	1	1	0	1	0
1～31 (4→F)	0	0	1	1	0
-1～30 (4→F)	1	0	1	1	0
-2～29 (4→F)	0	1	1	1	0
-3～28 (4→F)	1	1	1	1	0
模拟型	0	0	0	0	1

2. 继电器部分

继电器（如开门继电器、关门继电器、抱闸接触器等）承担了大电流开关量的工作。

3. 调频调压驱动部分

由大功率整流二极管和大功率晶体管模块组成的整流逆变电路，配以矢量控制、调频控制电路，组成了调频调压驱动部分。该部分将三相交流 380V 50Hz 电流整流成直流，并根据控制信号将直流逆变成 5～60Hz 的交流电输出，用以控制电梯的运行速度。

该调频调压驱动部分相对于其他电路来说是一个独立的装置。此装置虽然安装在控制柜内，但它自己有一个外壳，在外壳面板上有一个"数字控制器"。通过"数字控制器"可以改变驱动装置输出的电压频率和运行参数；也可以通过它检查逆变器的故障记录，为电梯现场操作和维修带来许多方便。

数字控制器外形如图 4-13 所示。

（1）DRIVE：红灯亮表示是驱动状态或程序状态。
（2）FWD/REV：红灯亮表示上行/下行。
（3）SEQ/REF：运行或停车信号/频率计数。
（4）PRGM/DRIVE：程序/驱动状态开关。
（5）DSPL：按下改变显示状态（只在驱动状态时）。
（6）JOG：按下慢车（只在驱动状态时）。
（7）DATA/ENTER：显示状态，在程序状态时，按下列键能改变内存。
① ＞：选择改变操作结果。
② ∧：数字增加。
③ ∨：数字减少。
④ RUN：运行时灯亮。
⑤ STOP：停止时灯亮。

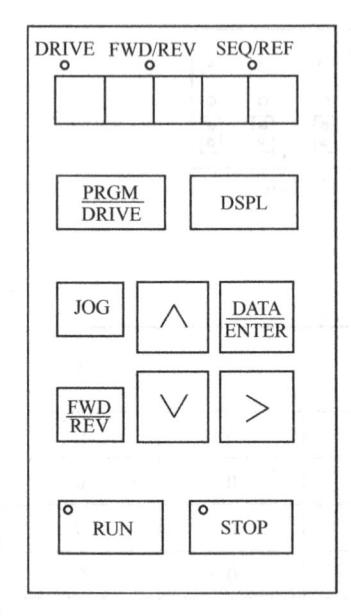

图 4-13　数字控制器外形

4.3.2　调试

调试工作分两步，首先是配线检查，其次是运行和调试，下面分步逐一叙述。

1. 配线检查

（1）准备工作。
① 清洁机房内和曳引机、控制柜上的尘土、油污。
② 清洁控制柜的输入/输出端。
③ 检查控制柜所有的接线端子螺钉是否紧固好。
④ 检查曳引机油位是否在油标范围以内。
⑤ 检查制动器操作动作和运动部件润滑情况。
⑥ 清洁井道。
⑦ 清除井道中可能与轿厢碰撞的异物。
⑧ 检查所有的螺钉和接线端子是否紧固好。
⑨ 检查门刀与每层门轮，地坎间隙应符合要求。
⑩ 检查缓冲器动作行程，检查限速绳张力轮运转情况。
⑪ 检查导轨接头及导轨外观是否受损。
⑫ 检查并清理底坑。
⑬ 检查轿厢（轿顶、轿壁）。
⑭ 检查所有的螺钉是否紧固好。
⑮ 检查所有的接线端子是否紧固好。
⑯ 打开控制柜的前门与后盖，检查控制柜内是否有损坏。

⑰ 根据图纸检查接线是否正确。
⑱ 检查机房总电源和所有的接触器、电抗器、变压器、制动晶闸管、电动机、逆变器与电源线的连接是否正确牢固，特别要检查 F1 熔断器的熔丝规格是否正确。

(2) 控制系统接线。

① 将建筑物内提供的电源"R、S、T"与控制柜电源端子的"R、S、T"可靠连接。如果将其与控制柜上的"U、V、W"连接，将可能烧坏逆变器。
② 用万用表检查制动器开关（BK）的接触情况（测量制动器的 UOM 和 B 点）。
③ 可靠连接电动机和控制柜间接地线。
④ 机房内金属软管应畅通，走向圆滑，见图 4-14。

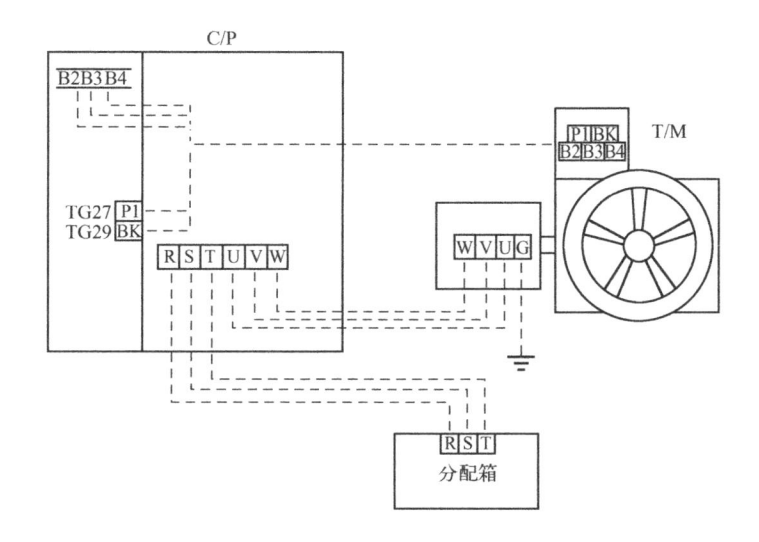

图 4-14 机房配线

2. 运行和调试

(1) 送电前工作。

① 送电前要对控制系统接线进行检查，控制柜的"U、V、W"端和电动机的"U、V、W"端应可靠连接。值得提醒的是，电网相序与电动机的正确旋转方向无关。
② 测量电源电压。
③ 电源电压频率为 50Hz 或 60Hz，允许偏差为 ±5%。
④ 电压等级。
200V 级别：200V，208V，220V，230V。
400V 级别：380V，415V，440V，460V。
电源电压允许偏差为 ±10%。电网电压为 346V 的地区，可以通过变压器将 346V 转换为 200V 使用。

(2) 送电。

① 断开控制柜上的电源开关 NFB1 和控制柜内的所有开关。
② 检查轿厢顶和轿厢内操纵盘上的开关是否符合下列状态。

a. 轿顶：ON CAR STOP 开关 ON（接通）；TOP CAR TEST 开关 OFF（手动）。

b. 操纵盘：ON CAR POWER 开关 ON（电源接通）；IN CAR TEST 开关 IN（接通）。

③ 将控制柜中 AUTO/HAND 开关扳到（HAND）检修位置。

④ 合上机房内总电源开关 NFB。

⑤ 合上控制柜内电源开关 NFB1。

a. 检查 NFB1 二次电压是否正确。

b. 合上控制柜上的开关 2（S/WZ）输出直流 110V；合上开关 3（S/W3），输出直流 24V；合上开关 4（S/W4），轿内照明有电。

检查逆变器和电路板的输入电压是否符合要求。

⑥ 检查安全继电器"DM"是否吸合。如未吸合，检查外部安全电路是否正常。检查电路板上发光管"EM，MTH"亮，"DM"继电器吸合。

⑦ 检查自动操作继电器 ICTA 和自动操作辅助继电器 ICTX。ICTA 应是释放状态。电路板上的发光管"ICTX"应是熄灭状态。

⑧ 检查逆变器装置上的数字控制器应显示检修速率频率 F15.00Hz。

⑨ 按控制柜内慢上或慢下按钮，检查轿厢运动方向。如果轿厢运动与操纵方向不同，则断开 NFB1 开关，交换逆变器端子上①、②进线位置，然后试车。

⑩ 当 DM 继电器和 P 接触器吸合时，注意数字控制器上的显示，若显示故障码，参考 4.3.4 节内容排除故障。

电源切断后，滤波电容器的电能不能立即释放完，要待充电灯熄灭后，再重新合闸。

⑪ 合上开关 1（S/W1 门机），检查门电动机电压（DC 220V）是否正常。厅、轿门关闭后，断开开关 1，检查轿门继电器 40、40A 和厅门继电器 41、41A 应吸合。然后检查电路板上发光二极管 GL，（厅、轿门门锁）；DCL（关门限位）应发光。

（3）工作前运行试验。

① 轿顶操作检查 3 处开关。

a. 轿顶停止开关（ON CAR STOP）：检查轿顶停止开关断开状态时，安全继电器"DM"应释放。

b. 上、下慢车：按 UP 按钮，U1、U2 继电器应吸合，电梯向上慢速行驶，松开 UP 按钮，电梯即停止；按 DOWN 按钮，D1、D2 继电器应吸合，电梯向下慢速行驶，松开 DOWN 按钮，电梯即停止。

c. 轿顶状态开关：轿顶状态开关 TOP CAR TEST 扳在 HAND（手动）位置时，继电器 TCT、ICT 应释放。

② 使继电器 40、40A、41、41A 吸合后，电路板上的发光二极管 GL 应发光。必要时可以强迫继电器 40、40A、41、41A 吸合。用短路线封 TG69 和 TG70，厅门锁继电器 41、41A 吸合；用短路线封 TG 69 和 TG 71，轿门锁继电器 40、40A 吸合。

③ 封上、下限位开关：在检修状态可以短接 TG18 和 TG19，封上限位；短接 TG20 和 TG21，封下限位。

④ 制动器弹簧校准如表 4-12 所示。轿厢内载重加到 150% 额定负载时，制动器不打滑。

表 4-12 机械制动器弹簧标准表

T/M 型曳引机	电动机 [kW]	电压频率 [Hz]	压缩全弹簧长度 (mm)	弹簧自由长度 (mm)
TM500	5.5	50	89	94
		60	89	94
	7.5	50	87	94
		60	88	94
	11	50	84	94
		60	85	94
	15	50	80	94
		60	83	94
TM600	11	50	102	113
		60	104	113
	15	50	98	113
		50	98	113
	18.5	50	95	113
		60	98	113
	22	50	91	113
		60	95	113

（4）慢车试运行。

① 轿顶操作。在轿顶操作慢上、慢下按钮，使电梯慢上或慢下。如果轿厢运行方向相反，检查继电器 U1、U2 或 D1、D2 接线。若其接线正确，交换逆变器上①、②端子的接线；若其接线不正确，改正接线。

用数字控制器调整梯速为 15m/min。

② 制动器标准。调整闸皮与闸鼓间隙，使两侧间隙均匀，且每侧之间为 0.1~0.2m。调整制动器电压如表 4-13 所示。

表 4-13 制动器电压

状　态	机　型	TM500	TM600
吸合		120V	125V
保持		70V	73V

（5）安装 LCS（Landins Control Systen）层楼信号控制器系统——简称平感器。

① 安装钢带程序。

a. 短接井道顶和井道底的极限开关 OTT、OTB。

b. 点动慢车使轿厢上行，使对重装置平稳地、完全地压在缓冲器上。

c. 上部钢带安装位置：电梯停止在最高位置，在导靴以上，人手可以触到的位置，便于检查，清洁卫生。上部钢带吊架安装在距导轨边缘 250mm 处。

d. 上部钢带夹持器与导轨背部平面在一个平面上，与钢带支架下底边平齐为限度。

e. 检查上部钢带支架与导轨垂直后，紧固。
f. 拧紧上部钢带吊架与钢带支架。
g. 拉钢带一端穿入钢带夹持器。
h. 将钢带头弯曲360°再穿入钢带夹持器，使重叠部分约30mm长，用夹持器夹紧。
i. 上紧夹持器螺栓。
j. 手动慢下并逐渐放钢带。
k. 将下钢带吊架安装在钢带支架上。
l. 在距底坑地面1500mm高度处安装下钢带支架，并将夹持器安装在钢带吊架上。
m. 检查钢带支架与导轨垂直后紧固。
n. 拧紧螺母，使螺杆露出两扣。
o. 拉动钢带吊架和夹持器，运动无阻碍。
p. 慢车下行，直到轿厢将缓冲器压实。
q. 检查轿厢与钢带托架之间有足够清理卫生的距离。
r. 安装下吊架和下夹持器并固定在托架上。
s. 钢带穿过夹持器300mm。
t. 将钢带头弯360°，再穿进夹持器，使钢带重叠30mm。
u. 拧紧钢带夹持器螺钉。
v. 拧螺母，调整钢带拉力。
w. 清理井道壁，使钢带不受其他外力触及。
x. 拆掉井道上、下限位封线。

② 安装传感器装置LCS程序。
a. 在轿厢横梁上安装控制盒，控制盒距感光头750mm。
b. 拧紧横梁支架，检查支架与横梁是否垂直。
c. 将连接支架拧紧在横梁支架上，并再次检查是否与横梁垂直。
d. 将感光头安装支架固定在连接支架上。
e. 上紧螺钉前将钢带导靴脱开钢带。
f. 感光头装置与钢带连接。
g. 将两个钢带导靴分别安装。
h. 将感光头装置固定到感光头安装支架上。

③ 安装磁条程序。
a. 手动使轿厢到最底层。
b. 在钢带导靴顶部找出中心线，以此为基准，在钢带中心做一条记号。
c. 慢车往上，在钢带全长度做中心标记。
d. 手动慢下，在钢带中心贴（门区）磁条，与此同时，逐层做上行减速记号，直到底层（门区磁条长355mm）为止。
e. 慢车上行，在钢带左侧，逐层贴上行减速磁条（磁条长203mm），与此同时，逐层做下行减速记号，直到顶层为止。
f. 慢车下行，在钢带右侧贴下行减速磁条直到底层（磁条长203mm）为止。
g. 慢车上或慢车下，检查磁条安装情况。避免磁条与感光头碰撞。

④ 导线连接程序。

a. 检查线号，连接平感器系统。从控制盒接出导线。

b. 可靠连接感光头的输出和输入线（AC 110V，DC 24V，GND）。避免平感器连接故障，它可能会损坏变压器和熔断器。

⑤ 操作试验。

a. 慢车操作状态，检查感光头 LCS 电源输入情况。

b. 慢车上或慢车下，检查控制柜电路板上的 LCS 发光二极管应常亮，表示感光头可以工作。

c. 检查与 LCS 输出端有关的发光二极管应发光。

d. 慢车上慢下，在机房检查有关继电器（UL，DL，LLU，LLD，SUP，SDN）应吸合。

（6）高速运行实验前的准备工作。

① 检查磁条、逻辑开关。极限、限位开关和感光头位置应正常。

② 利用发光二极管和继电器检查感光头工作情况。

a. 上/下减速：SUP、SDN 吸合。

b. 门区：LLU、LLD 吸合。

c. 门区上平层：UL 吸合。

d. 门区下平层：DL 吸合。

③ 安全电路检查。断开 NFB1 空气开关，拆除轿门锁封线（TG69～TG71）；拆除厅门锁封线（TG69～TG70），拆除上限位开关封线（TG18～TG19），拆除下限位开关封线（TG20～TG210）。

④ 电路板检查。逐板检查插接情况是否良好。检查电路板与接线端子接线是否良好。合上 NFB1 空气开关，检查电源板输入电压是否正常（直流 24V，交流 110V）。

⑤ 机房高速运行准备。调整轿门，调整门地脚滑块，调整厅门轮及偏心轮，调整门钢丝绳张力；检查轿厢与机房对讲系统，检查导轨油盒中的油位。

⑥ 装配对重块。对重的重量 = 轿厢重量 + 额定载重 × 50%。轿厢内放至 50% 额定负载时，使轿厢到中间层位置与对重平齐，手动扳开抱闸，用手转动盘车轮，感觉上下力量均衡时，可视为调整合适。手动控制电梯慢上、慢下，检查电动机三相电流应均衡。

（7）高速试运行。

① 在机房手动使轿厢运行到最底层平层位置。

② 检查轿顶和轿内操纵盘各开关状态。

a. 轿顶：ON CAR STOP 开关 = ON；TOP CAR TEST 开关 = ON（自动）。

b. 机房：C/P TEST 开关 = OFF（手动位置）；S/W1（门）开关 = OFF；S/W2（直流 110V 开关）= ON；S/W3（直流 240V 开关）= ON；S/W4（照明开关）= ON。

③ 将控制柜上 C/P TEST 开关扳到自动运行位置。检查通道板上位置显示为最底层。检查逆变器数字控制器上显示正常频率 F58.00。

④ 高速试运行。将 S/W1（门）开关扳到 ON 的位置，门关好以后，再将其扳到 OFF 位置。发呼梯信号。短接公共地与所呼楼层端子。

TA1、TA2 端子排是轿内呼叫；TBU1、TBU2 端子排是厅堂上行呼叫；TBD1、TBD2 端子排是厅堂下行呼叫。

检查轿厢单层运行是否与呼叫信号相吻合，并逐层运行试验，然后双层运行试验及多层选号运行试验。再试验有多个呼叫信号的情况，检查电梯显示的楼层数码是否与轿厢所到楼层相符。如果不符，则检查逆变器数字控制器上显示的减速距离参数是否准确（bn-02 显示减速时间）。检查厅堂、轿内呼梯钮。

将 S/W1（门）开关板到 ON 位置。轿厢内操作电梯按钮，使电梯运行，检查每层的平层误差为 0±10mm。如果特殊楼层平层度差，只须移动一下相应楼层的门区磁条即可。如果所有楼层的平层度都差，可以改变感光头的位置。

根据建筑要求，检查电梯特殊功能（如消防功能、地震感知功能等）实现情况。

4.3.3　工作原理

1. 通电

合上控制柜内空气开关 NFB1，其二次侧出线端 R1、S1、T1 线电压应正常。电抗器 ACR 得电，变压器 TR1 和 TR2 得电。合上开关 SW4，轿厢照明有电，电扇可以转动；合上开关 SW1，P220、N220 有电，为门机系统提供直流 220V 电压；合上开关 SW2，P110、N110 有电，为接触器控制回路提供直流 110V 电压；合上开关 SW3，P1、N1 有电，为层楼显示系统提供直流 24V 电压。控制系统有电，电路板上的电源指示灯红、绿、黄灯都发光；外部安全检测继电器 DM 线圈端接直流 24V 电源负极 N1，其 14 端经 TG08 点。轿内电源开关（Power）、轿内急停开关、轿顶急停开关、安全窗开关、安全钳开关、限速器断绳开关、底坑开关、上、下极限开关、限速器开关接 24V 正极，这些开关如果全在接通状态，DM 线圈得电，DM 继电器吸合，DM 的 7.1 点接通，使逆变器电源接触器吸合，逆变器得电工作。逆变器投入继电器 VE 吸合，逆变器显示 F58.00，控制柜 FUNCTION 板上 1 号发光管发光。轿顶、轿内、控制柜的自动/手动开关均在自动位置，轿顶检修继电器 TCT、自动运行继电器 ICT、ICTA、ICTX 均吸合。电梯处于自动运行准备工作状态，控制柜 PIPLC 板的显示屏上应显示"1"层位置。

2. 自动运行

（1）外呼登记。设电梯停在一层，处于关门状态，假设一客人欲从 1 层到第 6 层，按 1 层外呼按钮 1FI，使 1UL 点为低电位，首层外呼信号灯亮。此信号经 M1C7 插头传到厅外上选电路板（HALL CALL CUP Bd）上，登记呼梯信号，并开通电路，使 1UL 点保持低电位，使首层外呼灯保持亮的状态。由于电梯停在首层位置，该登记信号无法保持。此信号使电梯开门。

（2）因电梯在首层，且首层有呼梯信号，计算机板经 OPR1、OPR2 接口输出一个接通信号。开门继电器 OPR 的线圈 14 端经关门继电器 CL（31、32）、TG64 点、（OPR1、OPR2）点、门区继电器 DZ 的（6、10）点、高速继电器 HSRA 的（11、3）点、自动操作继电器 ICT 的（7、11）点、TC14 点、开门限位 DOL 开关、TG62 点，接到 CH2（+24V）；OPR 线圈 13 端接到 N1（24V 负极），开门继电器 OPR 线圈得电，继电器吸合。P 也释放，门电动机停止转动，开门过程结束。

（3）关门。乘客进入轿厢后，经延时，计算机通过（CLR1、CLR2）送出关门信号，开门接触器 OP 的线圈 A1 端经开门继电器 OPR 的（6、10）点接通直流 110V 电源正极（P110），线圈的 A2 端接至直流 110V 电源负极（N110）。开门接触器线圈 OP 得电，接触器吸合。OP 吸合后，其常开点（S、V）、（R、U）闭合，接通了开门电动机回路电源。由于外安全继电器 DM 已经吸合，门电动机他激线圈 MOTOR FIELD 得到直流 220V 电压。门电动机电枢 ARM 得电，旋转开门。开门节拍是慢、快、慢、停。

慢：慢速限位开关 DOS 呈闭合状态，电流由 P220 输出，经 R1 的 B 点、OP（S、V）、R2 的 A1 点呈 R6 分流后，电枢 ARM 得到小电流，经 OP 接 N220V 而慢速转动开门。

快：当门开约 1/4 行程后，快速开门限位开关 HSO 接通，短接了电阻 R2 和 R6。直流 220V 电压经 R1 的 B 点、OP（S、V）、TG58、HSO、A1 直接给电枢。电动机高速运行，开门速度加快。

慢：当门开到剩下 1/4 行程时，快速限位开关 HSO 被打开，电流经电阻 R2 和 R6 分流，电动机仍以慢速转动开门。

停：当开门到位时，慢速开门限位开关 SDO 被打开，开门限位开关 DOL 被打开，其常闭点打开后切断了开门继电器 OPR 线圈供电回路，OPR 断电释放 O 门信号，关门继电器 CLR 吸合。CLR 线圈的 13 号端子接 N1，14 号端子经开门接触器 OP 的（31、32）点、计算机信号（CLR2、CLR1）点、超载继电器常闭点（4、12）、TG65 点、关门限位开关，接通 TG62，CLR 线圈得电，继电器吸合。关门接触器 CL 的线圈 A2 接 N110，A1 经关门继电器 CLR 的（6、10）点接 P110，线圈得电，接触器吸合。CL 吸合后，门电动机得电旋转关门，关门节奏是慢、快、慢、停。

慢：慢速关门限位开关 SDC 处于闭合状态。当 CL 接触器吸合后，电流经电阻 R1、制动接触器 BR 常闭点（21、22）、CL（R、U）、R4、A2、R5 分流后，电枢 ARM 得到较小电流，经 CL（S、V）接 N220V 而慢速转动关门。

快：当门关到约 1/4 行程时，快速关门限位开关 HSC 接通，短接了 R4 的一部分电阻和 R5 的全部电阻，直流 220V 电压经 R1 的 B 点、D2、BR（21、22）、D3、CL（R、U）、D4、R4 的 B 点、TG59、HSC、A2 直接给电枢，电动机高速运行，关门速度变快。

慢：当门关到约剩下 1/4 行程时，快速关门限位开关 HSC 打开，电流继续经 R4、R5 分流，电动机变为慢速关门。

停：当关门到位时，慢速关门限位开关 SDC 被打开。关门限位开关 DCL 打开，其常闭点切断了关门继电器 CLR 线圈电源，CLR 释放，门电动机停止转动，关门程序结束。

厅轿门关闭好以后，继电器 40、40A、41、41A 吸合，并经 TC13 给计算机一个"门已关好"的信号。

（4）内选。乘客进入轿厢后，按 6 层内选按钮，6FL 接通 6CL 与 N1，使 6CL 为低电位，内选记忆灯亮。同时，经 M15C6 插头给内选电路板（CAR CALL Bd）一个信号，该信号被登记，并维持 6CL 点为低电位，使内选记忆灯保持发光状态，内选登记完毕。

（5）定向。内选信号登记后，计算机经判断，给出一个方向信号。此信号经（UR1、UR2）接通上方向继电器 U1、U2 和运行继电器 P。这 3 个继电器的线圈 13 端接负 24V，14 端经下方向继电器 D2 的（1、9）点、TG19 点、上行限位开关 UPL、计算机信号点（UR1、UR2）、自动操作继电器 ICT 的（5、9）点、逆变器工作继电器 VE（6、10）点、制动接触器 BRX 的（1、9）常闭点、厅门继电器 41A 的（6、10）点、41 的（5、9）点、轿门继电器 40A（6、10）点、40（5、9）点，然后与 CH2 接通。U1、U2、P1 的线圈得电，3 个继电器吸合，电梯定为向上运行。

（6）启动。上方向继电器 U1、U2 吸合后，逆变器 INV 经自身的 1#端子接 U2 的（7、11）点，变为正向输出状态，按给定曲线输出电流。

快车继电器 HSR 和快车辅助继电器 HSRA 的线圈经 41A（5、9）、40A（5、9）、计算机（TE05，TE06）点、U1 的（6、10）点、TC04 点、上减速开关 PLU 接电而吸合。计算机发出上方向指令，经（TE21，TE22）点，使上方向箭头继电器 U1R 吸合，上方向箭头灯亮。

制动辅助接触器 BRX 线圈经上方向辅助继电器 U2（8、12）、上方向接触器 U1（8、12）点接电，接触器吸合。

延时制动继电器 B 的线圈经制动器辅助接触器 BRX（8、12）点接电，继电器 B 吸合。

制动器接触器 BR 线圈经延时制动继电器 B 的已闭合的常开点（5、9）接电吸合。

制动器接触器 BR 吸合后，经其（R、U）点、(T、W) 点、(S、V) 点，制动器线圈 BRAKECOIL 得电，制动器吸合，抱闸打开。

制动器打开后，制动器上的开关 BK 被接通。正 24V 经 BK 接通后的点，经逆变器 INV（9、10）点给计算机一个运行信号，使计算机进入运行状态，同时制动器的已打开继电器 A 吸合。

制动器打开后，制动器的已打开继电器 A 的（3、11）点切断超载信号继电器。

至此，电动机开始转动，电梯开始按给定曲线启动。

（7）运行。制动器打开后，上方向信号由运行信号继电器 P（7、11）保持。电动机以额定速度转动，电梯以额定速度运行。

（8）减速停车。电梯运行过程中，平层感应器 LCS 沿钢带运行。在钢带的适当位置上贴有磁条。当感光头对准某磁条时，相应的继电器吸合，感光头离开磁条时，相应的继电器释放。上行时，上行减速磁条 SUP 对准感应头，上行减速继电器 SUP 吸合并通过 SUP 的（6、10）点 M9C9 引脚，计算机得到一个可以减速的信号。经计算机比较，如果此层站没有呼梯信号，则计算机发一不执行指令，电梯将继续运行。如果此层站恰有呼叫信号，则计算机输出一个同意减速信号，该信号经（TE05，TE06）输出，切断快车继电器线圈供电回路，HSR 释放，HSRA 释放。快车继电器释放后，产生以下程序。

① 接通了慢速运行信号回路。慢速继电器 JOG 经自动运行继电器 ICTA 的（5、9）点、快速运行继电器 HSRA 的常闭点（4、12）、运行继电器 P 的（5、9）点得电吸合。电梯开始减速。电梯上行减速时，逆变器输出的电流根据负载情况有所变化。

a. 如果乘客重量低于 30% 额定负载，30#继电器吸合。经 JOG 的（5、9）点、30#继电器的（11、7）点、70#继电器的（4、12）点、U1（7、11）点及逆变器的第 5 号接线端子，给逆变器一个轻载信号，使逆变器输出的电流产生一个相应的变化。

b. 如果乘客重量大于 30% 额定负载而小于 70% 额定负载，则 30#继电器释放，70#继电器也呈释放状态。经 JOG（5、9）点、30#继电器的（3、11）点、70#继电器的（3、11）点和逆变器的第 6 号接线端子，给逆变器一个半载信号，使逆变器输出的电流也产生一个相应的变化。

c. 如果乘客重量大于 70% 额定负载，则 70#继电器吸合，30#继电器呈释放状态。经

JOG 的（5、9）点、30#继电器的（4、12）点、70#继电器的（6、10）点、U1 的（5、9）点和逆变器的第 7 号端子给逆变器一个重载信号，使逆变器输出的电流产生一个相应的变化。

以上 3 种情况的处理，是为了得到一个较好的运行舒适感。

② 接通保向回路。到达预定停梯楼层的前一层时，计算机输出一个截车信号。计算机经（TE29、TE30）点输出一个准备减速信号，该信号接通了平层感应器 LCS 的继电器电源回路。当电梯运行到上行减速磁条位置时，上行减速继电器 SUP 吸合，通过其（6、10）点将减速信号送往计算机（M9C9），电梯开始减速。进入平层距离时，上行慢车继电器 UL 吸合，电梯以平慢速度运行。此时计算机经点（TE01、TE02）输出断路信号，这时上方向继电器由自动运行继电器的 ICT（5、10）点、快速运行继电器 HSR 的常闭点（1、9）、下行慢车继电器 DL 的（9、1）点和已吸合的上行慢车继电器 UL 的（6、10）点供电，保持上方向继电器吸合。此为保向回路。

③ 接通到站钟回路。到站钟经 TG77 点、U2 的（5、9）点、HSR 的（3、11）点和制动继电器 ARR 的（7、11）点接电，发出悦耳的到站信号。

④ 接通开门回路。经快车辅助继电器 HSRA 的常闭点（3、11）、计算机提供的信号通路（TE07、TE08）和门区继电器 DZ 的（8、10）点（当门区信号继电器 LLU、LLD 吸合后，门区继电器 DZ 吸合），开门继电器 OPR 吸合，执行提前开门程序，电梯开门，并经 COL4 的 M13C9 给计算机一个门已打开的信号。

⑤ 停车。当 UL、DL 继电器都吸合时，方向继电器 U1、U2 断电释放。逆变器停止输出电流，电梯停止运行。制动接触器 BRX 释放，制动延时继电器 B 释放，制动接触器 BR 释放，从而制动器线圈断电，靠弹簧释放蓄能，使制动器闸瓦将闸鼓抱住，电梯可靠停止。

（9）自动返平层。

① 上行门区内自动返平层。如果电梯上行减速后，轿门已打开，电梯超过平层位置在门区内停车，则 DL 吸合。DL 呈释放状态。再平层继电器 LDU 吸合，通过 DZ（5、9）点、LDU（5、9）点、VE（5、9）点、ICT（6、10）点、HSR（1、9）点、DL（9、5）点、UL（1、9）点、TG20，为下方向继电器 D1、D2 和运行继电器 P 提供电源。D1、D2 吸合，制动器接触器再次吸合，打开抱闸，逆变器输出下行驱动电流。电梯以平慢速度向下运行，直到 DL、UL 同时吸合平层，电梯才停止，制动器再次抱闸。

② 下行门区内自动返平层。如果电梯下行减速后，轿门已打开，电梯超过平层位置，但在门区内停车，则 UL 吸合，DL 呈释放状态。再平层继电器 LDU 吸合，通过 DZ（5、9）点、LDU（5、9）点、VE（5、9）点、ICT（6、10）点、HSR（1、9）点、DL（9、1）点、UL（6、10）点、TG18 点、为 U1、U2、P 提供了电源，使制动器再次打开，逆变器重新供电，驱动电梯上行再平层，直至到了平层位置 UL、DL 同时吸合为止。

③ 门区外自动返平层。如果电梯没有停在门区内，则门区继电器 LLU、LLD 均处于释放状态，继续平层继电器 IFST 的线圈通过自动运行继电器 ICTX（8、12）点、LLD 的（3、11）点、LLU 的（3、11）点、B 的（3、11）点得电吸合。经 IFST 的常开点（5、9）、轿门继电器 40（7、11）、厅门继电器 41（7、11）和 TG20 点，接通下方向继电器 D1、D2 和运行继电器 P 的电源，使电梯自动下行平层开门停车。

（10）无信号间歇。当无呼梯信号时，电梯将停留在最后停靠的层站关门间歇。

3. 手动运行

在检查保养电梯时，需要手动操作，电梯以检修速度运行，电压频率为 15.00Hz。

在机房，将控制柜上的自动/手动（AUTO/HAND）开关扳到手动（HAND）状态，或将轿厢内自动/手动（AUTO/HAND）开关扳到（HAND）状态，自动运行继电器 ICT、ICTA、ICTX 断电释放，电梯处于手动运行状态。

ICT 释放：常开点（5、9）断开，切断自动定向回路电源，电梯只能手动定向；ICT 常开点（6、10）断开，切断自动保向回路电源，电梯只能手按方向钮定向，抬手停梯；ICT 常闭点（1、9）闭合，接通手动运行定向回路电源；ICT 常开点（8、12）断开，切断自动运行指示灯电源；ICT 常开点（7、11）断开，切断自动开门回路电源。

ICTA 释放：常开点（5、9）断开，切断慢速运行继电器 JOG 电源；ICTA 的常闭点（3、11）闭合，接通检修速度信号送往逆变器；ICTA 的常闭点（2、10）闭合，提高制动器动作的灵敏度；ICTA 的常闭点（4、12）闭合，接通"退出服务"信号灯，通知各层乘客。

ICTX 释放：ICTX 的常闭点（1、9）闭合，以小于 30% 额定负载方式运行；ICTX 的常闭点（2、10）闭合，以半载方式运行，以上两种方式同时参与，尽量使电梯减少制动时的震动；ICTX 的常开点（8、12）断开，切断自动继续平层继电器 IFST 电源，ICTX 的常闭点（3、11）闭合，接通轿内手动开门回路电源。

（1）机房手动走慢车。将控制柜中自动/手动（AUTO/HAND）开关扳到手动（HAND）位置，自动运行继电器释放，电梯处于手动运行状态，如前所述。电梯门关好后，切断 S/W 门机电源开关。按控制柜中慢上或慢下按钮，电梯即以检修速度慢行向上或向下。

当按下慢上钮 CP-U 时，上方向继电器 U1、U2 和运行继电器 P 经 TG18 点、CP-U、轿顶操作继电器 TCT 已闭合的常开点（9、5）、ICT 的（9、1）点、VE 的（6、10）点、BRX 的（1、9）点、41A 的（6、10）点、41 的（5、9）点、40A 的（6、10）点、40 的（5、9）点接电吸合，定为上向。由逆变器发出检修运行速度电流，制动器开闸，电梯慢上。抬手，CP-U 复位，电梯停止。

慢下时，程序与上述大致相同。

（2）轿厢内走慢车。将轿厢操纵盘上检修开关扳到手动位置，自动运行继电器释放，电梯处于手动运行状态。按关门钮 DOOR CLOSE（COL5），电梯门关好后，再按慢上按钮 IC-U 或按慢下按钮 IC-D，电梯即向上或向下慢行。当手抬起按钮 IC-U、LC-D 自动复位后，电梯停止运行。

（3）轿顶走慢车。在轿顶走慢车与在轿内、在机房走慢车略有不同。在机房走慢车时，轿内按慢上或慢下钮，电梯也可以运转；在轿内走慢车时，机房按慢上或慢下按钮，电梯可以运转，这不会发生危险。但是在轿顶操作时，情况就复杂多了，为了防止意外，在轿顶操作时，机房和轿内的慢车操作均无效。这一功能靠轿顶检修继电器的动作来实现。

当在轿顶把自动/手动（AUTO/HAND）开关扳到手动位置时，自动运行继电器释放，电梯处于检修运行状态，与此同时，轿顶检修继电器 TCT 也释放。TCT 的常开点（5、9）断开，切断了机房和轿厢内的手动运行回路。TCT 的常闭点（9、1）闭合，接通轿顶手动运行回路电源。在轿顶按 C-U 按钮，电梯慢速向上运行；按 C-D 按钮，电梯慢速向下运行。

抬手后，C-U 或 C-D 钮自动复位，电梯停止运行。

4. 司机运行

当轿厢内操纵盘上的司机运行开关接通时，司机运行继电器 ATT 吸合。这时电梯处于司机运行状态，电梯只有在按动关门钮时才关门。而且此状态时，电梯具有直驶功能。

ATT 开关接通后，司机运行继电器 ATT 吸合。ATT 常开点（6、10）闭合，经 M12C9 给计算机一个司机运行状态信号，计算机便不再发出自动关门命令，ATT 的常开点（5、9）闭合，接通了直驶回路。

司机运行状态时，外呼、内选信号仍能够登记、记忆和启动停车平层。当司机认为有必要从 A 层直接到 B 层时，在电梯定向后，可以按直驶按钮 PASS，此时直驶继电器 PASS 吸合并通过运行继电器 P 的（8、12）点自持。这时电梯只在 B 层（停车外层与 B 层之间没有别的内选信号）而不响应外呼信号。当电梯在 B 层停梯后，便又自动恢复司机运行状态。

5. 消防运行

有的电梯具备消防功能。消防开关一般设置在首层大厅。若遇火灾情况，消防员可将消防开关 FiremanS/W 外面的玻璃敲碎，将消防开关扳向下方，此时电梯即进入消防状态，使消防继电器 FRS 吸合：① 将消防信号输入计算机；② 关掉电梯内的风扇。③ 如果电梯正在轿内检修状态或轿顶检修状态，则 FRS 马上强迫电梯进入自动运行状态，并实施消防功能。如果电梯正在上行，得到消防指令后，它会就近停车，不开门，立即向下运行，中途不停梯，一直快速运行到基站开门为止，不自动关门；如果电梯正停在某层开门状态，得到消防指令后，它会立即关门下行，中途不停车，一直快车运行到基站开门，不自动关门；如果电梯正在下行途中，得到消防指令后，电梯中途不停车。一直运行到基站开门，不再自动关门。

电梯在消防状态下，消防员可以利用该梯侦察火情、救人等工作。消防员进入轿内后，按下欲去的楼层按钮，电梯即开始关门。若马上抬手，门仍打开。当门关好后，电梯即启动快速运行。到某层停车后，须按开门钮，电梯才可以开门。在开门过程中，如果发现不是该层，或不宜开门，抬手后，电梯即自动关门。若认为应该在该层出去，则电梯开门后，不再自动关门，仍等着消防员来操作。当将消防开关 Fireman S/W 恢复正常后，电梯便恢复到自动运行或轿内、轿顶检修状态。

以上程序大部分由计算机指令完成，有时情况是比较危险的，所以无特殊情况，千万不要随意扳动消防开关。

4.3.4 逆变器故障显示码和故障排除

逆变器是整机出厂的，工作时，不要经常调整逆变器的参数。确实需要修改逆变器参数时，必须根据"逆变器调试手册"进行。

如果发生任何不正常的情况，逆变器将自动停止运行，并在监示器上显示出故障码。当故障码显示出来时，其故障内容即被记录了下来。

故障码显示出来后，其故障原因可通过故障说明给以提示（见表 4-14）。正确排除故障后，系统可以再启动。

若不能正常恢复工作，或者发现某部件损坏，则应与厂家联系。

表 4-14 故障说明

序号	显示	故障原因	解决办法
1	UV1	电压低。逆变器电源电压不足	检查电源电压等级是否相符。测量电源电压
2	UV2	电压低。控制电路电压不足	检查电源线电压等级是否相符，导线连接是否可靠
3	UV3	电压低。主电路接触不良	检查主电路接线情况
4	OC	过电流。逆变器输出电流大于120%	检查电动机线圈电阻或接地电阻，修改加速时 bn-01
5	OU	过电压	检查增加减速时间 bn-02 或增加制动电阻
6	FU	熔断器断	检查短路点或有否接地
7	OH	电动机过热	检查散热点，90℃以下正常。环境温度应低于45℃
8	OL1	电动机过载	检查电动机有否过载、过热现象、设定适合的 v/f（电压/频率）、Cn-06、Cn-08
9	OL2	逆变器过载	减少负载或增加加速时间（bn-01），设定 v/f
10	L3	转矩过大	逆变器输出转矩小于实际转矩。Cn-26：160→180；Cn-28：170→190
11	rr	制动晶闸管故障	更换晶闸管或更换逆变器
12	rH	制动电阻过热	检查增加减速时间，减少频繁操作
13	EF3	外部信号输入故障，接线端子③	观察 Un-07 的信号输入情况，显示为"1"是输入状态，如果暗，表示无输入。检查端子③
14	EF5	外部信号输入故障，接线端子⑤	观察 Un-07 信号输入情况，检查端子⑤
15	EF6	外部信号输入故障，接线端子⑥	观察 Un-07 信号输入情况，检查端子⑥
16	EF7	外部信号输入故障，接线端子⑦	观察 Un-07 信号输入情况，检查端子⑦
17	EF8	外部信号输入故障，接线端子⑧	观察 Un-07 信号输入情况，检查端子⑧
18	CPF02	控制电路故障。逆变器损坏	更换 PLC 板。更换逆变器
19	CPF03	存储器 NV-RAM（S-RAM）故障	更换逆变器
20	CPF04	存储器 NV-RAM 故障，逆变器损坏	更换逆变器
21	CPF05	计算机 CPU 中的 A/D 转换失败，逆变器坏	更换逆变器
22	CPF06	选择板连接故障，逆变器损坏	检查连接情况，更接逆变器

技能训练 12

1. 实习目的和要求

（1）了解 60-VF 变频调压电梯。

（2）掌握 60-VF 变频调压电梯。

2. 设备、工具

60-VF 变频调压电梯控制柜、常用电工工具。

3. 实习内容

（1）元件识别：掌握有关电气元件的文字符号和实际安装位置。

（2）模拟操作：掌握在电梯控制柜上正确进行静态（未挂轿厢）模拟电梯运行操作。

（3）动作元件：在电梯控制柜中找出电梯电路运行时相应动作的元件。

（4）动作过程与原理分析：写出 60-VF 变频调压电梯运行时元件的动作过程并根据原理图分析其工作原理。

（5）故障排除：了解 60-VF 变频调压电梯电路常见的故障现象，分析其原因并排除。

习 题 4

（1）写出 Miconic-L 微机的结构及其作用。

（2）VVVF 变压变频微机控制电梯的工作原理是什么？

（3）60-VF 变频调压电梯控制柜主要由哪几部分组成，各有什么作用？

（4）简介 60-VF 变频调压电梯的调试步骤。

（5）写出 60-VF 变频调压电梯的工作原理。

第 5 章　电梯电气装置的安装和故障分析

5.1　电梯电气装置的安装

5.1.1　机房电气装置安装

1. 控制柜

控制柜由钣金框架结构、螺栓拼装组成，钣金框架尺寸统一，并能够用塑料销钉很方便地挂上或取下。正面的面板装有可旋转的销钩，形成可以锁住的转动门，从前面可以接触到装在控制柜内的全部元器件，所以控制柜可以靠近墙壁安装。常用的两种控制柜的外形如图 5-1 所示。

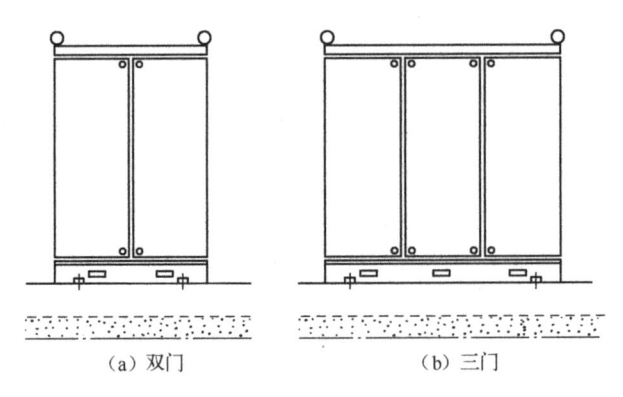

图 5-1　控制柜

控制柜安装时应按图纸规定的位置施工。若无规定，应根据机房面积、形式做合理安排，以必须符合维修方便、巡视安全的原则，并满足以下要求。

（1）应与门、窗保持足够的距离，门、窗与控制柜正面距离不小于 100mm。

（2）控制柜成排安装时，当其宽度超过 5m 时，两端应留有出入通道，通道宽度不小于 600mm。

（3）控制柜与机房内机械设备的安装距离不宜小于 500mm。

（4）控制柜安装后的垂直度不大于 3/1000，并用弹性销钉或采用墙用固定螺栓紧固在地面上。

2. 电缆线的引入方式

（1）电缆线可通过暗线槽，从各个方向把电缆线引入控制柜。

（2）电缆线也可以通过明线槽，从控制柜的后面或前面的引线孔把线引入控制柜，如图 5-2 所示。

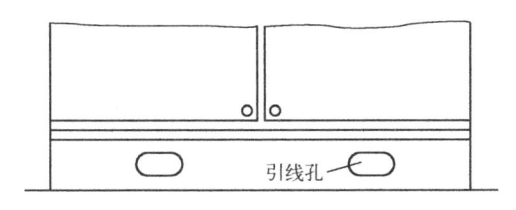

图 5-2　电缆线的引入孔位置

3. 电源开关

电梯的供电电源应由专用开关单独控制供电。每台电梯分设动力开关和单相照明电源开关。

（1）主开关（动力开关）。电源进入机房后，由用户单位的安装技工将动力线分配至每台电梯的动力开关上。

电梯厂供给的主开关应安装于机房进门即能随手操作的位置，但应能避免雨水和长时间日照。开关以手柄中心高度为准，一般为 1.3~1.5m。安装时要求牢固，横平竖直。

若机房内有数台电梯，主开关应设有便于识别的标记。

（2）单相照明电源开关。单相照明电源开关应与主开关分开控制。整个机房内可设置一个总的单相照明电源开关，但每台电梯应设置一个分路控制开关，以便于电路维修，一般安装于动力开关旁。安装要求牢固、横平竖直。

对供电的一般要求：三相交流 380V，50Hz，±7%，最大误差为 -10%~+5%。

5.1.2　井道电气装置安装

井道内的主要电气装置有导线管、接线盒、箱、导线槽、各种限位开关、底坑电梯停止开关、井道内固定照明等。

1. 减速开关、限位开关

安装减速开关和限位开关时，应先将开关安装在支架上，然后将支架用压导板固定于轿厢导轨的相应位置上，如图 5-3 所示。以速度 1m/s 的电梯为例，减速开关调节高度以轿厢在两端站刚进入自平的同时，切断顺向快车控制回路为准，限位开关则以电梯在两端停平时，刚好切断顺向慢车控制回路为准。

2. 极限开关及连动机构安装

极限开关只有在交流电梯中才使用。常用的极限开关有两种形式，一种为附墙式（与主开关共用）；另一种为着地式，直接安装于机房地坪上，如图 5-4 所示。

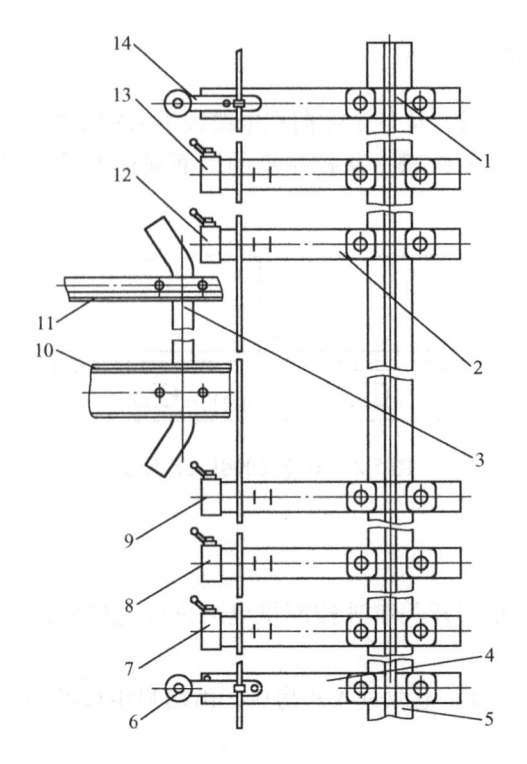

1、2、4—开关支架；3—打板；5—导轨；6—下极限开关；7、8—下限位开关；9—下减速开关；10—轿厢下梁；11—轿厢上梁；12—上减速开关；13—上限位开关；14—上极限开关

图 5-3　减速、限位和极限开关安装示意图

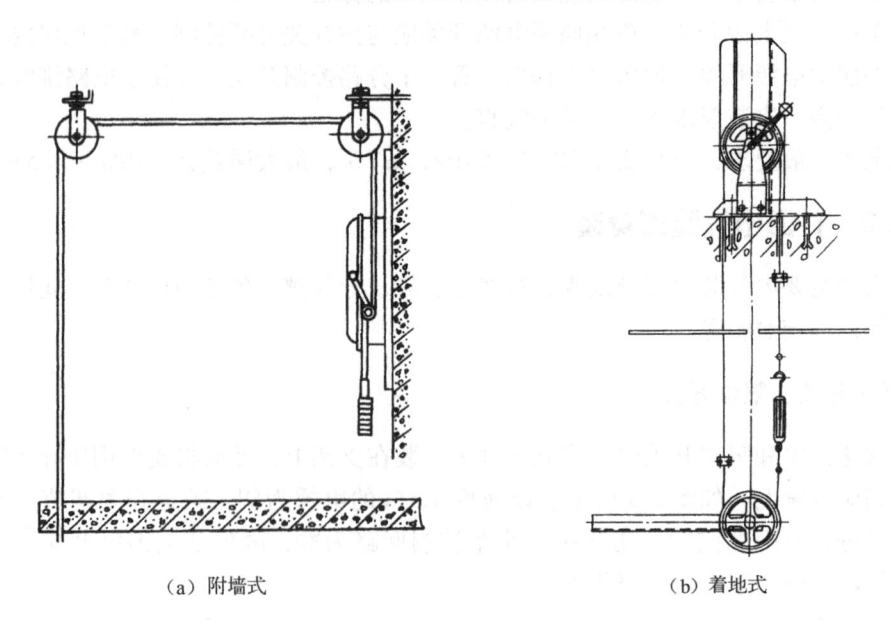

（a）附墙式　　　　　　　　　　（b）着地式

图 5-4　极限开关的安装形式

（1）附墙式极限开关安装步骤及要求。

① 按主开关的要求将极限开关装于机房进门口附近。

② 将装有碰轮的支架安装于限位开关支架以外 150mm 处的轿厢导轨上。极限开关碰轮有上、下之分，不能装错。

③ 在机房内的相应位置安装好导向滑轮，导向滑轮不应超过两个，其对应轮槽应成一直线，且转动灵活，导向轮支架横梁采用支承方式时，横梁应有足够的强度。

④ 穿导钢丝绳，首先固定于下极限位置，将钢丝绳收紧后再固定在上极限支架上。注意下极限支架处应留适当长度的绳头，便于试车时调节极限开关打脱高度。

⑤ 将钢丝绳在极限开关连动轮上顺动作方向绕 2~3 圈，且不要重叠，吊上重锤，锤底离开机房地坪约为 500mm。

（2）着地式极限开关安装步骤及要求。

① 在轿厢侧的井道底坑和机房地坪相同位置处，安装好极限开关的张紧轮、连动轮和开关箱，两轮槽的位置偏差均不大于 5mm。

② 在轿厢相应位置上固定两块打板，打板上钢丝绳孔与两轮槽的位置偏差不大于 5mm。

③ 穿导钢丝绳，并用开式索具螺旋和花篮螺栓收紧，至顺向拉动钢丝绳能使极限开关打脱。

④ 根据极限开关打脱方向，在两端站电梯超越行程 100mm 左右的打板位置处，分别设置挡块，使轿厢超越行程后，轿厢上的打板能撞击钢丝绳上的挡块，使钢丝绳产生运动打脱极限开关。

3. 基站轿厢到位开关

装有自动门机的电梯均应设此开关。到位开关的作用是使轿厢未到基站前，基站的层门钥匙开关不起任何作用，只有轿厢到位后钥匙开关才能启闭自动门机，带动轿门和厅门。基站轿厢到位开关支架安装于轿厢导轨上，位置比限位开关略高一点即可。

4. 底坑电梯停止开关及井道照明安装

（1）底坑电梯停止开关是为保证进入底坑的电梯检修人员的安全而设置的。应装于检修人员开启底坑门后就能方便摸到的位置。

（2）电梯井道内设置亮度适当的永久性照明装置，供检修电梯及应急时使用。

5.1.3 轿厢电气装置安装

1. 轿内电气装置

轿内电气装置主要有操纵箱、信号箱、层楼指示器及照明、风机等。

（1）操纵箱。操纵箱是控制电梯指令选层、关门、开门、启动、停层、急停等的控制装置。操纵箱安装工艺较简单，要在轿厢相应位置装入箱体，将全部导线接好后盖上面板即可，盖好面板后应检查按钮是否灵活有效。

（2）信号箱、轿内层楼指示器。信号箱是用来显示各层站呼梯情况的，常与操纵箱共用一块面板，故可参照操纵箱安装方法进行安装。轿内层楼指示器的安装也可参照操纵箱的安装方法。

2. 轿顶电气装置

（1）自动门机。自动门机的放置应与铅垂线相吻合。

（2）减速、平层感应装置（井道传感器）。井道传感器装置的结构形式是根据控制方式而定的，它由装于轿厢上的带托架的开关组件和装于井道内的反映井道位置的永久磁铁组件所组成。

① 安装、布置形式。井道传感器的安装如图 5-5 所示；井道传感器的布置形式如图 5-6 所示。

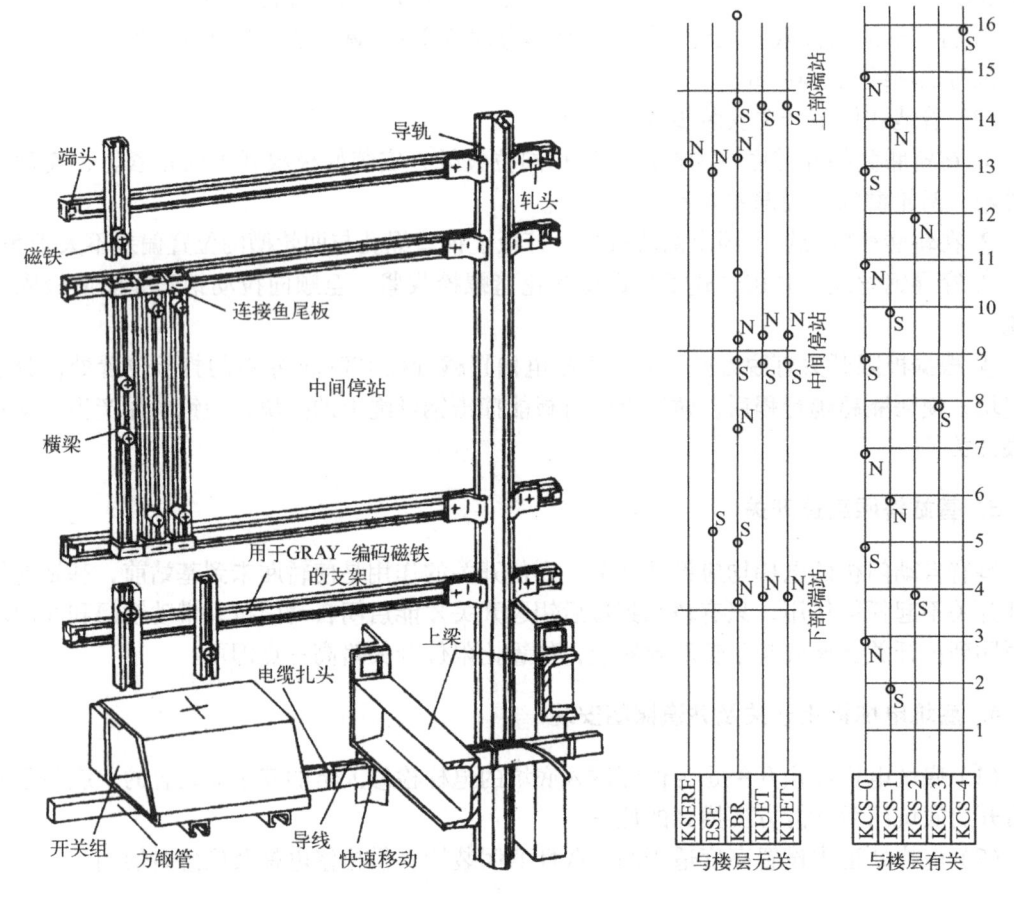

图 5-5　井道传感器的安装示意图

图 5-6　井道传感器的布置形式

② 双稳态电磁开关功能。电磁开关由一个带两块小型磁铁及干簧管的磁铁组件组成。它具有双稳态性，当轿厢上行时磁开关遇 S 极永久磁铁，开关触点闭合并保持直到再遇到 N 极永久磁铁时才断开，而在电梯下行时遇 N 极永久磁铁则闭合并保持再遇 S 极永久磁铁时才断开。

在这里应当指出，在安装永久磁铁组件时，要用水平仪校正磁铁支架的水平度。

3. 轿底电气装置

轿底电气装置主要是轿底照明灯，应使灯的开关设于容易摸到的位置。

另外，有超载装置的活络轿底内有几个微动开关，一般出厂时已安装好，在安装工地只需根据载重量调整其位置即可。

5.1.4 层站电气装置安装

层站电气装置主要有层门层楼指示器、按钮箱等。

层门层楼指示器的安装位置：离地高度为2350mm左右，面板应位于门框中心，如图5-7所示。安装后水平偏差不大于3/1000。

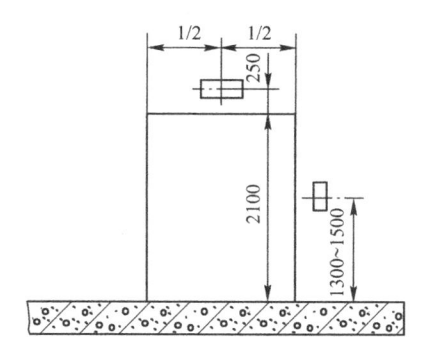

图5-7 层楼指示器的安装位置

按钮箱的安装可参照层门层楼指示器的安装方法进行安装。

5.1.5 电梯供电和控制电路安装

电梯供电和控制电路是通过导线管或导线槽及电缆线，输送到控制柜、曳引机、井道和轿厢的。

1. 管路、线槽敷设原则

电梯机房和井道内的导线管、导线槽、接线盒与可移动的轿厢、对重、钢丝绳、软电缆等的距离，在机房内不应小于50mm，井道内不应小于100mm。电梯井道内严禁使用可燃性材料制成的导线管或导线槽。

（1）导线管。在敷设导线管前应检查导线管外表，应无破裂凹瘪和锈蚀，内部应畅通，不符合要求的一律不准使用。导线管设有暗管和明管两种。暗管排后用混凝土埋没，排列可不考虑整齐性，但不要重叠，敷设时尽可能走捷径，以减少弯头，当90°弯头超过三个时应设接线盒，以便于穿导线。对于明管，应排列整齐美观，要求横平竖直，水平和垂直偏差均不大于2/100，全长最大偏差不大于20mm，同时应设固定支架，水平管支承点间距为1.5m，竖直管支承间距为2m。

（2）导线槽。安装前应检查导线槽，使其平整、无扭曲，内、外均无锈蚀和毛刺。安装后应横平竖直，其水平和垂直偏差均不大于2/1000，全长最大偏差应不大于20mm，线槽与线槽的接口应平直，槽盖应齐全，盖好后应平整无翘角。数槽并列安装时，槽盖应便于开启。线槽底脚压板螺栓应稳固，露出线槽盖不宜大于10mm。

（3）软管。目前使用的软管有两种，即金属软管与塑料软管。软管用来连接有一定移动量的活络接线。安装的软管应无机械损伤和松散现象。安装时应尽量平直，弯曲半径不应小于管子外径的4倍。固定点应均匀，间距不大于1000mm。其自由端头长度不大于100mm。在与箱、盒、设备连接处宜采用专用接头。安装在轿厢上时应防止振动和摆动。与机械配合的活动部分，其长度应满足机械部分的活动极限，两端应可靠固定。

（4）接线盒。接线盒安装前应检查是否平整、牢固，是否有穿管孔，盒内是否有毛刺，不符合要求的接线盒一律不准使用。

电梯中使用的接线盒可分为总盒、中间接线盒、轿顶、轿底接线盒和层楼分线盒等。

总接线盒可安装于机房、隔音层内，或安装在上端站地坎向上 3.5m 的井道壁上。中间接线盒应装于电梯正常提升高度 1/2 加高 1.7m 的井道壁上，如图 5-8 所示。装于靠层门一侧时，水平位置宜在轿厢地坎与安全钳之间。但如果电缆直接进入控制屏，可不设以上两接线盒。

轿底接线盒应装在轿厢底面向层门侧较近的型钢支架上。轿顶接线盒应装于靠近操纵箱一侧的金属支架上。

层楼分线盒应安装于每层层门靠门锁较近侧的井道内墙上，第一根导线管与层楼显示器管道同一高度。各接线盒安装后应平整、牢固和不变形。

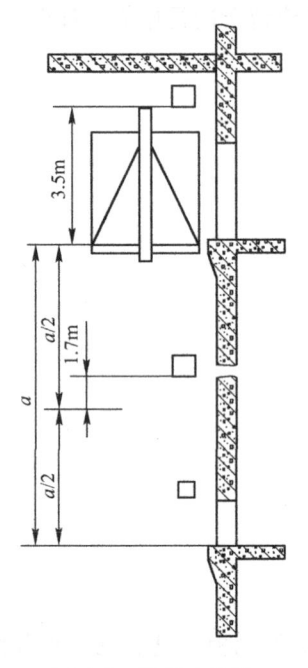

图 5-8 接线盒安装位置示意图

2. 导线选用和敷设原则

电梯电气装置中的配线，应使用额定电压不低于 500V 的铜芯导线。导线（除电缆外）不得直接敷设在建筑物和轿厢上，应使用导线管和导线槽保护。

电梯的动力和控制线宜分别敷设，微信号及电子电路应按产品要求单独敷设或采用抗干扰措施。各种不同用途的电路尽可能采用不同的颜色导线或明显的标记加以区分。敷设于导线管内的导线总截面积（包括绝缘层）应不超过管子内净截面积的 40%。如果敷设于导线槽内，则应不超过槽内净面积的 60%。出入导线管或导线槽的导线，应使用专用护口，若无专用护口，应加有保护措施。导线的两端应有明确的接线编号或标记。安装人员应将此编号或标记的明确含意记录在册，以备查用，如图 5-9 所示。

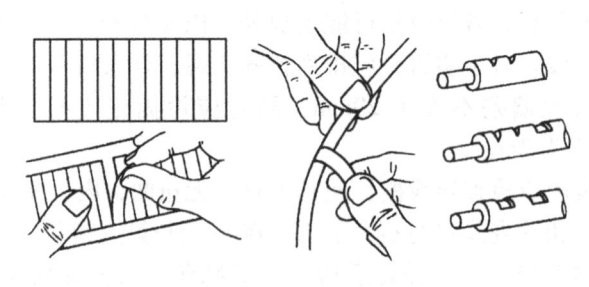

图 5-9 导线上的标记

导线在截取长度时应留有适当余量。放线时应使用放线架，以避免导线扭曲，如图 5-10 所示。穿线时应用铁丝或细钢丝导引，边送边接，以送为主，如图 5-11 所示。导线管和导线槽内应留有足够的备用线。

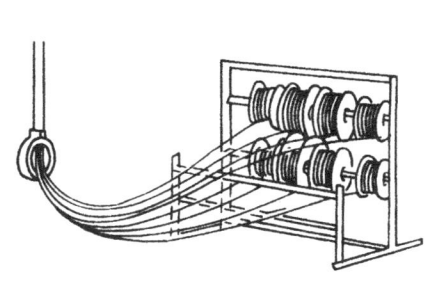

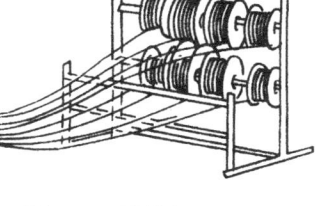

图 5-10 放线架 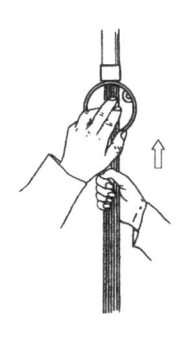　　　　　图 5-11 穿导线

3. 悬挂电缆的安装

悬挂电缆分为圆形电缆和扁形电缆两种，现多采用扁形电缆。

（1）电缆的展开。在安装电缆的时候，切勿从卷盘的侧边或从电缆卷中将电缆拉出，必须让其自由滚动展开。

圆电缆被安装在轿厢侧旁以前要悬吊数小时，为此，与井道底坑地面接触的电缆下端必须形成一个环状而被提高的底坑地面，这样可使电缆展直并在其全长上均可呈现其正常位置，如图 5-12 所示。

图 5-12 电缆形状的复原

（2）电缆的安装要求。

① 具有与外侧连接的悬垂导线的扁电缆或圆电缆必须安装成使其宽侧在整个长度内均平行于井道侧壁。

② 从悬挂点至控制器框架和轿厢终端盒，电缆被铺放在线槽内或者用夹子予以固定。

③ 当轿厢提升高度≤50m 时，电缆的悬挂配置如图 5-13（a）所示。

④ 当轿厢提升高度为 50～150m 时，电缆的悬挂配置如图 5-13（b）所示。

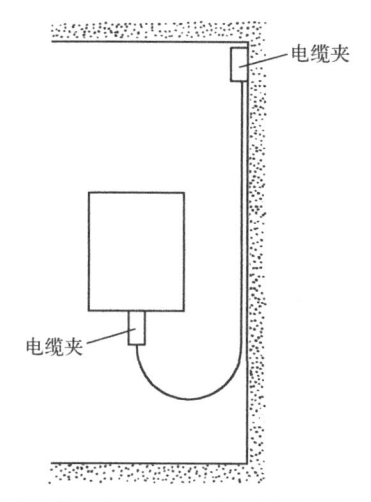

（a）轿厢提升高度≤50m 时的电缆悬挂方式　　（b）轿厢提升高度为 50～150m 时电缆悬挂方式

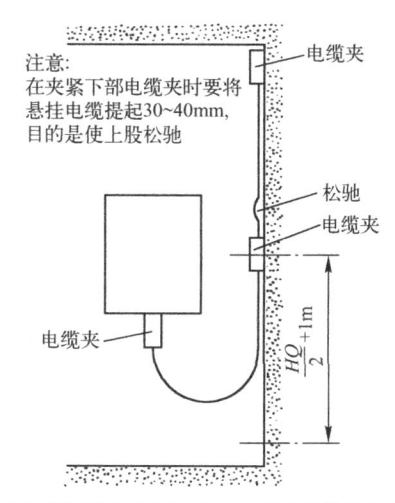

图 5-13 电缆悬挂方式

⑤ 当有数条电缆时，要保持活动的间距，并沿高度错开 30mm，如图 5-14 所示。

（3）检查和调整。

① 在试运行之前，应检查电缆夹的夹紧程度。

② 在高速运行之前，应先检查电缆按慢速随行的情况。

③ 在进行数次运行之后，应重新检查电缆的随行情况。如有必要，将其重新调节。

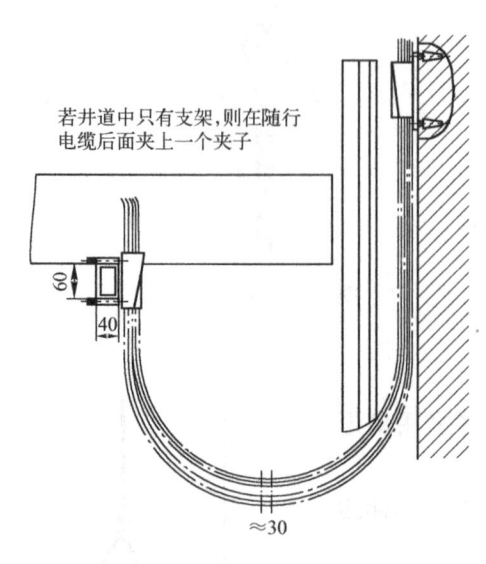

图 5-14 电缆之间的活动间隙

4. 管路及电路安装

电梯安装时若采用导线槽作为导线的保护装置，安装较为方便，只需在有相互联系的电气装置之间，敷设一段与其容量相符的导线槽即可。在井道内也只须敷设一根从上到下的总线槽，各分路从总线槽引出。而采用导线管作为保护装置时安装就较为复杂。现以信号控制自平层自开门电梯的管路及电路敷设为例进行说明。

总电源由主开关通过导线管连接至控制柜，内敷设 A、B、C 三相电源线，该线截面积根据曳引电动机的功率而定，一般 11.2kW 电动机可选用 $7\times18^\#$ 导线。

控制柜至交流双速电动机用两根 32mm 导线管，分别敷设快车和慢车动力线各 3 根，一般也用 $7\times18^\#$ 导线。

控制柜至直流电磁制动器线圈，用一根 20mm 导线管，内敷设 $7\times25^\#$ 导线两根。

控制柜至选层器，用 32mm 和 25mm 导线管各一根或用两根 32mm 导线管，内敷设层楼指示灯线、上下方向灯线、上下消号信号线、上下选层信号线，导线根数根据层楼而定，一般选用 $1\times18^\#$ 和 $1\times20^\#$ 导线。

控制柜至轿厢操纵箱，用一根 32mm 导线管，内敷设控制和指令信号线，可用电缆直接敷设，也可用导线敷设至井道接线盒后，再由电缆通往轿厢，一般用 18~24 芯电缆。

控制柜至轿厢信号箱，用一根 32mm 导线管，内敷设指令和召唤信号线，可用电缆直接敷设，也可用导线敷设至井道接线盒后，再由电缆通往轿厢。一般用 18~24 芯电缆。

控制柜至轿厢自动门机，用一根 32mm 导线管，内敷设自动门机电源及信号线，可用电缆直接敷设，也可用导线敷设在井道接线盒后，再由电缆通往轿厢。一般用 18~24 芯电缆。

控制柜至井道层站按钮箱，用一根 25mm 或 32mm 导线管，内敷设各层上、下按钮信号及指示灯信号线，导线根数根据层数而定，一般用 $1\times18^\#$ 和 $1\times20^\#$ 导线。

控制柜至井道限位开关及层门电锁，用一根 25mm 导线管，内敷设减速开关、限位开关、轿厢到位开关、张紧装置松绳、断绳开关、缓冲器复位开关、层门锁等信号线，一般选用 $1\times18^\#$ 和 $1\times20^\#$ 导线。

选层器至井道层站层楼指示器，用一根 25mm 或 32mm 导线管，内敷设上、下方向灯及各层楼指示信号线，用 $1\times18^\#$ 和 $1\times20^\#$ 导线。

单相照明电源开关至轿厢，用一根 20mm 导线管，内敷设 3 芯橡胶线，连至轿厢。

上端站分线盒至轿厢层楼指示器，用18芯电缆将上、下方向各层楼指示信号线连接至轿厢，若电缆采用从提升高度1/2以上1.5m处电缆架放下，此路线可从最接近电缆架的分线盒中引出。

井道内各分线盒采用3根25mm或两根25mm加一根20mm导线管连接，每层分线盒还须用3根20mm导线管向该层站输送三路线，即层楼指示器、按钮箱及门电锁，从上至下每层均相同，但两端站分线盒内还须排数路20mm导线管至各限位开关及安全开关。

电缆通过轿底电缆架进入轿厢后，操纵箱、信号箱及层楼指示器内的信号由电缆直接输入，轿顶上的电气连接线则通过两根25mm导线管送至轿顶接线盒，再由接线盒用数根20mm导线管送至自动门机、轿顶感应装置、照明、风扇及各路安全开关。

5. 电梯电气装置的绝缘和接地要求

电梯电气装置的导体之间和导体对地之间的绝缘电阻必须大于$1000\Omega/V$，而对于动力电路和安全装置电路应大于$0.5M\Omega$，其他电路（如控制、照明、信号等）应大于$0.25M\Omega$。做此项测量时，全部电子元件应分隔开，以避免不必要的损坏。

所有电梯电气设备的金属外壳均应良好接地，其电阻值应不大于4Ω。接地线应用铜芯线，其截面积应不小于相线的1/3，但最小截面积对裸铜线应不小于$4mm^2$，对绝缘线应不小于$1.5mm^2$。

导线管之间弯头、束结（外接头）和分线盒之间均应跨接接地线，并应在未穿入导线前用直径5mm的钢筋作为接地跨接线，用电焊焊牢。

轿厢应良好接地，如果采用电缆芯线作为接地线，不得少于两根，且截面积应大于$1.5mm^2$。

接地线应可靠安全，且显而易见（一般用黄/绿色），导线应采用国际惯用的黄/绿颜色线。

所有接地系统连通后引至机房，接至电网引入的接地线上，切不可用中线当接地线。

技能训练 13

电梯井道电气的安装

1. 目的与要求

掌握电梯井道电气的布置与固定方法，为电梯整机电路的安装提供条件。

2. 工具与器材

（1）工具 旋具、扳手、切割机。
（2）器材。
① 连接材料。螺母与螺栓等。
② 制作器材。制作各限位开关支架的钢板若干。
③ 连接导线若干。

④ 电气部件（如表 5-1 所示）。

表 5-1 模拟井道电气部件表

名　称	型　号	数　量	备　注
磁开关	D17，13	5	用于楼层检测
限位开关	LX19-21	7	用于减速、限位和终端限位
门锁开关	LX-028	6	用于门锁闭检测

3. 电梯井道电气的安装

井道电气装置的安装按下列步骤进行。

（1）根据电路的走向安装走线。

（2）根据具体尺寸制作限位开关、磁开关和电梯底层位置开关的支架，并将各开关固定在支架上。

（3）根据轿厢遮磁板的位置放置一条安装磁开关的标准线，以这条标准线为准按磁开关的具体位置找准找正后，将磁开关支架用压板固定在轿厢导轨上。

（4）根据限位开关碰板的位置放置一条安装限位开关的标准线，以这条标准线为准按限位开关的具体位置找准找正后，将限位开关支架固定在轿厢导轨上。

（5）将电梯轿厢在底层的位置开关支架固定在轿厢导轨上。

（6）用导线将各层楼的门锁开关串联后引出接到接线排上，以便于控制电路相连。

（7）将各层楼的磁开关端线、限位开关端线和电梯底层位置开关端线引出接到接线排上，以便于与控制电路相连。

安装注意事项：考虑到电梯模拟井道的承载能力，电梯曳引机一般安装在实习场地的地面上会有一定的安全隐患，因此要求限位开关的动作一定要准确可靠，这一点应引起足够的重视。

5.2 电梯的常见故障及排除

电梯使用一段时间以后，常会出现一些故障。出现的故障并不一定就是机器零件的磨损或老化所引起的，故障的原因多种多样，维护人员应根据电梯出现的故障判别其属于哪种类别，然后着手解决。

5.2.1 电梯故障的类别

1. 设计、制造、安装故障

一般来说，新产品的设计、制造和安装都有一个逐步完善的过程。当电梯发生故障以后，维护人员应找出故障所在的部位，然后分析故障产生的原因。如果是由于设计、制造安装等方面所引起的故障，此时不能妄动，必须与制造厂家或安装维修部门取得联系，由其技术和安装维修人员与使用单位的维护人员共同解决问题。

2. 操作故障

操作故障一般是由于使用者不按要求操作安全装置和开关引起的。这种不遵守操作规程的行为（如短接门的安全触点、在门开启的情况下运行等）必然造成电梯发生故障，甚至危及乘客生命。

3. 零部件损坏故障

这一类故障是电梯运行中最常见的也是最多的，如机械部分传动装置的相互摩擦，电气部分的接触器、继电器触头烧灼，电阻过热烧坏等。

我们必须尽量避免电梯故障对人的伤害，除此之外，还必须避免由此而引起的电梯停止运行及输送能力降低等故障。因此，严格遵守电梯安全操作规程，平时仔细地做好检查工作，是保证电梯安全、高效率运行的重要措施。

5.2.2 常用测量仪表与工具

1. 验电笔

普通验电笔是由充有氖气的灯管作为显示设备的，氖管一极与金属笔尖相连，另一极串联一个高阻值电阻后与笔帽一端相连。当氖管的两极间的电压达到一定值时，氖管便发光。如果将电笔笔尖与带电体接触，带电体对地电压大于氖管启辉电压，人体接触笔帽的金属部分则使氖管发光。氖管发光的强弱与两极间的电压成正比。电笔中串联的限流电阻用于防止大电流通过人体而发生危险。

验电笔除能测量电气设备是否有电外，还有以下用途。

（1）测量两个带电体是否同相，其方法是：两手各持一支验电笔，站在与大地相绝缘的物体上，对两个带电体进行测量，如果两支电笔发光较亮，则两带电体为异相，反之则为同相。测量三相电时应反复比较后确定三相的同相与异相。

（2）判断直流的正负极。将电笔接在直流电路上，氖管在直流电路中只有负极一端能发光，所以，与发光的一端相连的是负极，另一端则为正极。

（3）判别直流电与交流电。验电笔氖管一个极发光时，带电体上为直流电；若氖管两极都发光，则带电体上为交流电。

（4）判断电流电路是否接地。在电梯不接地的直流系统中，用验电笔对电路正负极进行测量，如果氖管始终不发光，则电路没有接地现象。若与笔尖一端相连的氖管的那个极发光，则为正极接地，若另外一极发光则为负极接地。

2. 指针式万用表及其使用

万用表也称万能表，可以用来测量交直流电压、直流电流、电阻等，功能多的万用表还可以测量交流电流、电容量、电感量，判断二、三极管的极性等。其测量电路是电压表、欧姆表和电流表等测量原理的组合，测量电路中的元件为各种类型和数值的电阻元件。在测量时，将这些元件通过转换开关接入被测电路中，使表头—高灵敏磁电式直流电表表针产生偏转，测量交流电时，通过表内整流器变成直流后再通过表头做出指示。表头中可动线圈导线很细且匝数多，其内阻越大，灵敏度越高。

万用表的种类很多，使用前应了解盘面上各旋钮、插孔的作用，每个万用表都有原理和使用说明，应该读懂后再使用并注意下列几项。

（1）测量时将表摆放平稳，以确保读数准确。

（2）首先检查表针是否在机械"0"位，若不在应予以调整好。测量电阻时先将两支表笔对搭，调整"0"调整器使指针指零。当变换电阻挡时，应重新调整。如果针指总不能指零，则可能是表内电池电能耗尽需更换。

（3）测量前应选择好表盘上各旋钮的位置，旋钮所指位置必须与要测的项目内容一致，表笔插接正确，严格防止用电流挡测电压，用电阻挡测电压、电流等错误操作。测量电阻时，被测物应不带电。

（4）选择测量范围时，如果知道被测值的大概数值，应选择能使指针指在满刻度1/2至2/3附近的量程，这样读数更准确。若不知被测数值，则应从大量程挡起测量，多次选择使读数准确。换挡时表笔应脱离被测体。测量直流电压时，应注意极性，防止表针反偏打坏表针。

（5）每次测量后，应将表盘上选择开关旋至空挡或高电压挡位上，以防止下一次测量时错误操作。也不要放在电阻挡上，以免表笔短接损耗表内电池。

测量微机控制电梯的直流电压时，应使用高灵敏度的万用表或数字电压表。

表5-2为指针式500型万用表主要技术性能表。

表5-2 指针式500型万用表主要技术性能表

测量项目	测量范围	灵敏度	精度等级	基本误差
直流电流	0～50μA～1～10～100～500mA	—	2.5	±25%
电阻	0～2kΩ～20kΩ～200kΩ～2MΩ～20MΩ	—	2.5	±2.5%
直流电压	0～2.5～10～50～250～500V	20kΩ/V	2.5	±2.5%
	2500V	4kΩ/V	4.0	±4%
交流电压	0～10～50～250～500V	4kΩ/V	4.0	±4%
	2500V	4kΩ/V	5.0	±5%

3. 数字式万用表

数字式万用表具有测量精度高、显示快、体积小、重量小、耗电少、能承受过负荷、能在强磁场区使用等优点，目前已得到了广泛的应用。下面介绍DM-100型数字式万用表及其使用。

（1）面板布置。DM-100型数字式万用表面板上设置了电源开关、量程开关、测量状态开关、显示器、h_{FE}测试插座和输入端子。

① 电源开关。此开关能实现PNP型和NPN型晶体管的选择功能，测量h_{FE}时，对于PNP型晶体管开关置于中间位置，NPN型晶体管开关置于右端，其他测量状态下该开关无影响。使用完毕应将开关置于OFF位置。

② 显示器。采用液晶显示，最大指示值为1999，极性指示仅为负（-）。当被测信号超过1999或-1999时，在靠左端的位置上显示（1）或（-1），表示已超出测量范围。

③ 测量状态开关。该组开关用以选择测量直流电压、交流电压、直流电流、电阻功能。

④ 量程开关。依照被测信号大小，选择合适的量程。

⑤ h_{FE} 测试插座。用以测量晶体管，PNP 型与 NPN 型晶体管类型选择由电源开关实现。插座边标有晶体 B、C、E 三个极，小型晶体管可以插入直接测量。

⑥ 输入端子。面板上有 4 个输入被测信号的端子，黑色测试笔总是插入公共的"COM"端子。红色测试笔通常插入"＋"端，当测量交流电压时，需要将红色表笔插入"ACV"端子。当被测直流电流大于 200mA 时，需要将红色表笔插入"10A"端子。

（2）测量方法与注意事项。

① 直流电压测量。把红色表笔接"＋"端，黑色表笔接"COM"端，电源开关置"ON"，按下"V"状态开关。按照被测电压大小，按下合适的量程开关，将表笔接到被测电路两端即可。

② 交流电压测量。把黑色表笔接"COM"端，红色表笔接到"ACV"端，电源开关置"ON"，按下"V"状态开关，再根据被测交流电压大小，在 200V 或 1000V 挡中选按一个量程开关。将表笔接到被测电路上即可。

③ 直流电流测量。把黑色表笔接到"COM"端，红色表笔接到"＋"端，电源开关置"ON"，按下"DCMA"状态开关，按照被测电流大小，选按合适的量程开关，将表笔接入被测电路，显示器就有指示。被测电流超过 200mA 时，红色表笔应插入 10A 插座，量程开关选 20mA/10A 挡。

④ 电阻测量。把红色表笔插入"＋"端，黑色表笔插入"COM"，电源开关置"ON"，按下"OHM"状态开关，按照被测电阻大小，选按量程开关，将表笔接于被测物两端，显示器显示电阻值。用电阻量检查二极管或电路导通状况时，蜂鸣器发出声响表示通路。

⑤ 测量二极管。把黑色表笔接到"COM"端，红色表笔接到"(＋) V-mA-Ω"端，按下状态开关"OHM"挡，电源开关置"ON"，按下量程开关"⇥"，将表笔接到二极管两端。当正向检查时，二极管应有正向电流流过，在二极管良好时应显示一定值，其正向压降等于显示数乘以 10。例如，好的硅二极管正向压降值为 400～800mA，如果显示 70，则正向压降近似为 700mV。如果被测二极管是坏的，则显示"000"（短路）或"1"（开路）。当反向检查时，若二极管是好的，则显示"1"，若二极管是坏的，则显示"000"或其他信息。

⑥ h_{FE} 测量。测 PNP 型晶体管时将电源开关置于中间的"ON"位置，按下 DCmA/h_{FE} TEST 状态开关和 h_{FE} 量程开关，将晶体管三个极对应地插入 E、B、C 孔中，显示器即显示出被测管的 h_{FE} 值。

⑦ 注意事项。装入电池时电源开关应置于"OFF"位置。测量前应选好状态开关和量程开关所处的位置，不要搞错。改变测量状态和量程之前，测试笔不要接触被测物。不要在能产生强大电气噪声的场合中使用，否则会引起读数误差或读数不稳定现象。测量完毕，电源开关应置于"OFF"位置。

4. 钳形电流表及其使用

在测量电梯平衡系数时，一般采用电流-负荷曲线图法，这时的电流测量，就使用钳形电流表。

钳形电流表由电流互感器和电流表组成。互感器的铁芯活动部分与手柄相连，测量时按动手柄使活动铁芯打开，将被测导线置于钳口中，然后使铁芯闭合。导线是互感器的初级，当导线中有电流流过时，次级线圈产生感应电流，与次级相接的电流表中随之产生电流，其值大小由导线中的工作电流和次级圈数比确定。

钳形电流表的优点是使用方便，常用于不切断电路的场合；缺点是准确度较差，一般为2.5级以下。采用整流式磁电系测量机构的钳形电流表只能测量交流电流；采用电磁系测量机构的电流表可以测量交直流电流。常用钳形电流表的主要技术数据见表5-3。

表5-3 钳形电流表技术数据

名 称	型 号	准确度等级	测量范围	耐压（V/min）
钳形交流电流表	T-301	2.5	0~10~25~50~100~250A	2000
钳形交流电流电压表	T-302	2.5	0~10~50~250~1000A 0~250~500V	2000
钳形交流电流电压表	MG4-AV	2.5	0~10~30~100~300~1000A 0~150~300~600V	2000
钳形直流电流表	MG20	5	0~100~200~300~400~500~600A	2000
袖珍型钳形交流表	MG24	2.5	0~5~25~50A，0~5~50~250A 0~300~600V，0~50V	2000
袖珍型三用钳形表	MG25	2.5	5~25~100A，5~50~250A， 0~300~600V，0~50kΩ	

使用钳形电流表前应仔细阅读该表的使用说明书，正确选择应使用的量程。测量时应注意以下事项。

（1）测量时，操作者应保持与带电体的安全距离，以防发生触电事故。

（2）如测量前已知被测电流大约范围，可选用适当量程；若不知被测电流大小，则应选用最大量程挡，再观察被测电流大小，适当改变量程。改变量程时，应将表脱离导线，防止损坏仪表。

（3）测量交流电流时，应将导线置于钳口中间位置并使钳口闭紧。表盘应呈水平位置，以使读数准确。

（4）测量5A以下电流时，可将被测导线在表的钳口上多绕几圈，用所测电流值除以钳口内导线根数，其值就是所测电流数，这样测得的结果比较准确。

（5）测量后，把旋钮放在最大量程挡，防止下次使用时未选对量程而损坏仪表。

5. 示波器及其使用要点

在修理直流电梯或微机控制电梯时，用示波器观测信号动态变化过程或对频率、幅值、相位差等电参量进行测量，既直观又方便。观测频率不高的一般信号波形常选用SB-10、SR-8等型号的通用示波器。当观测低频缓慢变化的信号时，应选用SBD1-6、SBD-6B等型号的长余辉示波器。

由于示波器发展很快，近年来其生产型号较多，示波器又是专业性很强的电子仪器，使用时应参照产品使用说明书和有关的书籍。这里仅就其使用要点简述如下。

（1）机壳必须接地。

（2）亮点辉度要适中，被测波形的关键部位要移到屏幕中心位置。

（3）被测信号大于灵敏度最大值时，要使用衰减器，以免烧坏示波器。

（4）被测信号频率低于几百千赫兹时，可用一般导线连接。当被测信号的幅度较小时，应用屏蔽线连接，以防干扰。测量脉冲信号时，需用高频电缆连接。

（5）测量脉冲信号时，必须使用探头，探头可以提高示波器输入电路的阻抗，以减小对被测电路的影响。

6. 兆欧表及其使用

兆欧表又称绝缘摇表，用途是测量电气设备绝缘电阻。电梯电气设备额定电压为500V以下，一般应选用250~500V兆欧表。测量发电机线圈的绝缘电阻，应选用1000V兆欧表。

兆欧表由磁电系比率计和手摇直流发电机组成。晶体管兆欧表由高压直流电源和磁电系比率计或磁电系电流表组成。

兆欧表有3个接线柱，一个为"电路"或"L"，另一个为"接地"或"E"，第三个为"屏蔽"或"G"。测量电力电路或照明电路绝缘电阻时，"L"接被测电路，"E"接地线，若接反会产生测量误差。测量电力电缆的绝缘电阻时，将"G"接在电缆绝缘纸上，这样可消除芯线绝缘层表面漏电所引起的测量误差。

测量时注意事项如下。

（1）测量时首先切断被测设备电源，对于较大电容性设备（如电力电缆、电容器、变压器等），应先行放电。测量中禁止他人接触被测设备，测完后放电，以免触电。

（2）兆欧表引线应采用两根单独多股软线，不能将引线绞在一起，以减小测量误差。

（3）将表放于水平位置，使测量导线处于开路状态，摇动兆欧表，指针应指在"∞"处，再将"L"与"E"导线短路，摇动兆欧表，指针应指在"零"处。晶体管型兆欧表不宜用短路校验。

（4）摇测绝缘电阻时，应保持额定转速，一般为120r/min，读取1min后的摇测值，这时绝缘体吸收电流已趋于稳定，测量较准确。

（5）测量潮湿环境中的低压电气设备绝缘电阻时，不宜使用从1MΩ或2MΩ开始起读的兆欧表，若设备绝缘电阻小于1MΩ，仪表则无指示，容易误认为是零值。应选用从零值起读的兆欧表。

（6）被测点应擦拭干净无油污，以免因漏电产生测量误差。

7. 接地摇表及其使用

接地摇表主要用于直接测量各种接地装置的接地电阻和土壤电阻率。接地摇表型式较多，使用方法也不尽相同，但基本原理是一样的。常用的国产接地摇表有ZC-8型、ZC-29型等。

ZC-8型接地摇表由高灵敏度检流计、手摇发电机、电流互感器和调节电位器等组成。当手摇发电机摇把以120r/min转动时，发电机便产生90~98Hz交流电流。电流经电流互感器一次绕组、接地极、大地和探测针后回到发电机。电流互感器产生二次电流使检流计指针偏转，借助调节电位调节器使检流计达到平衡。该表量限有0~1~10~1000Ω和0~10~100~1000Ω两种。

ZC-29型接地电摇表，主要用于测量电气接地装置和避雷接地装置的接地电阻。该表由手摇发电机、检流计、电流互感器和滑线电阻等组成。该表测量范围为：0~10Ω最小分度为 0.1Ω；0～1000Ω 最小分度为 10Ω。辅助接地棒的接地电阻当测量范围为 0～100Ω 时，不大于 2000Ω，为 0～1000Ω 时，不大于 5000Ω，对测量均无影响。

测量时先将电位探测针 P、电流探测针 C 插入地中，应使接地极 E 与 P、C 成一直线并相距 20m，P 位于 E 与 C 之间。再用专用测量导线将 E、P、C 与表上相应接线柱分别连接，测量前应将被测接地引线与设备断开。

摇测时表放于水平位置，检查检流计的指针是否在中心线上，若不在则应用零位调整器把针调到中心线。然后将表"倍率标度"置于最大倍数，缓慢摇动发电机手把，同时转动"测量标度盘"，使指针指在中心线上。用"测量刻度盘"的读数乘以"倍率标度"倍数，得数为所测的电阻值。

8. HT-331 型手持数字式转速表

HT-331 型转速表以数字显示，测量迅速、误差小，可连续测量，其测量周期为 1s。该转速表由测试头、传感轴、开关、显示器、低电压指示灯、电池盒、测试环等组成。

HT-331 型转速表内装有 4 节 5 号电池，当电力不足影响测量精度时，低电压指示灯会自动点亮，此时应更换新电池。使用方法及注意事项如下。

（1）测量转速时，将测试头与传感轴相连接，按下开关，将测试头顶在被测旋转轴的中心孔处，并保持测头与被测轴同心，1s 后显示器即可显示出转速。为使测得结果准确，测试时间应在 2s 以上，也可多测几次来核实测定值。

（2）当测量电梯额定速度时，可用周速测环与传感轴连接，将测环靠于曳引轮缘上，将测出的数除 60 即是 1:1 式绕法电梯的额定速度（m/s）。如果是 2:1 式绕法电梯，还要除以 2。测出曳引轴的转速（曳引轴与曳引轮连为一体速度相等）后，可以用下面的公式求出电梯额定速度：

$$额定速度(m/s) = \frac{曳引轮速度 \times 曳引轮直径(m) \times 3.1416}{60} (1:1 绕法)$$

若为 2:1 绕法，则将上式的得数再除以 2。例如，某梯曳引轮转速为 30r/min，轮直径为 0.64m，绕法为 2:1，求得的梯速为：

$$额定速度(m/s) = \frac{30 \times 0.64 \times 3.1416}{60 \times 2} \approx 0.5 m/s (2:1 绕法)$$

应在电梯达到额定速度时测电梯额定速度。

（3）测试时注意测试头与旋转部位接触时不要打滑，以免发生事故。

（4）测头磨损后应更换。长期不用应取出表内电池。

除 HT-331 型转速表外，还有 HT-441 型、ZS-8401 型等转速表。

5.2.3 查找电气故障的方法

电梯的故障有机械故障和电气故障两种，机械故障较直观，通过外观的检查和听、看、摸即可发现故障部位，再经过分析就可找出故障发生原因。可是电气故障就不同了，除听、看、摸、嗅等直观检查外，还必须借用一些仪表和工具对故障电路及元器件进行检测，找到故障点。其常用的方法有如下几种。

1. 电阻法

当开关触点接触不良或电路断路时，如压线松脱、导线折断、接触点氧化接触不良、电动机变压器绝缘漆包线断开等现象都可以用测量电阻的方法将故障点查出来。例如，有一照明灯，灯泡不亮。经检查灯泡没坏，插头完好没松线，灯头接线也没有松脱，电压36V完全符合要求，电源电缆线外表完整无损。根据以上情况初步判断故障在电缆内部芯线上，其中有断裂处。

用万用表电阻挡来查找断开点，方法如下。

（1）测电缆线电阻。将插头处两线短接，测灯头螺口与中心片的电阻，若不通，说明芯线断开。

（2）测量哪根线断了。将一支表笔搭在插头短接处，另一支表笔依次搭接在螺口与中心压片，哪根线不通就是哪根线断了。

（3）查找断线处。在断线的1/2处用针扎进线芯中，测针与断线两端阻值，不通端即为故障段。

（4）在故障段1/2处再用一根针扎进芯线中测针与针、针与另一端电阻，不通端即为故障段。

（5）依次测量，直到把故障点测出为止。

以上方法称为"优选法"，它可以迅速地测出故障点以节省查找故障的时间。

用电阻法查找安全回路和门联锁回路的故障点也是非常方便的。

例如，门联锁发生故障，联锁继电器不吸，电梯不会启动运行，见图5-15。

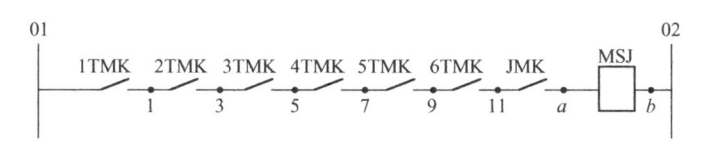

图5-15 门联锁回路电气原理图

具体检测方法是用万用表电阻挡测门锁继电器MSJ线圈a、b端电阻（断开电源电压进行测量），如果电阻表针不动，说明线圈断线；若线圈完好，说明故障在各层门的联锁开关上。测量各层门上各个开关的触点，哪个触点不通说明故障就在哪个触点上。

2. 电压法

还以图5-15为例来说明电压测量法寻找故障的步骤。

（1）用电表的电压挡测量MSJ线圈a、b两点之间的电压，若有电压，说明故障在a、b点之间的线圈上，若无电压，故障在井道各厅轿门的联锁开关上。

（2）到井道内轿顶上测a端与11端间电压，若有电压，说明故障在a端与11端之间的轿门开关（JMK）上；若没电压，说明故障在下面层站的厅门联锁开关上。

（3）依次测量各厅门联锁开关两触点之间的电压，哪两个触点之间有电压，故障便在哪个厅门的联锁开关上。

（4）处理检测高层楼房电梯故障时，为了尽快找出故障点，也可以采用"优选法"来查找故障。方法为：在中间层楼的轿厢顶上测01端与7端和7端与02端之间的电压，分段进行测量，哪段有电压，故障就在哪一段。分段检查，可节省一半时间将故障点找出来。

3. 短路法

短路法是用短导线逐段短路电气电路中各开关触点或电路来查找故障的方法，它和电压法基本一样，不同的是千万不可短路不同两相（极）的电压。还以图5-15为例，来说明用短路法找故障的方法。

（1）用导线短路01端与11端之间的电路，线圈若吸合，说明故障在厅、轿门上；若不吸合，说明故障在线圈上。

（2）到轿顶短接01端与11端之间电路，若线圈吸合，说明故障不在轿门而在厅门上；若线圈不吸合，说明故障在轿厢门的验证开关（JMK）上。

（3）用短导线短路01端与9端之间的电路，若线圈吸合，说明故障在4TMK以下各开关上；若不吸合，说明故障在5TMK上。就这样一层层短接各厅门开关，最后就可将故障点找出。

（4）在排除高层楼房电梯的门联锁故障时，为了节省时间，也可以用"优选法"分段短路电路来查找故障点。

4. "挑担灯"法

电表精密昂贵，携带不便，测量时还需有合适的放置位置，测读数值不大方便。电工在维修实践中总结出一种方法，用小灯头来测电路有无电压以判断电路的通断，因为用小螺口灯头两边接上硬绝缘导线类似人挑担子一样，所以这种方法俗称"挑担灯"法。

用"挑担灯"法查找故障和用电压法查找故障大同小异，不同的是电压法是根据电压的有无来判定故障，而"挑担灯"法是以灯泡亮不亮来判定故障所在。

5. 程序检查法

在调试、大修、改造及进行较大规模的系统故障排除时，将电动机与抱闸动力电源切除，按电气原理图和操作说明书要求，短接不够运行条件的触点及触头，人为地给逻辑控制电路或PLC的梯形图创造一个工作条件，以满足电动机启动、加速、快速运行、换速减速、制动平层、停车开门、关门运行等条件要求。然后用短导线短路法，给控制框加上位置信号、召唤信号、指令信号，观察控制系统中各部位、各环节接线是否正确，各输出信号的顺序是否符合电梯运行的顺序。

这里举例说明程序检查法的方法与步骤。例如，新改装一台PLC控制的交流双速轿内按钮控制的货梯一台，要求厅召唤不参与定向，只给出声光信号；工作时按关门钮自行关门启动，到达预选层站后，自动换速平层停梯开门；上、下班在基站用钥匙开、关门；检修时慢车点动运行，点动、开关门，有应急按钮，必要时可开门运行。

程序检查步骤如下。

（1）先拆除曳引电动机三相电源线和抱闸的两根直流电源线。

（2）用短导线短接不够运行条件的触点，如门联锁触点，安全继电器触点，上、下限位触点，上、下强迫换速触点等。

（3）因电梯运行状态是一个变化过程，而模拟试运行只能在静态条件下进行，势必和实际运行有差距，因此必须熟悉图纸，尽量考虑周密。做到从大处着眼，客观全面地把握每个环节，从小处着手，每一个具体过程都不轻易放过。仔细检查 PLC 各输入点指示灯，在确实满足图纸要求的条件后，可用短接法模拟司机选层步骤给 PLC 输入内指令，检查电梯的关门（关门继电器吸合）、启动、选向运行过程，PLC 输出关门信号，接着快车接触器吸合，调速接触器吸合，上升（下降）接触器吸合……

（4）检查以上顺序是否符合图纸要求，在检查试验中，若发现有不正常处，应立即排除，再重新试验。

程序检查能确认控制系统的技术状态是否良好，分清故障所在部位，分析判断故障性质，缩小故障范围，对于迅速寻找疑难故障并及时排除故障，是行之有效的好方法。

5.2.4 电梯常见故障

1. 电梯机械部分常见故障及排除方法（见表 5-4）

表 5-4 电梯机械部分常见故障及排除方法

故障现象	可能的原因	排除方法
电梯层、轿门不能开、关。某层楼面的层门门锁锁不上，电梯无法正常运行	门锁故障。由于门锁使用过久或保养不当，造成门锁锁臂固定螺栓严重磨损，引起锁臂脱落或锁臂偏离定位点，使该层楼层门门锁锁不上	① 校正从动轮支撑杆，使弯曲部分恢复到原来位置。 ② 更换被撞坏的门挂脚，并调整门滑块的间隙，使层、轿门能灵活地开和关。 修复损坏的门锁零件，若门锁损坏严重，无法修复的，则应更换门锁
层门或轿门在开、关过程中经常滑出地坎槽	门滑块损坏，由于层门或轿门的门滑块磨损严重，使门滑块失去对层门、轿门的定位作用	更换门滑块
电梯在运行过程中，未到达停层位置即提前停车	由于层门门锁上两橡皮轮的位置偏移，轿门上的开门刀片不能顺利地插进门锁两橡皮轮之间，而是撞在橡皮轮上，造成门锁上限位开关断开，使电气控制系统动作，电梯被迫提前停车	调整两橡皮轮的位置，使电梯运行时，轿门上的开门刀片能顺利地插进厅门锁两橡皮轮间。若橡皮轮和偏心轴已损坏，则应重新装配并校准
电梯在启动和停车过程中，曳引机产生轴向窜动	蜗轮减速器中蜗杆轴上的止推动球轴承严重磨损，从而影响电梯的舒适感	更换严重磨损的轴承，并调节轴向间隙（应控制为 0.10～0.15mm）
电梯运行过程中，曳引机蜗轮减速器发热冒烟，严重时停止运转	减速器内的润滑油含有大量的杂质或严重缺油，使减速器运转部位缺油发热，甚至出现"咬轴"现象	发现"咬轴"现象，应立即切断电动机电源，停止电梯运行，以防坏曳引机组。然后应吊起轿厢，拆开蜗轮减速器、制动器等传动机构，修刮铜套和修整蜗杆轴，若铜套磨损严重，则应更换铜套，安装校正之后，清洗蜗轮减速器油箱，并加入规定标号的润滑油
电梯进入平层区后不能准确平层	① 电梯自动门机传动故障。自动门机从动轮支撑杆弯曲，造成主动轮与从动轮的传动中心偏移，引起传动皮带脱落，使厅、轿门不能开和关。 ② 层、轿门的门挂脚损坏。由于使用不当，层、轿门的挂脚被撞断，造成层、轿门下坠拖地，使层、轿门不能开和关	更换新闸瓦带。并按规定调节闸瓦与制动轮接触面的间隙

续表

故障现象	可能的原因	排除方法
电梯运行过程中，轿厢晃动过大	轿厢导靴磨损，导轨与导靴之间的配合间隙不当。刀主导轨偏移	① 更换导靴靴衬，并按规定调整导靴与导轨之间的间隙。 ② 校正主导轨
安全钳经常误动作，电梯突然停车	① 限速器调整不当。 ② 安全钳楔块与导轨之间的间隙调整不当。 ③ 限速器运转部分严重缺油，引起"咬轴"现象	① 调整限速器离心弹簧的张紧度，使其运转到规定速度动作。按技术要求调整安全钳楔块与导轨侧面之间的间隙为 2.5～3.0mm。 ② 对限速器运转部分加油，保证其转动灵活，并定期进行保养
电梯运行过程中，对重轮噪声严重	对重轮轴承严重缺油，引起轴承磨损，运行产生噪声，严重时，出现"咬轴"现象	设法固定轿厢和对重，使曳引钢丝绳放松，拆除对重轮，更换轴承，并加注润滑油，对"咬"坏的轴，应进行机加工处理，修复后再使用
电梯向上运行正常，向下运行不正常，出现时慢、时快，甚至停车现象	轿厢顶部的安全窗关闭不严，使安全窗限位开关接触不良。当电梯向上运行时，由于井道内空气压力的作用，使安全限位开关接通，电梯能够运行。而当电梯下运行时，空气压力使安全窗关闭不严，安全窗限位开关接触不良。因此，造成电梯时慢、时快，甚至停车	关严安全窗，保证安全窗限位开关正常接通

2. 电梯电气部分常见故障

（1）交流双速客梯（KJX 型）常见故障（见表 5-5）。

表 5-5　交流双速客梯（KJX 型）常见故障

故障现象	可能原因	备　注
不能选择要去的楼层	① 电梯处于检修状态。 ② 检修继电器 MJ 常闭点（15～16）接触不良。 ③ 选层按钮接触不良。 ④ 不能自动定向	KJX-A 单台客梯是 MJ 常闭点（9、10）
不能自动定向	① 上方向继电器 SKJ 或下方向继电器对回路串接的常闭点接触不良。 ② 当轿厢不在该层时，某楼层的楼层控制继电器 [(1—n)n$_1$] 吸合。 ③ 层楼控制继电器 [(1-n)ZJ1] 中有的常闭点（13.14，15.16）接触不良。 ④ 某层外呼梯信号不能自动确定运行方向，是该层呼梯继电器定向常开触点（A 台：5.10；B 台：6.12）串接的二极管断路。 ⑤ 外呼梯信号都不能定向，87# 与 08# 线之间开路。 ⑥ 内选信号都不能定向，3BZ 断路	轿厢不在该层的层楼指示灯亮，说明该层感应器常闭点未断开，或楼层继电器 [1-(n-1)ZJ1] 保持吸合。单台客梯外呼梯继电器定向常开触点是（1.7）
轿门不关闭	① 关门安全触板位置不对，安全触板继电器 PAJ 一直吸合。 ② 关门继电器 MGJ 串接的常闭触点有时接触不良。 ③ 超载继电器 TGJ 吸合。 ④ 关门按钮 MGA 接触不良	轿门关不上，首先查看 PAJ 是否吸合

续表

故障现象	可能原因	备注
轿门不开启	① 开门继电器 MKJ 串接的常闭触点有时接触不良。 ② PAJ 串接的 TYJ 常闭点（7.8）接触不良。 ③ 开门按钮接触不良。 ④ 感应器 YMQ 平层时不能复位，或引线接触不良，不能自动开门	
轿厢门既不能开也不能关	① 电压继电器 YJ 释放。 ② 熔断器 9RD 断路。 ③ 门电动机的电枢回路或励磁回路断线，碳刷接触不良。 ④ 门电动机皮带松动。 ⑤ 轿门被卡	单台梯门电动机熔断器是 11RD
开门或关门过程中，门电动机速度不变	① 开门或关门分流开关接触不良。 ② 开门或关门分流电阻（MKR，MGR）滑动片与电阻接触不良。 ③ 分流电路或电阻断线	此时开、关门噪声很大
开门或关门速度很慢	① 电阻 DMR 滑动片与电阻接触不良。 ② 分流开关 1KM 或 1GM、2GM 没复位，分流电阻与电枢一直并联	开关门速度都很小，原因在①；只开门或关门速度小，原因在②
关门夹人，不能自动开门	关门安全触板开关 1KAP、2KAP 在夹人时没被接通	
定向后，揿向上按钮 SYA 或向下按钮 XYA 不关门	① 启动关门继电器 1QJ 串接的常闭点有时接触不良，1QJ 不吸合。 ② 83# 与 84# 线之间开路。 ③ SFJ（2-8）或 XFJ（2-8）不通	一个方向可关门开车原因在③
选层定向关门后，不能启动运行	① 层门或轿门没关好，门锁继电器 SMJ 不吸合。 ② 检修继电器 MJ 常闭点（13-14）或慢车接触器 M 常闭点（3-4）接触不良，快车接触器 K 不能吸合。 ③ 电源缺相	
电梯能上行，不能下行	① 下行机械缓速开关 IKW 接触不良，QJ 不能吸合。 ② 下行限位开关 3KW 或上行接触器的常闭点（3-4）接触不良，下行接触器 X 不能吸合	
电梯只能下行，不能上行	① 上行机械缓速开关 ZKW 接触不良，QJ 不能吸合。 ② 上行限位开关 4KW 或 X 的常闭点（3-4）接触不良，S 不能吸合	
电梯刚一启动，就停车	① 开门刀触动厅门门锁，SMJ 释放。 ② YJ 线圈串接的触点有接触不良	
运行中突然停车	① 电压继电器 YJ 串接的触点有时接触不良。 ② 控制电源故障。 ③ 电源缺相。 ④ 电动机热继电器脱扣。 ⑤ 开门刀触动厅门门锁。 ⑥ 接触器 S、X、K、M 串接的常闭点有的接触不良	

续表

故障现象	可能原因	备 注
各层均不能换速停车	① 换速准备继电器 QTJ 延迟释放电路（RC 电路）断线，电容失效，QTJ 不延迟释放，停站继电器 TJ 无法吸合。 ② 楼层继电器 (1-n) ZJ 常闭点 (5-11) 有的接触不良，QTJ 不能吸合 ③ 快车接触器 K 有延迟释放现象	原因在①、②时，顶层、底层采用强迫换速开关可以换速。原因在③时，顶层、底层也不换速，出现冲顶、蹲底现象
选某层，到该层不能换速停车	① 该层感应器当换速铁板插入后，常闭点不能复位接通或引线断，该楼层继电器 ~ZJ 不能吸合，TJ 也不能吸合。 ② 该层感应器与相邻楼层的感应器距离小于换速铁板长度，QTJ 无法吸合。 ③ 外呼梯信号（上、下各层）不能换速停车，指令专用继电器 JJ 常闭点 (5-11) 接触不良。 ④ 外呼梯继电器常开点 (5-10) 或 (3-8) 串接的二极管断线、断极，该层不能截车	当存在①或②问题时，内、外选层信号都不能使电梯在该层停车
到达某层总是换速停车	① 该层楼层控制继电器 (~ZJ1) 不吸合外呼梯继电器不释放，外呼梯信号一直保持。 ② 该层楼层控制继电器 (~ZJ1) 信号常开触点 (4-3)、(12-11) 引线断或接触不良，外呼梯继电器也不能释放	KJX-A 单台客梯外呼信号消除触点是 ~ZJ1 的 (7-8, 11-12)
上行或下行，层层换速停车	① FKJ (5-11) 没断开。 ② 1ZJ (1-7) 或 NZJ (1-7) 没断开，这样 45# 线一直有电	KJX-A 单台客梯是 95# 线一直有电
换速后到达平层位置不停车	① QJ 常闭点 (15-16) 接触不良或 60# 线断。 ② 遮磁板插入 YMQ 后，QMJ 没吸合。 ③ 上行不停车，平层时继电器 XPJ 未吸合，感应器 YPX 常闭点未接通或连线断，S 有延迟释放现象。 ④ 下行不停车，平层时继电器 SPJ 未吸合，感应器 YPS 常闭点未接通或连线断，X 有延迟释放现象	当接触器 S 或 X 有延迟释放现象，检修运行，手动松开车按钮后，也不能立即停车
换速后未到平层就停车	① 上行、下行均有这种现象，一般是 QJ 常闭点 (13-14)、K 常闭点 (3-4a) 接触不良。 ② QMJ 常闭点 (2-8)、K (7-8) 接触不良。 ③ 上行出现这种现象，继电器 SPJ 未吸合或 XPJ 常闭点 (S-2) 接触不良，接触器 S 不能维持吸合。 ④ 下行出现这种现象，继电器 XPJ 未吸合或 SPJ (8-2) 接触不良，接触器 X 不能维持吸合	原因在②时，换速后突然停车，上、下行都可能出现
换速后，制动过程台阶感明显	① 接触器 M (8-7)、2A (8-7)、3A (8-7) 等触点有的接触不良。 ② 2ASJ、3ASJ、4ASJ 延时调整不当	原因在①时，相应的减速接触器在 M 吸合后立即吸合
换速后，速度下不来，有冲层现象	① 制动接触器 2A、3A、4A 主触点有的烧蚀或接线松动。 ② 制动时间继电器 2ASJ、3ASJ、4ASJ 的常闭点 (2-8) 有的接触不良，相应的制动接触器不能吸合。 ③ 2ASJ、3ASJ、4ASJ 延迟释放时间过长	制动过程延长，到达平层位置时转速还没降到额定低速

续表

故障现象	可能原因	备 注
电磁制动器打不开	① 制动器线圈电源线开路。 ② 制动器串接触点烧蚀。 ③ 铁芯间隙过小。 ④ 铁芯间隙过大。 ⑤ 调整螺栓未调好。 ⑥ 电阻 RZ1 断线	原因在②时，启动加速后，抱闸复位抱紧
楼层指示信号在轿厢驶过后不消号	① 该层感应器在轿厢驶过后常闭点未断开，楼层继电器（~ZJ、~ZJ1）保持吸合。 ② 相邻楼层感应器在换速遮磁板插入后未复位，该展继电器（~ZJ1）也保持吸合	
轿厢在平层位置，检修运行，电源跳闸	① 调配继电器 PDJ 常闭点 (8-2) 与 K1 点之间未接隔离二极管，检修运行，08#线带电。 ② 检修时有外呼梯信号，外选继电器保持吸合，例如，S3J 吸合，常开点 (5-10) 串接的二极管反向击穿，检修运行 08#线带电	08#线带电，轿厢在平层位置，SPJ、XPJ 吸合，接触器 S 与 X 并联，撤向上或向下钮时 S 与 X 可能同时动作，造成短路
检修运行方向与所撤按钮方向相反	同"轿厢在平层位置，检修运行，电源跳闸"故障	
正常运行，选层后所定方向错误	① 该层感应器常闭点当轿厢在该层时未接通或~ZJ 线断，该层楼层继电器~ZJ1、ZJI 不能吸合。 ② 该层楼层继电器~JZ1 串接的常闭点接触不良或连线断，不能吸合	这时上方向继电器 SKJ、SKJ1 与下方向继电器 XKJ、XKJ1 并联选层后两个方向的继电器都有吸合的可能
电梯既不能快速运行也不能检修运行	① 控制电源故障（RB、1RD、2RD 断，整流器故障，变压器损坏，接线断）。 ② 电压继电器 YJ 串接的开关、触点有的接触不良，YJ 释放	
轿内指令（选层）电路故障	① 所有楼层都选不上 FKJ，常开点 (6-12) 接触不良，04# 或 01# 断线。 ② 个别楼层选不上，该层指令继电器触点 (6-12) 接触不良，电阻断线。 ③ 应答完毕的信号不能消除，该层楼层继电器触点 (6-12) 接触不良	
层外召唤电路故障	没有召唤信号： ① 该层召唤按钮触点接触不良，断线。 ② 该层召唤继电器电路的 M 极管（Z-S，Z-X）断路。 ③ 许多层都无召唤信号，09# 或 01# 线断。 应答完毕的信号不能消除： ① 许多层不能消除；QJ (9-10)、JJ (1-7)、YJ (6-5) 接触不良。 ② 上呼信号不能消除：二极管 3ZT 断路，XKJ1 (11-5) 接触不良。 ③ 下呼信号不能消除：二极管 4ZT 断路，SKJ1 (11-5) 接触不良。 ④ 个别楼层召唤信号不能消除，见"到达某层总是换速停车"故障	

(2) 直流快速和直流高速客梯。

① 直流快速客梯（ZJX 型）控制部分常见故障（见表 5-6）。

表 5-6 直流快速客梯（ZJX 型）控制部分常见故障

现　象	可能原因	备　注
轿厢在基站，不能启动电动机和开门	① 选层器触点接触不良，WIJ 不吸合。 ② CJ 线圈串接的触点有的不通。 ③ 接触器 Y 线圈串接的触点有的不通，04# 断电	
不能定向	① XKJ（15-16）、YYX（15-16）、XFJ（5-11）有的不通。 ② SKJ（15-16）、SYJ（15-16）、SFJ（5-11）有的不通。 ③ 62# 与 63# 之间的定向触点有的不通。 ④ MJ（11-12）不通，08# 断。 ⑤ 11BZ 或 3BZ 断路	原因在①时，不能定上方向；原因在②时，不能定下方向；原因在③时，有的指令信号不能定向；原因在④、⑤时，所有指令信号都不能定向
不能启动运行	① 厅门、轿门开关有的未接通，SAJ 释放。 ② TJ（13-14）、MKJ（13-14）、TGJ（5-11）有的不通。 ③ TYJ1（11-12）不通，按 XYA、SYA 不能关门启动。 ④ 励磁装置故障	
能下行，不能快速下行	① XFJ（2-8）不通，XFJ 不能吸合。 ② 4KT 不通。 ③ X（3-4）或 6KT 不通	原因在①时，按 XYA 也不关门
能上行，不能快速上行	① SFJ（2-8）不通，SFJ 不能吸合。 ② 3KT 不通。 ③ S（3-4）或 5KT 不通	原因在①时，按 SYA 不能关门
运行中突然停车	① 关门刀触动厅门，SMJ 释放。 ② Y 和 YJ 线圈串接的触点有的接触不良。 ③ 电梯超速或电枢过电流	
不换速	① 选层器动、静换速触点接触不良，断线，TKJ 不能吸合。 ② MJ1（5-11）、SPJ（5-11）或 XPJ（5-11）有的不通，KJ 不能吸合。 ③ ZVJ（5-11）不通，单层运行不换速。 ④ PJ（5-11）、QJ（13-14）有的不通	
层层或隔层换速停车	① ZKT 不通，上行出现这种现象。 ② 1KT 不通，下行出现这种现象	
到达平层位置不停车	① QJ（11-12）或 VJ1（2-8）不通。 ② 选层器触点接触不良，79# ~ 80# 线不通。 ③ YPS 点没有复位或 SPJ 断线。 ④ YPX 触点没有复位或 XPJ 断线。 ⑤ 遮磁板插入 YMQ、QMJ 不吸合	原因在③时，下行超出平层约 20cm 停车。 原因在④时，上行超出平层约 20cm 停车

续表

现　象	可　能　原　因	备　注
换速后不到平层位置就停车	① QMJ（9-10）或 MJ1（2-8）不通。 ② QJ（2-8）不通。 ③ XPJ（2-8）不通，下行有这种现象。 ④ SPJ（2-8）不通，上行有这种现象	
电梯空车超速向上运行	① 控制电源电压低。 ② 晶闸管励磁装置故障	
电梯运行速度低	① 晶闸管励磁装置故障。 ② H（7-8）未断，消磁绕组 0d 接入电路	
召唤信号不能控制换速	① JJ（6-12）不通。 ② SYJ1（3-8）不通。 ③ XYJ1（3-8）不通	原因在②时，向上召唤信号顺向不能截车。原因在③时，向下召唤信号不能截车
不能开、关门	① 熔断器 11RD 断。 ② M1、M2、M3 有的断线。 ③ 42# 断线	
不能关门	① MGJ 线圈串接的触点有的不通。 ② MGJ（1-2、3-4）接触不良。 ③ 安全触板位置不对。 ④ JSJ（15-16）或 SDJ（6-12）不通	原因在③时，1KAP 或 2KAP 常开点接通，PAJ 吸合。原因在④时，无司机运行没有自动关门
不能开门	① TYJ（15-16）不通。 ② MKJ 线圈串接的触点有的不通。 ③ MKJ（1-2、3-4）接触不良	原因在①时，按 AKM 不开门

② 直流高速客梯（GJX 型）控制部分常见故障（见表 5-7）。

表 5-7　直流高速客梯（GJX 型）控制部分常见故障

现　象	可　能　原　因	备　注
轿厢在基站，不能启动电动机和开门	① 选层器触点不良，W1J 不吸合。 ② CJ 线圈串接的触点有的不通。 ③ 励磁机 FL 的 DOL、OL 线圈和电阻 IDR 接触不良。 ④ YJ 线圈串接的触点有的不通，04# 断电	
不能定向	① XKJ（15-16）、XYJ1（13-14）、XFJ（2-8）有的不通。 ② SKJ（15-16）、SYJ1（13-14）、SFJ（2-8）有的不通。 ③ 72#~73# 之间的定向触点有的不通。 ④ MJ（11-12）不通，06# 断电。 ⑤ ZK 或 ZA 断极，71# 断电。 ⑥ MGJ（15-16）或 SDJ（6-12）不通	原因在①时，检修状态也不能上行。原因在②时，检修状态也不能下行。原因在⑥时，自动运行，召唤信号不能定向
不能启动运行	① 层、轿门的开关没接通，1SMJ、SMJ 不吸合。 ② TJ（5-11）或 HQJ（5-11）不通。 ③ TYJ（13-14）不通，按 SYA 或 XYA 不能关门启动。 ④ PJ（2-8）不通。 ⑤ STJ（2-8）不通。 ⑥ 励磁装置故障	原因在⑤时，可以中速行驶

续表

现　　象	可 能 原 因	备　　注
不能快速上行，能下行	① XFJ (5-11) 不通，SFJ 不吸合。 ② 4KT 不通，QJ 不能吸合。 ③ 6KT 或 XYJ (13-14) 不通，SYJ 不能吸合	
不能快速下行，能上行	① SFJ (5-11) 不通，XFJ 不能吸合。 ② 3KT 不通，QJ 不能吸合。 ③ 5KT 或 SYT (13-14) 不通，XYJ 不能吸合	
运行中突然停车	① 开门刀触动厅门，1SMJ 释放。 ② Y 和 YJ 线圈串接的触点有的接触不良。 ③ 电动机超速或电枢过电流	原因在②、③时，指令和方向信号均消失
不换速	① 所选楼层的层楼继电器~ZJ 没吸合。 ② 灵敏继电器 WKF 没吸合。 ③ 励磁装置故障	
层层或隔层换速停车	① 2KT 不通，上行出现这种现象。 ② 1KT 不通，下行出现这种现象	WVJ ↑后，QJ 立即释放
到达平层位置不停车	① JQ (13-14) 或 JV1 (1-7) 不通。 ② 选层器触点接触不良，平层时 94# ~95# 不通。 ③ 轿顶 94# 断线。 ④ 遮磁板插入 YMQ 后，QMJ 没有吸合。 ⑤ 平层时，YPS 触点没复位或 PS 断线，SPJ 没有吸合。 ⑥ 平层时 YPX 触点没复位或 PX 断线，XPJ 没有吸合	原因在⑤时，下行超过平层位置停车。原因在⑥时，上行超过平层位置停车
换速后不到平层位置就停车	① MJ1 (5-11)、TJ1 (1-7)、QMJ (5-11) 有的不通。 ② QJ1 (2-8) 不通。 ③ XPJ (2-8) 不通。 ④ SPJ (2-8) 不通	仅上行有这种现象，原因在③。仅下行有这种现象，原因在④
电梯超速运行	① 励磁机 FL 输出电压低。 ② 励磁装置故障	
电梯运行速度低	① 励磁装置故障。 ② D 或 F 的电枢换向器积垢	
召唤信号不能控制换速	① JJ (11-12) 不通。 ② 向上召唤信号不能截车，108# 断电。 ③ 向下召唤信号不能截车，109# 断电	
不能开、关门	① 熔断器 5RD 断。 ② M0、M1、M2、M3 有的断线	
不能关门	① MGJ 线圈串接的触点有的不通。 ② MG (5-6)、(7-8) 接触不良。 ③ 安全触板 1KAP 或 2KAP 位置不对，PAJ↑。 ④ JSJ (15-16) 或 SDJ (5-11) 不通，没有自动关门	
不能开门	① MKJ 线圈串接的触点有的不通。 ② MKJ (5-6)、(7-8) 接触不良。 ③ QJ1 (5-11)、JJ (13-14)、JSJ2 (11-12)、TYJ1 (15-16) 有的不通	按召唤按钮不能开门，原因在③

（3）励磁装置常见故障（见表5-8）。

表5-8 励磁装置常见故障

故障现象	环节	可能原因	备注
电梯不能启动运行	给定	① 交流电源熔断器断。 ② 变压器YB绕组短路或断路，0~85V两端电压为0。 ③ 整流二极管损坏。 ④ 滤波电容损坏	直流稳压电源输出电压为0
	积分-转换	① 积分电路的电阻、电容断路。 ② 整流二极管有的开路。 ③ 插件板与座接触不良	转换输出电压为0
	速度调节器，电流调节器	① 插件板与座接触不良，放大器没有电源。 ② 放大器输入端限幅二极管短路	半导体放大器输出电压为0
	速度反馈	反馈电阻6R23（1R）、6R24（2R）、6R25（3R）有虚焊或断路的地方	括号中为G型元件代号
不能向下运行	积分-转换	下行时，积分充电回路中的元件有的断路	向上运行时，不减速，向下运行时，转换输出电压等于0
	速度调节器，电流调节器	① 半导体放大器输出级的两个三极管有断极的。 ② K型：6BG5断路。 ③ G型：速度调节器6JG断路。电流调节器5JG断路	
	触发器	下行触发抽屉的熔断器断路，电源开关没有接通	触发器电源电压为0
不能向上运行	积分-转换	上行时，积分充电回路中的元件有的断路	向下运行时，不减速。向上运行时，转换输出电压为0
	速度调节器，电流调节器	① 半导体放大器输出级的两个三极管有断极的。 ② K型：6BG6断路。 ③ G型：速度调节器5JG断路。电流调节器6JG断路	
	触发器	上行触发抽屉的熔断器断路，电源开关没有接通	触发器电源电压为0
超速运行	给定	① 稳压管3WY1（1WG）损坏。 ② 调整管击穿。 ③ 放大管断路。 ④ "给定调节"电位器抽头接触不良	直流稳压电源输出电压高
	积分-转换	EHQ插件电阻3R18（1R）断路或虚焊	转换输出电压高
	速度反馈	① 测速发电机反馈电压低。 ② 反馈信号线123#、124#（253#、254#）有断路的	
	速度调节器，电流调节器	放大器中有的晶体管损坏。6BG6（6JG）击穿，输出-10V；6BG5（5JG）击穿，输出+10V	调节器输出电压高

续表

故障现象	环 节	可能原因	备 注
运行速度低	给定	① 稳压管 3WY1（1WG）损坏。 ② 调整管基极断路。 ③ 放大管击穿	直流稳压电源输出电压低
	积分-转换	积分电容中有的漏电严重	积分或转换输出电压低
	触发器	① 同步变压器 TBY6V（7V）绕组有短路或断路的。 ② 触发器中的晶体管损坏，脉冲变压器、绕组断路	某相缺少触发脉冲
	晶闸管整流	晶闸管熔断器有烧断的	该相氖灯亮

5.2.5 故障的分析及逻辑排除

对于从事电梯维修保养的人员而言，应该知道电梯维修技术，不仅是劳务型的，更是融有机电技能型的，具有理性修养和感性实践并重的行业。在高科技日新月异的时期，不仅要掌握交流电梯、直流电梯、交流调速电梯，更要掌握计算机控制电梯，以及远程监控技能。

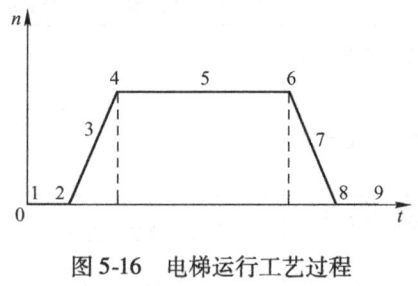

分析电梯故障时，不论何种品牌何种驱动方式怎样的控制系统。首先要熟悉电梯并掌握电梯的运行工艺过程（即等效梯形曲线）。这个过程如图 5-16 所示。

图 5-16　电梯运行工艺过程（等效梯形曲线）

其运行过程的描述为：过程 1，即登记内选指令和层外召唤信号；过程 2，即关门或门自动关闭；过程 3，启动加速；过程 4、5，即电梯满速或中间分速运行；过程 6、7，即按信号登记的楼层前预置距离点减速制动；过程 8、9，即平层开门。

掌握电梯运行工艺过程，是分析、排除电梯故障的必要条件，故平时经常观察和掌握不同系列电梯的运行工艺过程的特点与原理，领会其中奥秘，这样在遇到电梯故障时，就能分析、找出故障原因，具有排除故障的基础和"本钱"。但是，针对不同类型电梯的运行工艺过程及不同系列电梯的特点而设立的"考虑流程"，观察和记录维修日志，由此，在前述的基础上的"灵感运气（联想猜测）"对排除各类电梯故障有着触类旁通的启示。

不同厂商生产不同品牌系列的电梯均编制好具有技术变化特点的故障维修手册而使自己产品体系汇总成派，但实践中发现，这些产品所出现的某些故障现象和原因却又是那么相似。由此可见，同一品牌系列的产品无论在何地在使用过程中都会重复出现同样的故障。从而可知，技术是无界限的。

1. 根据电梯运行工艺过程（电梯等效梯形曲线）简略地分析电梯故障现象

（1）内选指令（轿内）和层外召唤信号登记不上。
（2）不自动关门。
（3）关门后不启动。

(4) 启动后急停。
(5) 启动后达不到额定的满速或分速运行。
(6) 运行中急停。
(7) 不减速,在过层或消除信号后急停。
(8) 减速制动时急停。
(9) 不平层。
(10) 平层不开门。
(11) 停层不消除已登记的信号。

2. 不同品牌系列电梯的特点及一些比较特殊的故障

(1) 在启动和制动过程中的振荡。
(2) 开、关门异常缓慢。
(3) 冲顶或蹲底。
(4) 无提前开门或提前开门时急停。
(5) 层楼数据无法写入。
(6) 超速运行检出。
(7) 再生制动出错。
(8) 负载称重系统失灵。

当今电梯的发展日新月异,交流调速电梯、微型计算机控制电梯正在取代交流信号控制电梯。计算机(微处理机)所具有的可靠性和技术先进的驱动装置,新型的智能化大功率器件的广泛应用及远程监控与自检故障预报程序功能的开发,将对判断和维修上述各类电梯故障更是"了如指掌"。各个厂商为了快速判断电梯常见故障,在各自专门开发的控制和驱动印板上设置了发光二极管和数码管以提示何类故障。维修人员应熟悉和掌握设置在控制和驱动印板上的发光二极管和数码管显示所代表的功能及其故障类别。尤其要熟悉那些采用PLC 控制器的输入/输出终端的显示。

电梯出现故障后,首先让乘客安全地撤离轿厢,电梯停止运行,维修人员根据现场故障现象,按照电梯运行工艺过程(等效梯形曲线)找出故障发生在哪个区段,分析其原因,逻辑推理,采用有效维修技能,查出故障并予以排除。这个过程是一个完整的逻辑排故过程。在此必须强调,维修人员到达现场必须看清故障现象,这是非常重要的环节,有时故障并不复杂,只是维修人员没有全面地分析、辨别与详细勘查。草率修理排故,结果兜了一大圈,走了弯路,耗费精力和时间,甚至"搬兵"咨询才排除故障。

在排故时,不妨尝试用以下方法:看清故障现象,找出故障处于电梯运行工艺过程(等效梯形曲线)的区域段,查看电气电路图,逻辑分析,产生故障的几种可能因素(机械/电气,人为/自身,控制/驱动,或者上述因素综合引起),着手修理。有目的的修理要比瞎摸有效。最终,修理技巧的应用对判断和排除电梯故障起着至关重要的作用。技巧是独特的思维和实践的积累,基本技能扎实,工作才能有序。例如,目测比较交换法、先外后内先易后难法、短路故障开路法、开路故障短路法等都是在实践过程中被证明行之有效的方法。

下面把电梯按不同品牌分为三个档次并分别叙述各类电梯的故障原因和处理方法。

5.2.5.1 交流双速、J-C 或 PLC 控制、变级调速电梯的故障分析与排除

1. 司机上班后在基站用钥匙打不开门

(1) 故障原因可能是如下几种。
① 控制回路熔断器熔断。
② 底层限位开关（TK）未被压住、开关接线断脱、触点折断或烧蚀等，造成不能接触或接触不良。
③ 轿厢不在平层区域，过高或过低。
④ 钥匙开关坏了或开关接线脱开。
⑤ 开门到位开关坏，其常闭触点没闭合或接线松脱、折断等。
⑥ 关门与开门的联锁常闭触点构不成电源通路。
⑦ 开门继电器线圈内部断线，线圈外部接线松脱或机械活动部位梗阻卡死，造成磁铁吸合不牢。
⑧ 关门与开门的机械联锁杠杆卡住，不能活动。

(2) 故障处理方法。
① 到机房检查总电源开关的电压是否正常，三相电压是否一致；检查熔断器是否断开，将三相熔断器换成熔量大小一致的同规格熔体，并拧紧夹牢。
② 检查控制电源回路的电压是否正常，将熔断的熔断器更换。
③ 用短路法给开门继电器以 110V 电压，看其是否吸合。若不吸合，说明开门继电器线圈损坏；若吸合，再按顺序检查开门继电器线圈电源回路，将故障找出并排除。

总之，在处理故障时应掌握先近后远、先易后难的方法。当检查完机房，确实证明开门继电器线圈回路全部电气设备和电路都没问题时，再去检查轿顶、底坑等与开门有关的元器件，找到故障点，将故障排除。

2. 司机进轿厢后，按关门按钮门关不上

(1) 故障分析：门能打开就可以排除开、关门电动机和电源上的问题。应从关门回路方面的电气设备、电路和机件上考虑。

(2) 故障的检查与排除。
① 检查关门按钮，用短路法封闭按钮两接线端，若门能关闭，则是按钮故障。应仔细检查按钮的触片与接线，将故障排除。若门不能关闭，则是按钮外的电路与关门继电器的问题。
② 检查关门继电器线圈是否完好，与关门继电器联锁回路的开门继电器的常闭触点是否通路；回路中接线是否通路。
③ 若机房控制柜上没问题，就要上轿顶检查开、关门限位，若开门不到位没压住其限位，也会造成关门继电器吸合不上，造成门打开后不能重新关闭。

3. 门关闭后选层没反应

(1) 故障原因分析。

① 信号系统电路不通，内指令记忆继电器失灵或自锁触点接触不良。
② 内指令按钮接触不良，信号电路不通。
③ 选层器触点接触不良或磁接近开关位移。
（2）处理方法。
① 检查内指令按钮的触点与接线，将故障触点修复或将断线接好。
② 检查内指令电路熔断器，将烧断的熔断器换新；检查内指令回路的线圈、各元器件及电路，将损坏零件换新，将电路接通。
③ 使用选层器的电梯应检查选层器上的触点或磁接近开关触点动作情况，并将故障排除。

4. 关门选层后，方向箭头灯不亮，电梯不运行

（1）故障原因分析。方向箭头灯不亮，电梯不会运行，说明电梯还没启动。电梯启动的首要条件就是方向选定后门全关闭。因电梯没方向才会使方向箭头灯不亮，电梯也就启动不了了。

（2）故障的检查与排除。
① 查找上或下接触器线圈回路，看线圈是否损坏，导线是否松脱，熔断器是否断掉。将故障对症排除；将上或下接触器触点修理或更换。
② 检查 PLC 的上或下输出点有无显示，若无显示，多是输入条件不充分造成，要检查位置信号与指令符号是否输入，将原因找出并排除故障。
③ 检查所选层站的继电器或 PLC 输出触点或连接导线的接触是否良好。
④ 检查选层器的定向触点，将接触不良的触点磨光并擦净。
⑤ 将箭头指示灯坏的灯泡换新或将断线接好。

5. 关门定向后，电梯仍不启动

（1）故障原因分析。不启动即启动条件没满足，这时应检查启动继电回路。
① 检查本层钩子锁是否因为它没压牢造成门锁继电回路不通而使门锁继电器线圈没吸合。将钩子锁调整好，使其触点能压牢。
② 是否因关门无力造成钩子锁触点没被压牢（可能是关门调速开关粘死，将其限位开关更换）。
③ 也可能因厅门滚轮脱落而造成厅门未关严使钩子锁触点未压牢，将门滚轮修复即可。
④ 门上若没问题，可检查上（下）强迫换速，其限位开关若没接通，电梯照样启动不了。将上（下）换速限位开关修复或换新即可。

（2）故障处理方法。
① 检查并排除门联锁系统故障使门锁继电器吸合或 PLC 有门锁输入信号。
② 修理上（下）强迫换速开关，将因粘住而闭合不上的触点修复。
③ 检查顺序。处理上（下）强迫换速限位开关前，到机房给门锁继电器线圈加电，观察启动继电器线圈是否吸合。若吸合，即门系统故障；若不吸合即上（下）强迫换速开关问题（拧掉主控回路熔断器进行）。然后将故障排除。

6. 厅门未关，一选层电梯就启动运行

（1）故障原因分析。这种故障主要是门锁继电器线圈回路的各层门与轿门验证开关故障，造成门锁继电器线圈自行吸合所致。

（2）故障检查与排除方法。

① 检查门锁继电器上控制启动继电器线圈回路的常开触点是否粘住或接线处脱开后短路；修理或更换门锁继电器相应的触点；将搭接短路线分开并包扎处理。

② 一层楼钩子锁触点粘住可能性最大，修复一层（基站）的钩子锁，使其动作可靠。

7. 启动后抱闸打不开

（1）故障原因分析。

① 上（下）行接触器辅助触点松脱、接触不良，使制动器线圈失电。

② 制动器抱闸弹簧太紧或抱闸磁铁锁母没旋紧使磁铁自行旋紧而造成抱闸打不开。

③ 抱闸失调，机械部位卡死使抱闸不能打开。

（2）故障排除方法。

① 检查电路与触点，修理好接触不良的触点。

② 调好抱闸间隙，旋紧各部位螺母。

8. 一启动，电梯抖动一下马上停车

（1）故障原因分析。

① 安全钳动作，使电梯一启动就停车。造成安全钳动作的原因可能是限速器抱轴、安全钳拉杆卡住、导轨上有卡阻的地方等。

② 熔断器烧断。电动机缺相运行一启动，因电流过大将熔断器烧断。

③ 电动机过热，一启动过热继电器跳开。

（2）故障处理方法。

① 清洗修理限速器与安全钳，清洗磨光有伤痕的导轨。

② 查找电动机过热原因并处理。

③ 检查电源，查找出烧熔断器的原因，将故障排除并换上合适的熔断器。

9. 电梯启动后方向错误

（1）故障原因分析。发生这样的故障原因有两个，一是相序继电器不起作用；二是电源相序倒错。

（2）检查处理方法。

① 先检查相序继电器为什么不起作用，是相序继电器坏了还是人为短接或故障短接了其触点使其不起作用。将相序继电器换新或将故障修复改正即可。

② 检查电路的相序，将其更正过来即可。

10. 电梯启动和制动时舒适感差

（1）故障原因分析。主要原因是加速和减速的时间过短，与所串接的阻抗不匹配。再就

是制动器抱闸弹簧力量太大，造成制动冲击。

（2）故障处理方法。

① 合理地调整启、制动时间，并使各级阻抗值与切换速度时间相匹配。

② 调整制动器抱闸弹簧的张力，使其既能抱紧制动轮又不致过紧而冲撞制动轮。

11. 无司机时，选层后电梯不启动

（1）故障原因分析。

① 安全回路故障。安全继电器（YJ）信号没输入 PLC。

② 门联锁系统故障。信号没输入 PLC。

③ 关门限位故障。信号没输入 PLC。

④ 选层回路故障。

（2）排除故障方法。

① 检查 PLC 的输入显示，判断是哪个系统故障，循迹检查故障点将其排除。

② 检查选层器电路各元器件，将有故障的元器件换新或修复。

③ 检查内指令按钮与定向回路各触点。连线，使其回路畅通，元器件完好，按钮活动自如。

12. 电动机运转时声音不正常

（1）故障原因分析。

① 定、转子的磁通气隙不均匀，局部有毛刺、异物相摩擦。

② 电路缺相或熔断器似断非断。

③ 定子线圈上的绝缘布或物露出碰触转子。

④ 轴承破损，电梯电动机扫膛。

（2）处理方法。

① 分别测量电路与电动机的电压，测量定子线圈绝缘，将接触不良之处查出并进行处理。

② 探听轴承是否有破损声，更换已损坏的轴承。

③ 找出熔断器烧断原因并排除。

13. 电动机运行中突然冒烟起火并烧毁

（1）故障原因分析。电流过大是引起电动机发热的主要原因，而热继电器又不起作用。造成电动机电流过大的原因是缺相运行；负荷过重。

（2）故障处理方法。

① 排除电路故障，将缺相原因找出并排除。

② 换上合格好用的新过热继电器。

③ 换上同型号的电动机。

④ 找出负荷过重原因，排除故障，并在以后的运行中严格限制电梯的负荷。

14. 电梯不换速只有单一速度运行

（1）故障主要原因分析。

① 换速开关不起作用，使电梯不能换速。
② 快速接触器触点烧死断不开而造成慢车接触器吸合不上。
③ 慢速接触器机件卡死。
④ 直驶电路发生短路故障。
（2）处理方法。
① 检查换速电路，排除其故障，使电梯能正常换速。
② 检查快速接触器，将烧死触点修复。
③ 检查慢速接触器，将机械方面故障排除。
④ 检查直驶电路，从满载开关检查到按钮，将短路点找出并排除。

15. 电梯运行中超越单层

（1）故障原因分析。电梯运行中超越单层的原因多为上行单层换速信号失灵所致。
（2）故障排除方法很简单，只要按原理图将单层换速信号恢复即可。

16. 电梯到预选层站不停车

（1）故障原因分析。
① 内选按钮失灵，记忆继电器没吸合牢，使内选信号丢失，或内选电路不通。
② 选层器上滑块接触不良或接触不上。
（2）处理方法。
① 检查内选按钮的接线与内选继电器，排除接触不良故障。
② 将选层器的内选触头打磨修光，将脱线拧紧压牢。

17. 电梯每个层站都不会停车，一开车就直驶顶层或底层，并造成冲顶蹲底

（1）故障原因分析。
① 换速继电器不起作用。
② 快车接触器触点烧死脱不开。
③ 启动继电器触点粘合或继电器线圈因剩磁脱不开或机械卡死。
④ 直驶电路故障。
⑤ 上（下）强迫换速开关不起作用。
⑥ 上（下）限位开关不起作用。
（2）故障排除方法。
① 检查换速、快车、启动各继电器回路，将故障点找出并排除。
② 检查上（下）强迫换速及限位开关，并将故障点找出并排除。

18. 电梯选不住要到达楼层

（1）全部层站都选不住。
① 故障分析。
a. 电梯处于检修状态或检修继电器常闭触点接触不良。
b. 选层定向电路有断路处。

② 排除方法。
a. 修复检修继电器的常闭触点并将检修开关停掉。
b. 查出定向电路断路处，重新修好或将线接牢。
（2）个别楼层选不上。
① 故障原因。
a. 所选楼层的内选按钮接触不良或内选继电器线圈断线。
b. 所选楼层记忆消号触点接触不良。
② 排除方法。
a. 修复按钮与继电器。
b. 修理选层器记忆消号触点。

19. 电梯运行中未选层站而停了车

（1）故障原因分析。
① 可能是快速继电器保持回路接触不良。
② 选层器层站换速碰块与换速电路碰上，或者是层间信号隔离二极管击穿短路。
③ 轿门上装的开门刀歪斜，带住门锁偏心轮，拨动钩子锁将联锁触点打开。
④ 停车干簧永磁继电器损坏。
⑤ 安全钳拉杆扭曲，使钳口动作，夹持住轿厢突然停车。
（2）处理办法。
① 排除快车保持回路故障。
② 修理选层器换速碰块与换速电路短路故障；更换信号隔离二极管。
③ 校正开门刀与门锁偏心轮，使其不能误动作。
④ 修理并检查井道内所有干簧永磁继电器，更换不起作用的继电器。
⑤ 检查修理安全钳拉杆和安全钳与导轨间隙，防止误动作。

20. 运行中的电梯重新启动时不走车

（1）故障原因分析。正在运行中的电梯突然发生启动不了的故障，多是影响电梯运行的关键元器件或零部件（如安全回路或门联锁回路）发生了故障。
① 安全回路故障，使安全继电器吸合不上，造成突然不能启动。
② 门锁继电器不吸合，使主控回路失电而电梯不能启动。
（2）故障排除方法。
① 检查 PLC 上安全继电器与门联锁回路输入点有无显示，哪个部位没信号显示，就说明故障在哪个部位。
② 若是安全回路故障，可先检查轿内急停按钮与安全窗开关，没问题时再到机房检查两个热继电器和相序继电器看是否通路，然后再按图检查整个安全回路所有元器件直到把故障点找出并排除。根据实践经验，发生这样的故障多在底坑张绳轮开关上。
③ 故障若在门联锁回路，多是电梯所停层站的钩子锁未压牢所致，检查没压牢的原因，是关门无力或厅门没闭合严所致，还是开关门电路故障，将故障点找出再对症修理。

21. 电梯不会下行

（1）故障原因分析。
① 下行继电器或接触器电路不通。
② 下行限位断开或上行接触器、继电器联锁触点断开。
③ 基站内选电路不通，层楼继电器没动作。
（2）处理方法。
① 检查下行接触器或继电器，使电源回路连通。
② 检查下限位是否断开，将断开点修复。
③ 修复上行接触器或继电器的常闭联锁触点，使其闭合。
④ 检查基站内指令回路将其故障排除。

22. 电梯下降时到预选层站不停车

（1）故障原因分析。主要是消除开关或停止服务开关发生故障误动作所致。
（2）处理办法。按照原理图消除短路点，检查下降换速回路连线是否脱开，并将脱开点恢复，故障即可排除。

23. 电梯换速平层层门打不开又继续运行

（1）电梯换速平层层门打不开的原因与故障排除。
① 故障原因分析。
a. 开门拖动回路熔断器松动或熔断。
b. 开门限位开关接触不良或触点折断，使开门继电器吸合不上。
c. 关门常闭联锁触点断开。
d. 开门继电器线圈坏不能吸合。
e. 门区继电器不起作用。
② 故障排除方法。
a. 检查门机拖动回路，更换熔断的熔断器。
b. 修理开门电阻、门电动机碳刷和开门、关门限位开关，使开门回路畅通。
c. 检查门区继电器负责开门的触点是否烧坏、熔断不起作用，修复自动开门电路。
（2）换速平层不开门而且又继续运行。故障原因主要是门不开而前方站又有人选了层（或呼梯）。只要将不开门故障排除，这个故障也就迎刃而解了。

24. 平层停车之前又倒平层

（1）故障原因分析。
① 上、下平层感应器装的距离太大，超过平层隔磁板的长度，或位置安装不正确。
② 制动器失电后抱闸偏松，造成停车后溜车。
③ 上升或下降时快车接触器表面有油垢、污泥，使失电后的接触器动、静磁铁不能立即释放。

(2)处理办法。
① 调整上(下)平层感应器位置,使其距离符合要求。
② 检查制动器抱闸磨损情况,将磨损严重的抱闸瓦块更换,并调整抱闸间隙。
③ 清洗接触器动、静磁铁表面油垢;将有剩磁的铁芯表面挫出痕迹。

25. 平层误差大(上行平层高、下层平层低)

(1)故障原因分析。
① 制动器弹簧松,抱闸间隙大或闸瓦包络不均匀。
② 对重偏重。
③ 平层永磁感应器欠准确。
(2)故障处理方法。
① 调整制动器,使弹簧压力合适,抱闸间隙不大于7mm,且间隙均匀。
② 调平衡系数,使其为40%~50%。
③ 调整平层感应器位置。

26. 上行时平层偏低,下行时轿厢平层偏高

(1)故障原因分析。
① 制动器主弹簧压力偏大,闸瓦与制动轮间隙偏小;松闸不畅,单边不均,力矩不够。
② 对重偏轻。
③ 上、下平层感应器安装间距太小。
④ 层楼干簧开关没动作或动作频繁;干簧触点烧毛接触电阻增大及干簧片出现机械疲劳;磁铁退磁。
⑤ 方向接触器没及时释放,有迟滞现象,造成抱闸不及时或不能抱闸。
(2)处理方法。
① 调抱闸。
② 修理或更换永磁感应器。
③ 重调平衡系数。
④ 消除方向接触器剩磁。
⑤ 将平层感应继电器距离调合适。

27. 平层时无论上行或下行均高或均低

对重偏重或偏轻,需要重调平衡系数,使其达到40%~50%。

28. 开、关门太慢

(1)故障原因分析。
① 开、关门回路串联电阻阻值太大。
② 并联电阻的减速触点烧死粘住断不开。
(2)处理方法。
① 调串联电阻,使开、关门力量足够。

② 调并联电阻，使开门电阻在门开到 2/3 时能减速开门；调关门电阻，使门关到 2/3 时一次减速，关到 3/4 时二次减速。

29. 开、关门伺服电动机突然不转动

（1）故障原因分析。
① 检查测量 110V 电压，看是否正常。
② 测电动机电枢绝缘；检查励磁电路是否通路，绝缘是否良好。
③ 检查电动机碳刷，清理换向器槽内脏物。
（2）处理以上故障的方法。
① 若没有直流电压就要检查熔断器断没断，电路接线是否松脱，并将故障排除。
② 修理有故障电动机或换新。
③ 更换碳刷，清洁换向器。

30. 电梯不能任意开、关门

（1）故障原因分析。不能很顺利开、关门，首先应判断是机械故障还是电气故障。判断方法是：按下开、关门按钮，使开（关）门继电器吸合，观察开、关门伺服电动机是否旋转；若旋转，是机械故障；若不旋转，是电气故障。
① 机械部分故障。
  a. 传动皮带太松，无法带动传动机构运行。
  b. 曲柄机构卡阻，轿门拖地；厅门框活动拖地。
  c. 开、关门曲柄连杆活动处断开。
  d. 门地坎内有杂物堵死。
② 电气部分故障。
  a. 开、关门继电器没吸合；触点烧坏。
  b. 伺服电动机励磁回路断开；电枢回路有断开处。
  c. 碳刷接触不好。
  d. 串接电阻的阻丝烧断或线头烧脱。
  e. 控制或拖动回路熔断器烧断。
（2）故障处理方法。
① 修理调整机械部分故障。
② 处理开关门继电器不吸合的故障。
③ 检查调整门电动机励磁与电枢回路。
④ 更换电路熔断器。
⑤ 调整修理或更换串联及并联电阻。
⑥ 清理打扫开、关门系统。

31. 开、关门速度明显减小，时走时停

（1）故障原因分析。
① 串接在电枢回路中的分压电阻阻值变大，造成电枢端电压太低。

② 门传动皮带太松、打滑，不能带动厅、轿门正常运行。

③ 开、关门时走时停多是分压电阻接触不良或开、关门皮带过松，时而拖动厅轿门，时而拖不动，门扇运动稍有卡阻，便时停时行。

（2）故障排除方法。

① 检查、测量、调整串接电阻阻值或更换新电阻重新调整。

② 调整皮带轮偏心轴或门机底脚螺钉，使皮带张紧适当。

32. 开、关门时，门扇速度较大且不变速，撞击声大

（1）故障原因主要是门的速度欠调整。

（2）门速度调整方法。

① 修理接触不良处，若因阻丝断丝，应更换新电阻。

② 调整电阻时应先松开电阻调整压片螺帽，把有弹性的滑动压片转动180°，使滑动触点离开导电的阻丝，以防止挂断电阻丝。

③ 用小刀将欲调整位置的阻丝轻刮干净，用力不可过大，以免刮断阻丝。

④ 用万用表测量欲调整部位的阻值，使其与理想减速点一致。

⑤ 小心将滑动导电压片与刮过处压合，左手拿电阻并压住滑片，不使滑片移动变位，右手用小扳子拧紧固定螺栓的螺帽，拧紧后再用表测量一下看导通效果如何，这样经过精心调试，一定会达到满意效果。

33. 机械安全触板不起作用，关门夹人

（1）故障原因分析。

① 安全触板微动开关坏或触点粘连烧死。

② 安全触板机械部分卡阻，压不住微动开关。

③ 安全触板继电器发生故障，不动作。

（2）排除方法。

① 修理微动开关，使其触点灵活好用。

② 将安全触板转动部分加油润滑。

③ 修理或更换安全触板继电器。

34. 门全开（关）后，门电动机仍在转动，重按开、关门按钮，门电动机也停不了

故障原因主要是开（关）门限位开关不起作用；或是微动开关坏了不起作用；或是压弓位移，若是开、关门均出现这种情况多是压弓问题。针对以上情况将压弓位置调好，将微动开关更换；将开、关门限位修复，这样开、关门后，门电动机便不会再转动了。

35. 检修后不启动

（1）故障原因。

① 检修开关触点接触不良或接线松脱，使检修继电器吸合不上。

② 控制电源在检修位置时不通路。

③ 若按下应急开关可以走车，则是门没关好。

（2）处理方法。

① 修理转换开关，使检修电路畅通，检修继电器吸合。

② 检查门没关严原因并排除。

36. 电压继电器吸合不牢

（1）故障原因分析。

① 串接在电压安全继电器线圈回路中的分压电阻接触不良，似接非接。

② 安全继电器动、静磁铁接触面上有油污，使其动作失灵，造成似吸非吸的状态。

（2）故障处理。清洗并焊接好电阻接线；使安全继电器动、静磁铁接触和开释都灵活准确。

37. 门伺服电动机碳刷火花大

（1）故障原因分析。

① 电枢绕组间局部短路或绕组与换向器脱焊。

② 碳刷磨损过多或压力不足。

③ 换向器表面毛糙或云母绝缘片突出。

④ 换向器沟内碳粉积聚太多。

（2）故障处理方法。

① 拆下电动机，打开端盖，检查修理换向器，清除槽内碳末，仔细检查绕组与换向器连接处有无脱焊烧蚀之处，修好后换上新碳刷即可。

② 首先应检查碳刷，若磨损不严重时，可将换向器槽内清理干净，将碳刷压力调整合适，通电试验运转情况，若效果不好，再进行第一步操作。

③ 测量电枢绕组，检查内部是否有短路处，若有短路且较严重时就要更换新电动机。

38. 电梯轿厢与厅门有"麻电"现象

（1）故障原因分析。

① 电气设备与电路漏电；保护装置不起作用；电路混乱，乱拉乱扯临时线。

② 接地（零）保护不正确。从接地的开关外壳、线槽、接线盒、轿厢、导轨、厅门框上接工作零线；即使设备绝缘良好，电路也没漏电处，在零干线松脱时，也会造成轿厢与厅门上带电。

（2）故障处理方法。

① 查找漏电部位，处理好设备与电路的绝缘。

② 检查电网，看变压器低压中性点是否接地；对照电梯用电，看保护形式是否正确。

③ 彻底整理改造接线，将乱拉乱扯导线拆除。

④ 保护线一定要形成一个整体，保证其安全可靠，导电连续；不得从保护线上接工作零线。

⑤ 电源熔断器要换上合适的熔体，保证在短路时或电源对壳体时熔断器能迅速断开。

⑥ 接零保护不得悬空，即从设备到供电变压器低压侧中性点的工作接地处要形成一个完整的回路，并保证在任何情况下都不得断开。

⑦ 电梯的保护，在三相四线中性点接地电网中不允许单独接地，只能做接零保护。

39. 主电源熔断器经常烧断

（1）故障原因分析。
① 熔断器选择不当，容量过小。
② 熔断器压接不牢，接触不良。
③ 熔断器选取不一致。
④ 设备启动时间过长。
⑤ 接触器接触不良或机械部位有卡阻，使触点没压牢，三相触点压力不一致。
⑥ 启、制动阻抗有烧蚀、脱线处。
⑦ 三相导线接线端子处个别相压接不牢。
⑧ 拖动机械卡阻。
⑨ 曳引电动机故障，如绝缘不好、扫膛、电流过大等。
（2）处理方法。
① 合理选择熔体，三相熔体一定要选用同样规格、同样材质的合格熔体。禁止用双股或多股熔体。
② 检查整个主电源回路，保证无断开处。
③ 检查接触器、阻抗器，保证设备完好，接触牢靠。
④ 检查修理电动机，使其具有良好的绝缘和可靠的运行性能，不得有扫膛、发热和不正常的声响，经常对电动机轴承处加油润滑。
⑤ 检查蜗轮箱的润滑情况，保证运转灵活，不得有卡阻现象。

40. 局部熔断器经常烧

（1）故障原因。
① 局部的电路和电气设备绝缘不好，有接地点。
② 局部电气设备绝缘被击穿。
（2）故障处理。查找局部电路的对地短路点，将故障排除，并换上合适的熔断器。

5.2.5.2 交流调速电梯的故障分析与处理

1. 交流双速单绕组电梯拖动采用能耗制动的电梯的故障分析与处理

曳引电动机有 1000r/min 和 250r/min 两种速度，快速用于启动和正常运行；慢速用于减速平层和检修运行。

此种类型电梯启动与正常运行时采用开环控制而在制动时采用闭环控制。理想减速曲线是按位置原则连续给定的，当给定与实际有偏差时，系统可自行调节使电梯完全按照理想曲线减速直至平层停车。此类型电梯常发生以下故障。
（1）按下选层按钮，所有楼层都选不上。
① 故障原因分析。
a. 检修继电器故障。一是其常闭触点不能接触，使选层电路失电；二是检修继电器故

障吸合，使电梯处于检修状态。

    b. 选层回路中断，使选层继电器吸合不上。

    ② 故障处理方法。检查选层回路各元器件，排除所有断开点，如检修继电器故障与其电源回路故障、选层按钮故障等。

  （2）电梯下行换速后平层不好，层层如此。

    ① 故障原因分析。发生这种故障较多的原因是下行给定触块上的给定曲线分压器分压电阻损坏或接线有断路处，使晶体管电路无法工作，零速继电器释放，运行继电器随之释放，电梯停驶。

    ② 故障排除方法。寻找分压器上的故障点，可用万用表的电阻挡，一支表笔搭触曲线板铜片始端，另一支表笔在曲线板上滑动，若阻值突然变大或电路不通，则此处即是故障所在点，更换损坏的电阻或焊接好电路即可。

  （3）轿厢上、下行换速后立即停车。

    ① 故障发生原因分析。

    a. 防止溜车时间继电器的延时开启常闭触点接触不良，使上（下）方向接触器释放。

    b. 也可能是控制电路插件板上的元器件损坏，如电容击穿，整流晶闸管损坏使触发器、放大器或晶闸管整流电路不能正常工作，零速继电器释放使运行继电器和上（下）方向接触器相继释放，电梯停驶。

    c. 快车接触器辅助触点接触不良使控制电源变压器无电源；造成零速继电器、运行继电器不能吸合，换速继电器吸合后，造成上（下）行接触器和继电器不能保持吸合而急停梯。

    d. 运行继电器触点接触不良，电梯换速后，造成上（下）行接触器、继电器不能保持吸合而停车。

    e. 给定曲线分压器无电源电压使电梯急停。

    f. 测速发电机故障不能发电或传动皮带断，使其无输出，晶体管电路无电压而截止，随之零速继电器释放，接着运行继电器、上行（下行）接触器释放，使电梯停驶。

    ② 处理方法。当发生上述故障后，可先到机房观察测速发电机的皮带是否松脱断掉，测量防溜车时间继电器延时打开的常闭触点是否良好。然后测量一下测速发电机有无电压。如果上述部分均正常，可更换备用插件试车。若是插件上元器件故障，则需要重新调整换下插件上的电位器 W_2、W_3 及控制盒上反馈电位器 W_4 的数值。检测更换插件板上损坏的元器件。

  （4）电梯运行速度明显变小、降压阻抗（QR）发热严重。

    ① 故障原因分析。发生电阻发热、电梯速度变小大都是因为快车加速接触器没有投入运行，降压阻抗没被切除，曳引电动机在降压状态下运行。

    快车加速接触器不吸合是因为快车加速延时继电器延时过长或有故障不会吸合。在此种状态下运行，就会引起电阻发热、电动机发热甚至被烧毁。

    ② 处理办法。

    a. 更换或修复快车加速接触器。

    b. 调整好时间继电器的延时，使加速时间以曳引电动机接近额定转速时切除降压电阻为宜，这样既消除了台阶感又使曳引电动机不带降压电阻运行。

2. ACVV 调速电梯故障排除方法

ACVV 调速电梯由调速装置、调速电动机、测速发电机、速度继电器和继电器控制环节组成。

它可采用交流双速电动机拖动，调压、调速启动、加速，能耗制动。该系统常见故障分析与排除方法如下。

（1）电梯不能启动运行。

① 故障原因分析。先从电源部分查找，看是否错、断相，整流板的电容是否容量太大，高、中速运行继电器是否工作，直流稳压板是否有故障。

② 故障排除方法。

a. 测量相序继电器，将错、断相故障排除。

b. 检测整流板，更换不合适的元器件。

c. 修理高、中速运行继电器。

d. 校验直流稳压板，将故障排除。

（2）快速熔断器经常在启动瞬间或制动时损坏。

① 故障原因分析。此故障多因整流桥中的二极管或晶闸管损坏，电梯启动电流过大或制动时间过长所致。

② 排除故障方法。

a. 测量曳引电动机启动电流，查找启动电流大的原因并排除。

b. 整定制动时间到合适程度。

c. 检查整流板将烧毁的二极管找出并修复。

（3）停梯时掉电急停。

① 故障原因分析。多因速度调节与制动延时板的 $2BG_{41}$ 失调，电压太高造成。

② 处理方法。调节 $2BG_{41}$，使电压降下去，若调节不了，就要更换它。

（4）电梯启动时振动。

① 故障分析。发生启动时振动故障多因启动电位器 ZW_{17} 调节不正确所致，或触发部分晶闸管工作不正常所致。

② 故障处理。将失调的 ZW_{17} 按说明书调准；更换工作不正常的晶闸管。

（5）电梯启动和换速时舒适感差。

① 故障原因分析。舒适感差多是速度板的 $1BG_{21}$ 损坏或 $1C_{22}$、$1C_{23}$ 电容参数不匹配，使运行速度曲线不圆滑，造成舒适感差。

② 处理办法。将 $1BG_{21}$ 按型号换新，重调到合适位置；选择合适的电容器将 $1C_{22}$、$1C_{23}$ 换掉。

（6）电梯稳速运行时有振动。

① 故障原因分析。此故障多为机械方面故障和调速部分故障造成。

② 故障处理。

a. 先检查机械方面，看电动机底脚螺栓有无松动等，将松动部位加固。

b. 检查调速部分，看有无电磁干扰，并将有干扰部位做好屏护，防止电磁干扰。

c. 若检查出 $2BG_{11}$ 输出电压不正常，应调节电位器 ZW_{19}，使其输出电压符合要求。

（7）电梯上（下）行速度差较大。

① 故障分析。此故障调整不当，使上（下）行速度差变大。

② 故障处理措施。测量上、下行转差数，应小于10r/min，若超差太多，可调$1W_{85}$，使其转差减小。

检测运算放大器$1BG_{82}$，看其零点飘移是否严重，调整它使$1BG_{82}$输出电压在上、下行时对称。

（8）电动机三相电流严重不平衡，运行一段时间后电动机温升过高。故障原因主要是电位器$5W_{32}$调整不当或控制回路接线不实在。处理办法：调节$5W_{32}$使输出电压正常，将输出控制电路中接线不牢处查出并处理好。

（9）直流接触器灭弧线圈烧毁。

① 故障原因主要是制动电流过大或整流桥中二极管、晶闸管损坏；触发板ZW_{35}调整不当。

② 处理方法。将整流桥中整流二极管换新；调整制动电流到合适程度；调整触发板电位器ZW_{35}，使触发电流变小。

（10）电梯刚一减速就停车。

① 故障原因分析。主要原因是制动电流过大所致。电位器$1W_{36}$负给定值大于低速给定值。

② 排除故障办法。调整$1W_{36}$，使其制动电流变小。

（11）电梯平层结束，制动瞬间速度突然升高。

① 故障原因。可能是运算放大器$2BG_{11}$输出电压偏高，微分电容$1C_{21}$值偏大，电位器$2W_{19}$调整不当。

② 处理办法。将$2BG_{11}$输出电压调低；$1C_{21}$换小；重新调整$2W_{19}$到合适位置。

（12）电梯冲顶蹲底。

① 故障原因。

a. 速度继电器和平层继电器损坏。

b. 速度运算电路中OW_{55}、OW_{36}调整不当。

c. 三极管OBG_{21}的c、e极击穿短路。

② 故障处理。

a. 修复更换速度和平层继电器。

b. 重新调整OW_{55}和OW_{36}到合适位置。

c. 选择合适的三极管将OBG_{21}换掉。

3. 迅达一位微机控制的"M-B"电梯

"M-B"电梯是用微机控制，因此必须首先了解它的基本原理，掌握其控制过程，这样才能比较快地将其故障找出，下面将"M-B"电梯常见的电气故障列出并加以简要说明。

（1）电梯不启动并且无方向显示。

① 故障原因。

a. VE_{22}板上方向输出不正常，使上（下）方向接触器SR-D（SR-U）不能正常动作。

b. 安全回路中的触点接触不良。

c. 呼梯信号没进入 GCE_{16} 板，或 GCE_{16} 板的输出与 PE_{80} 板的接线不正常。

d. PE_{80} 板指示故障。

② 故障处理方法。

a. 检查 PE_{80} 板上的 LATCH 输入到 VE22 板上的信号是否正常，将不正常故障排除。

b. 修复安全回路中接触不良的触点。

c. 检查 GCE_{16} 板的输出与 PE_{80} 板的接线，将不正常的接线排除。

d. 直观检查 PE_{80} 板上的指示灯，判断是什么故障，并设法将故障排除，指示灯状态如表 5-9 所示。

表 5-9 指示灯状态表

指示灯 状态	绿 灯	红 灯	黄 灯
亮	正常运行	开门状态	校正运行；自动返回运行；空轿厢分配运行
灭	检修运行，或 22V 供电故障，或电磁闸触点故障	关门状态	
闪	出现端站封锁信号	门区跨接故障	

（2）电梯顺向不截梯。

① 故障原因分析。

a. 满载开关误动作，造成 PE_{80} 封锁外呼指令。

b. 满载开关动作同时电梯无减速信号；可能是磁开关造成的。

c. 软件系统故障使信号不能输入。

② 排除故障方案。

a. 检修满载开关，将它调整到合适位置，不使其误动作。

b. 检查磁开关状态，调整稳态开关与磁环距离。

c. 更换软件板。

（3）电梯不开门。

① 故障原因。

a. 关门继电器不吸合，开门继电器常吸合；开门终端开关不断开。

b. 光电、机械安全触板开关不正常。

c. 开门按钮没复位。

d. 关门力限制器开关不正常造成不能关门。

e. VE_{22} 板上关门放大输出信号不正常。

② 故障处理。

a. 修理开、关门终端限位开关，检查修理或更换开、关门继电器。

b. 检查修理安全触板开关。

c. 修理开门按钮，使其灵活无阻滞。

d. 调整关门力限制器开关使其正常。

（4）电梯只能在上、下端站停车。

① 故障原因。

a. 轿顶上开关盒向上（下）减速开始开关在顶层位置没复位，造成给定信号发生器不能正常工作，即没有理论速度给定，不能与实际速度比较，得不到换速信号。

b. 轿顶磁开关上（下）减速点失效不起作用，使得曳引电动机减速点没有断电，从而造成无涡流产生而不能停车。

② 故障处理方法。检修轿顶磁开关 KBR-D、KBR-V，使其动作符合要求，不误动作。

（5）电梯平层准确度差。

① 故障原因分析。

a. 轿顶磁开关盒的上（下）磁开关不灵敏。

b. 给定值信号发生器 SWD 板上的电位器调整不当。

② 处理方法。

a. 将轿顶磁开关更换。

b. 调整信号发生器 SWD 板上的电位器，使其输出正确的运行曲线。

（6）电梯平层不开门。

① 故障原因分析。

a. 门区磁开关不正常或失效。

b. 关门接触器不释放。

c. 调节器与信号发生器板有故障，门区触发器 TRT 有故障，两者均可造成无开门信号，当梯速小于 0.5m/s 时不能翻转造成不能开门。

d. 机械方面原因。

② 故障处理方法。

a. 检修门区磁开关。

b. 修好关门接触器，使其自动释放。

c. 检查门区触发器 TRT 是否为"1"信号，否则将其调整为"1"。

d. 调整厅门卡死故障，根据具体情况将其排除。

（7）电梯启动、制动时舒适感差。

① 故障原因。

a. 速度调节电位器调得不合适。

b. 电磁制动器控制电路中的 P_1、P_2 调节不当。

c. 制动器失调。

② 故障处理方法。

a. 调节 RED 板中的 P_1 使速度合适。

b. 按 BLD 板调整说明调整 BLD 板中的 P_1、P_2，使制动力合适。

c. 调制动器，使其间隙和弹簧力度合适，符合国标规定。

4. 奥的斯微机控制交流双速梯的故障分析与处理

该电梯是天津奥的斯的产品，属 TOEC3 型。电梯每块逻辑板上有 16 个发光二极管及一个七段显示模块，可以用来检验全部控制系统的故障。有两个按钮开关"S_1"及"S_2"和一个排程序开关"S_3"，如何使用"S_1"及"S_2"改变电梯的功能是根据控制的模式而定的。而这些模式的变化要根据开关"S_3"和检修开关"ERO"或轿顶检修开关"TCI"的位置来确定。

第 5 章 电梯电气装置的安装和故障分析

模式 1：正常操作。
模式 2：自我测试。
模式 3：参数检查。
模式 4：设备参数排程序。

这些模式的目的是为了显示操作数据，并以十六进制形式在七段显示模块上显示相应数据，并在逻辑板上进行故障试验。在检修时，维修人员应先观察 3.0~3A 中的内容，参照模式说明分析故障范围，找到故障点并排除故障。

排程序开关"S_3"处于"1"可得到模式"3"或模式"4"；处于"2"位置时，可得到模式"1"或模式"2"。

表 5-10~表 5-13 为各模式的详细说明。

表 5-10 模式 1：正常操作

ERO 或 TCI		0	0	0	0
开关	S_1	0	1	0 (1)	1
	S_2	0	0	0	1
	S_3	2	2	2	2
显示解说		在轿厢/门模式中，可有以下显示。0：等候 24V 移动控制。1：运行，等候 1A。2：轿厢运行。3：轿厢停车。4：轿厢在 ERO 或 TCI 操作状态。5：超过 DDP 时间。6：紧急停车开关被操作。7：门开关被断开。8：门被关闭或正在关闭。9：门被打开或正在开启。A：等候门时间的结果（NT）。b：ACD（等候进入关门）。C：运行（位置 3CL）（液压）。d：向上再平层（液压）。E：向下再平层（液压）。F：WRR 带有不起作用 RLEV（液压）	操作开关 S_1 一次，可使显示从恒定变成闪烁，即由恒定的轿厢和门模式显示变成闪烁的操作模式显示，或者相反	在此操作模式中，下列显示是可能的。不亮，24V 电源没电。0：（不使用）。1：正常操作。2：轿厢到大厅（CTL）。3：轿厢停车（PKS-功能）。4：检修。5：负荷不停车开关（LNS）操作。6：紧急停车开关（ESS）操作。7：紧急停车按钮（ESB）操作。8：独立服务"ISS"（轿厢停在楼面，关着门，有呼叫）。9：独立服务（轿厢停在楼面，开着门，无呼叫）。A：独立服务（轿厢移动）。b：EFS/EFO（当往消防员停行驶时，FSS 操作）。C：EFS/ISS（关门和呼叫）。d：EFS/ISS（开门和无呼叫）。E：EFS/ISS（轿厢作消防员服务）。F：EPO（等候营救操作）。—0：EPO（营救操作到 EPO 停站层）。—1：EPO（轿厢停在 EPO 停站层）。—2：EPO（当 EPO 时，轿厢被阻，EPO 服务被传下去）。—3：轿厢没有位置。—4：SAPB 运行。—5：SAPB 轿厢呼叫优先。—6：超负荷。—7：运行和再平层失效，用于 MPD。—8：驻停状态。—9：等候轿厢呼叫优先。—0：迟到的轿厢。—1#：ANS 动作。—2#：在关门保护之后，延迟。—3#：在 WRR 内，丢掉。—4#：位置优先错误。—5+：开门保护。—6+：关门保护。—b+：参数范围错误。—C：24V 同步化错误。—6#：当开阀时，DDP。—4#：当关阀时，DDP。—4#：当向上再平层时，DDP。—4#：当向下再平层时，DDP。—4#：当运行时，DDP。—4#：当停止时，DDP。—C#：连续的 24V 同步化错误	在控制柜呼叫到底停站 在控制柜呼叫到顶停站

注：本表"显示解说"栏中"A、b、C、d、E、F"及"0~9"均为数码管显示原样，无大小写区分。#后面将跟随一个恢复运行。"+"表示此有关的错误和警告被错误记录系统存储。"#"表示最后情况，没有被阻。

表 5-11　模式 2：自我测试 (ST)

ERO 或 TCI	开关			显示解说（观察）	ERO 或 TCI	开关			显示解说（观察）
	S_1	S_2	S_3			S_1	S_2	S_3	
1	0	0	2	准备输入或输出（VO）或存储器（RAM/EPROM）试验	1	1	0	2	试验在进行中中断
1	0	1	2	输入和输出电平转换器的自我测试（呼叫和显示灯）。7 段显示表示输入和输出的状态（X = 轿厢的呼叫数量 + 上行厅门呼叫数量 + 下行厅门呼叫数量）。在此项测试过程中，如果未探测到错误，则此 7 段显示将表示一个"4"，即准备下一步测试，如果发现了输入/输出错误，则测试中止，电平转换器的故障数码被显示。在每一个输入/输出进行测试的过程中，相应的 TYL 将延续。关于双设备，在没有逻辑板插头 P6 的情况下，并在没有扩展板插头 P3 的情况下，当在它的位置中存在时，必须进行此项测试，在其他情况下的测试是不可行的	1	1	1	2	存储器的自我测试。当测试时，此显示表示如下。ST1：EERAM2210 在进行中自我测试且尚未完成。ST2：EE-RAM2210 在进行中自我测试且尚未完成（在 ST1 情况时，无故障）。ST3：RAM8155 在进行中自我测试且尚未完成（在 ST3 情况时，无故障）。ST4：EPROM2764 在进行中自我测试，且尚未完成（在 ST3 情况时，无故障）。当进行此项测试时，如果未检测到错误，显示屏上将出现一个"4"，即准备进一步的测试。在存储器内容错误的情况下，此程序的下一步将不能被输入：ST1 = EERAM2210 故障　ST2 = EEPROM2210 故障　ST3 = RAM8115 故障　ST4 = EPROM27128 故障

表 5-12　模式 3：参数检查（设备参数）

ERO 或 TCI	开关			地址和存储器内容（一般观察）
	S_1	S_2	S_3	
0	0	0	1	闪光显示的意思就是表示出地址，关于显示的详细说明，请参考"设备参数"表
0	1	0	1	显示从地址（闪烁）改变到数据（不闪烁），或相反
0	0	1	1	当显示在闪烁时，S_2 每操作一次，地址增加 1；当显示不闪烁时，则操作 S_2，存储在下一个地址中的数据内容被显示
0	1	1	1	同时操作 S_1 和 S_2，结果是：如果显示闪烁，重新对地址设定；如果显示不闪烁，在地址下重新对存储的存储器内容进行重新设置

注：将逻辑板的 S_3 拨到位置 1，即开始参数检查，即如果轿厢正在行驶，它将按照下一个 IPU 或 IPD 脉冲而停车，并在下一个停站层开门，停靠该处；在模式 3 中，以微处理机完全参加参数的检查工作，即厅门呼叫和轿厢呼叫被忽略，所以，最好把"混乱"写入；在参数检查后，必须把开关 S_3 拨回到位置 2，现在，电梯进行校正运行以后恢复正常操作。

表 5-13　模式 4：参数编程

ERO 或 TCI	开关			地址和存储器内容（一般观察）
	S_1	S_2	S_3	
1	0	0	1	一个闪烁的显示，表明地址被显示，对于显示的详细说明，请参阅"设备参数"表
1	1	0	1	显示从地址（闪烁）变到数据（不闪烁），或相反
1	0	1	1	当显示在闪烁时，按一次 S_2，则地址增加 1；当显示不闪烁时，按 S_2，存储在下一个地址的数据内容被显示
1	1	1	1	同时按压 S_1 和 S_2，结果是将闪烁的地址重新设定到"0"，或把不闪烁的存储器内容重新设定到存储在地址 0 下面的数据

注："0"表示开关断开状态；"1"表示开关接通状态。

正常操作程序有两种：一种是状态程序，在此程序下，七段显示模块显示的是电梯运行的各种状态。例如，显示"2"，表示轿厢处于运行状态；显示"3"，表示轿厢处于停止状态；显示"7"，表示门开关被断开等。另一种是操作程序，在此程序下，七段显示模块显示的是操作状态。例如，显示"7"，表示"急停按钮被操作"等。显示方式为：闪烁。以上两种方式的转变是通过 S_{sk} 的操作来实现的。此测试的详细说明，可以在功能说明手册中找到。

5.2.5.3 VVVF 电梯的故障分析与排除

下面以三菱公司典型的 VVVF 多微机控制电梯为例，说明这类电梯故障的排除与调试方法。

1. 电梯启动时有冲击感的可能原因

（1）制动器不完全松闸，或者即使松闸但制动瓦歪斜，制动瓦与轮鼓间有摩擦，都容易引起启动冲击，故应检查核准。

（2）检查导靴的安装位置是否符合要求。

（3）调整制动器的松闸时间。用控制屏反面 KCJ-12X 上的旋转开关 DLB 来调整制动器松闸的时间，参照表 5-14。

表 5-14　DLB 开关调整要领

现象	调整方向
制动器松闸太迟，故空载上行、空载下行皆有启动冲击时	｜0｜1｜2｜------｜D｜E｜F｜ ⇐旋转开关的调整方向
制动器松闸太早，使空载上行时产生飞车，而当空载下行时产生对重拉轿厢的现象	｜0｜1｜2｜------｜D｜E｜F｜ ⇒旋转开关的调整方向

2. 运行中有振动时的可能原因

（1）检查在运行中是否有制动器与轮鼓相摩擦、钢丝绳拉伸不良等现象。

（2）由于导轨的接头有高低，就会产生振动，不要与电气系统所引起的振动相混淆。

（3）电气系统引起的振动，可以用控制屏反面 KCJ-12X 上的旋转开关 DGN 和 MGN 来调整，参照表 5-15 和表 5-16 进行。

表 5-15　MGN 开关调整要领

现象	调整方向
启动时，不足以承受负载（如即使 DLB 设定在 0 位置上，但恒速运行中振动多时）	｜0｜1｜2｜------｜D｜E｜F｜ 旋转开关的调整方向 ←
启动时，不足以承受负载（如即使 DLB 设定在 0 位置上，但恒速运行中振动少时）	｜0｜1｜2｜------｜D｜E｜F｜ 转开关的调整方向 →

表 5-16　DGN 开关调整要领

现象	调整方向
振动少，但平层不稳定时	｜0｜1｜2｜------｜D｜E｜F｜ 旋转开关的调整方向 ←
平层稳定但振动多时	｜0｜1｜2｜------｜D｜E｜F｜ 旋转开关的调整方向 →

MGN 从启动开始到停止，对整个舒适性都有影响，而 DGN 对加减速时的舒适性有影响。

3. 平层状态不良时平层准确度的调整

（1）个别层的平层误差大时，检查 PAD 平层板的安装位置是否正确。若改变平层板的位置，则一定要重新输入层站数据。

（2）在全部层站平层状态不良时，从 PAD 盒内的安装基准线来看，检查开关的安装位置是否为基准尺寸。此外，平层板的安装位置有改变时，一定要重新输入层站数据。

（3）尽管 PAD 平层装置方面都安装成基准值，但仍出现平层不良现象，应认为是电气调整不良，应从各个开关着手来确认其状态。

作为调整平层状态用，用"SHIFT"、"STP. P"、"LTB" 3 种旋转开关。各旋转开关都在控制屏正面 KCJ-15X 上，见图 5-17。

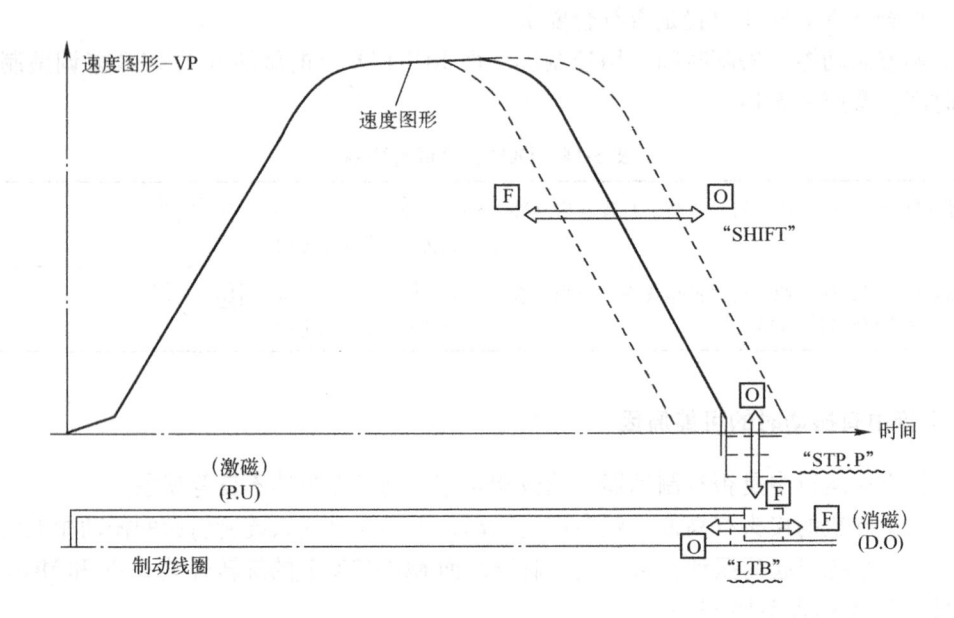

图 5-17 速度图形与各开关的功能

旋转开关的功能："SHIFT" 调整减速开始点；"STP. P" 调整停止图形引入量；"LTB" 调整停止时制动器抱闸时间。

各旋转开关的调整要领如表 5-17 ~ 表 5-19 所示。

表 5-17 SHIFT 开关调整要领

上行、下行都在平层位置前停止时	0 1 2 ---------- D E F 旋转开关的调整方向←
上行、下行都过平层时	0 1 2 ---------- D E F 旋转开关的调整方向→

表 5-18　STP.P 开关调整要领

停止时被负载牵引时；想使制动器抱闸提前时	0 1 2 -------- D E F 旋转开关的调整方向←
有停止冲击（制动冲击）时；想使制动器抱闸时间延迟时	0 1 2 -------- D E F 旋转开关的调整方向→

表 5-19　LTB 开关调整要领

在刚要到平层附近即抱闸运行时	0 1 2 -------- D E F 旋转开关的调整方向←
超载平层制动器抱闸（KC 动作）时	0 1 2 -------- D E F 旋转开关的调整方向→

4. 各发光二极管状态的确认

CPU 框架及插板上各发光二极管的功能见表 5-20；CPU 插件板框架实际安装见图 5-18。

表 5-20　各发光二极管功能一览表

插件板型号（插件板名称）	发光二极管名称	状态 ○：点亮 △：闪光 ×：不亮	功　　能
KCJ-1010X（P1）	SET	△	串行传输正常时
		连续△或×	串行传输不正常时
	STM	×	无轿厢召唤
		△	轿厢召唤按钮被按压时
		○	有轿厢召唤（按钮未按着）
	UP	○	上行方向时
	DN	○	下行方向时
	层站指示	----	轿厢位置指示（最下层表为1）闪光→检测出选层器偏差
KCJ-15X（W₁）	21	○	开门指令
	22	○	关门指令
	WDT	○ / ×	CC-CPU 正常时 / CC-CPU 不正常时
	41DG	○ / ×	层门、轿门锁开关 ON / 层门、轿门锁开关 OFF
	29	○ / ×	安全回路正常时 / 安全回路不正常时
	89	○ / ×	自动或手动运行中（安全回路正常）/ 手动停止时或安全回路不正常时
	60	○ / ×	自动时 / 手动时
	DZ	○ / ×	门区域内 / 门区域外
KCJ-12X（E$_s$k）	WDT	○ / ×	DR-CPU 正常时 / DR-CPU 不正常时
	P·P	○ / ×	ACR 熔断器次级侧正常时 / ACR 熔断器次级侧错或缺相时
LIR-18X	DCV	○ / ×	主回路电解电容有充电电压 / 主回路电解电容无充电电压

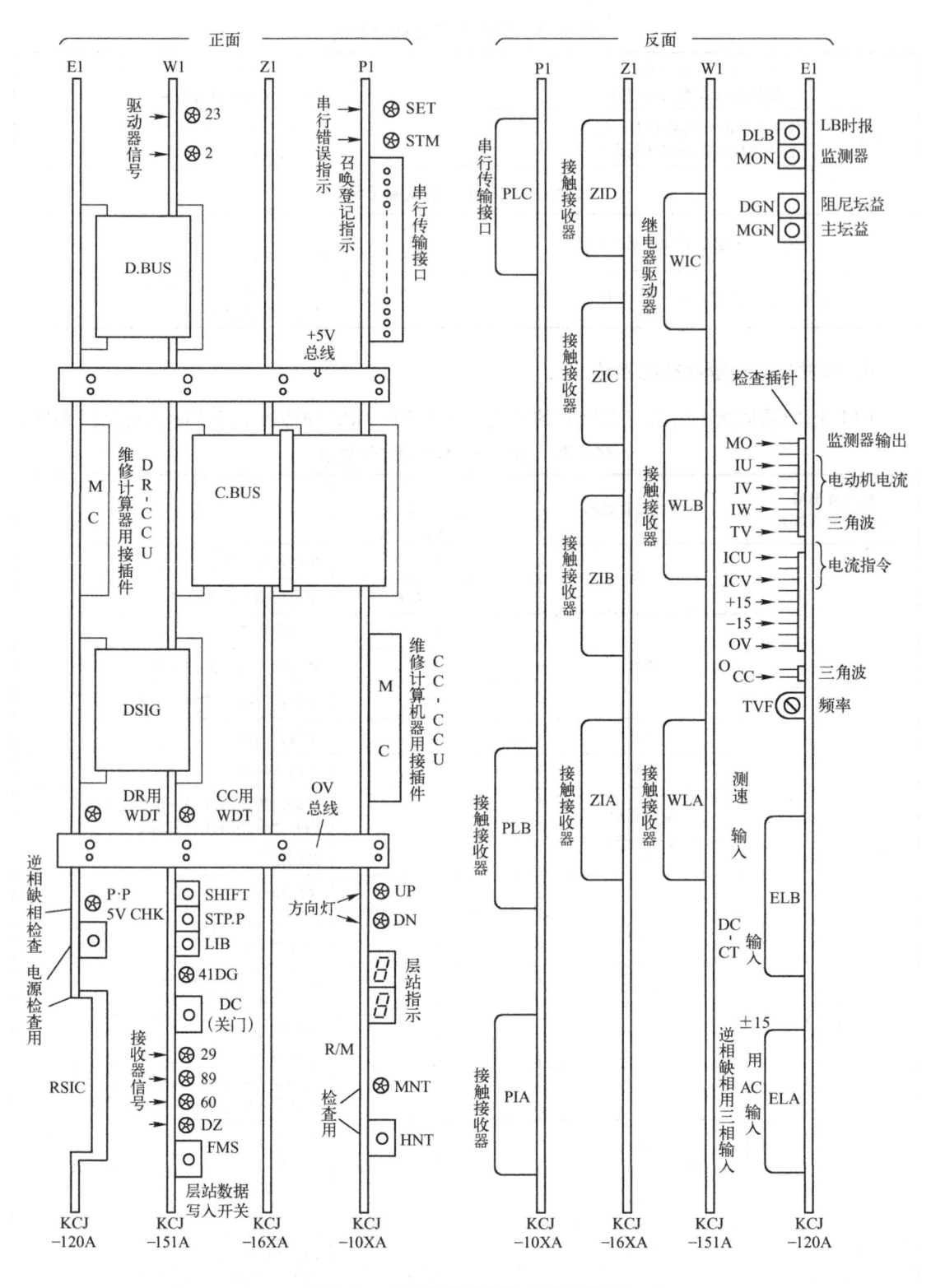

图 5-18 CPU 插件板框架实际安装图

5. 故障数据检查

（1）检查有无故障检测触发信号应对 KCJ-10X（CC-CPU）及 KCJ-12X（DR-CPU）两方面的 CPU 来进行。

（2）由于 KCJ-12X 无断电时保存数据功能，故检查有无故障检测触发信号应在切断电源前进行。另外应注意，故障检测后发生停电等情况，会造成 KCJ-12X 侧的故障扫描数据无法确认，此外，由于故障记录上记有"电流异常"，故应重新确认。

（3）用维修计算机来检查有无故障检测触发信号。有触发信号的场合，则分析数据，检查有关环节。此外，触发信号发生的条件如表 5-21、表 5-22 所示。

表 5-21　KJC-10X（CC-CPU）侧故障检测触发条件一览表

触发条件		内　容
信号	状态	
SWNRSI	D.O.	不能再启动检测用
SDDNRS	D.O.	DR 不能再启动检测用
STLSA	D.O.	轿厢速度异常低速检测用
SSCHRG	D.O.	充电完了检测用
SYDECT	D.O.	减速时间限制用
SDTSA	P.U.	TSD 运行认识用
SDSOCR	D.O.	过载运行检测用
STDRER	P.U.	DR-CPU 传输出错检测用
SYD89	D.O.	89#继电器驱动指令
SWDZS	D.O.	低速自动运行选择用
SYCFLB	D.O.	LB#的线圈断开检测用
SYEMA	P.U.	封门故障检测用
SYEMB	P.U.	不能使用故障检测用
SRCNST	P.U.	不能启动检测（运行方向确定后 3s 内测速器无输出）

表 5-22　KCJ-12X（DR-CPU）侧故障检测触发条件一览表

触发条件		内　容
信号	状态	
STLSA	D.O.	轿厢速度异常低速检测用
SWDEST	D.O.	DR-CPU 侧 E.STOP 信号（紧急停止信号）
SYTSA	P.U.	TSD 运行认识用
SYSOCR	D.O.	过载运行认识用
STCCER	P.U.	CC-CPU 传输出错检测用
SWD89	D.O.	89#继电器驱动信号
SYDNRS	D.O.	不能再启动检测用
SBEST	D.O.	从 CC-CPU 来的 E.STOP 信号（紧急停止信号）
SWDNST	P.U.	不能启动检测（运行方向确定后 3s 内测速器无输出）
SN89	D.O.	89#继电器的触点信号

6.（主回路）电解电容器的检查

（1）目视检查电解电容器控制屏前面接口部位的透明罩盖，检查电解电容器外观上有无异常，见图5-19（a）。若是存在如下状况则应更换电容器：外观上能看出已膨胀起来；防爆阀已动作；电解液外漏；存在异常发热。图5-19（b）为防爆阀断面图，其中A部位的动作情况表示见图5-19（c）。

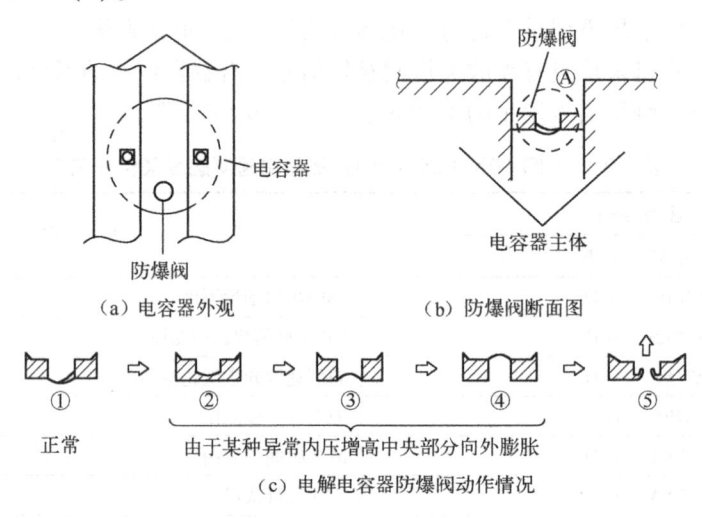

（a）电容器外观　　（b）防爆阀断面图

① 正常　② ③ ④ 由于某种异常内压增高中央部分向外膨胀　⑤

（c）电解电容器防爆阀动作情况

图 5-19　电解电容器

（2）电解电容器容量下降检查。以手动方式接通电源，经过5s以后，转换成自动方式，根据其是否启动来进行确认。不能启动时，应根据如图5-20所示的流程来做如下检查：在

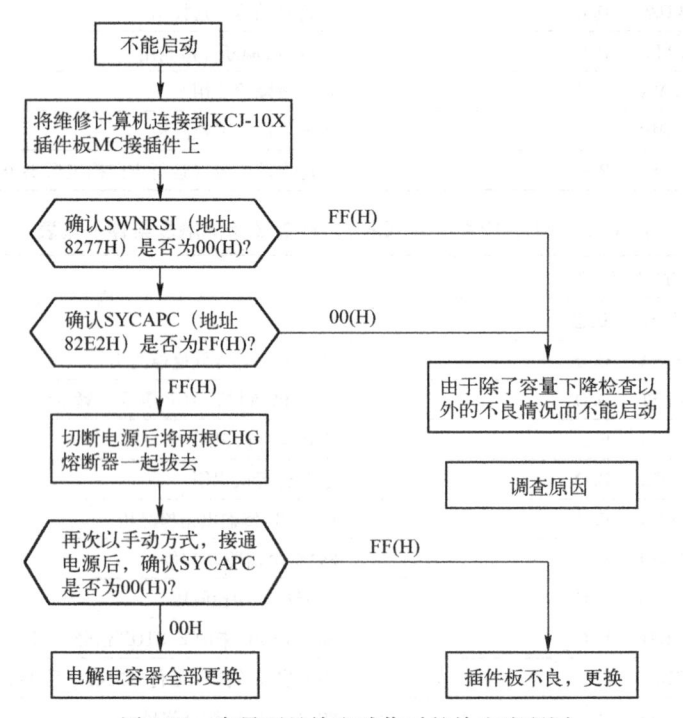

图 5-20　容量不足检查动作时的检查流程图

容量下降检查中不能启动时，以自动方式接通电源就可能启动，但只能暂时对付一下，下次维修保养时应更换；以手动方式，将 KCJ-12X 上的电源检查开关（5VCHK）置于上侧或下侧，CPU 复位，则容量下降检测动作无异常，应切断 CPU 电源，再接通，同时使容量不足检测清零。

7. 脉冲测速器输出的检查

（1）用万用表来检查高速自动运行中的脉冲，测速器输出电压应在 AC 2.5V 以上，并确认停止时的输出应在 DC±1V 以内。

（2）测定 KCJ-12X 上接插件（ELB 接插件）的 14$^\#$引脚~2$^\#$引脚和 15$^\#$引脚~2$^\#$引脚之间的电压，参照图 5-21。在接插件插入的状态下，用万用表的试棒从接插件的背面，接触端子的铆接部分。

（3）停止时的输出电压超过规定值时或运行中的输出电压过低时，参照有关资料进行修整或更换。

8. 充电回路的检查

（1）检查充电电阻，经常放电的电阻的正面不应有裂缝、变色等异常情况。

（2）检查温度熔断器有无变形、变色等异常情况。

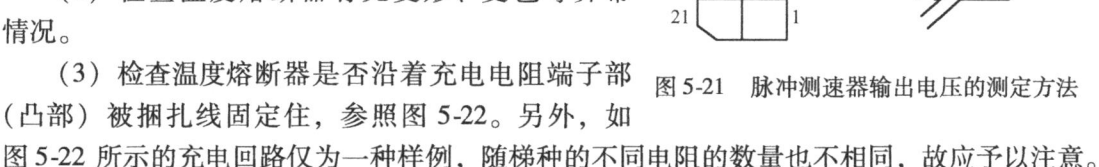

（3）检查温度熔断器是否沿着充电电阻端子部（凸部）被捆扎线固定住，参照图 5-22。另外，如图 5-22 所示的充电回路仅为一种样例，随梯种的不同电阻的数量也不相同，故应予以注意。

图 5-21 脉冲测速器输出电压的测定方法

9. DC-CT（CT-2、CT-3）偏置电压的检查

（1）高速自动空载上升运行停止，转换成手动方式后，将 KCJ-12X 上的电源检查开关（5V CHK）置于上侧或下侧，进行 CPU 复位。然后测定控制屏反面 KCJ-12X 上的检查插件（IU）~（OV）间及（IV）~（OV）间的电压（CT-2、CT-3）的偏置电压）。同样，高速自动空载下降运行停止后，也应测定偏置电压。

（2）偏置电压测定应对上行、下行各测两次。测定值 4 次皆超过 DC±20mV 时，应按照如图 5-22 所示的流程进行调整。其他情况无调整必要。

（3）偏置电压调整时的注意事项：偏置电压的测定，应在接通电源并经过 3min 以上才能进行；DC-CT（CT-2、CT-3）实际安装在控制屏反面大功率端子上侧。

测定电压与各个 DC-CT 对应如下：

（IU）~（OV）电压→CT-2 的偏置电压；

（IV）~（OV）电压←CT-3 的偏置电压。

DC-CT 上有"OFS"与"GIN"两个电位器，GIN 电位器绝对不能调整，参见图 5-23。

在手动方式下，用电源检查开关（5V CHK）使 CPU 复位。由于电解电容下降检查动作的缘故，不能再启动，因而在自动方式下，再次使 CPU 复位使其启动。另外有紧急平层装置时，应在中间层以自动方式做 CPU 复位，检测选层器偏离，进入选层器修正动作运行，使电梯停止在终端层。

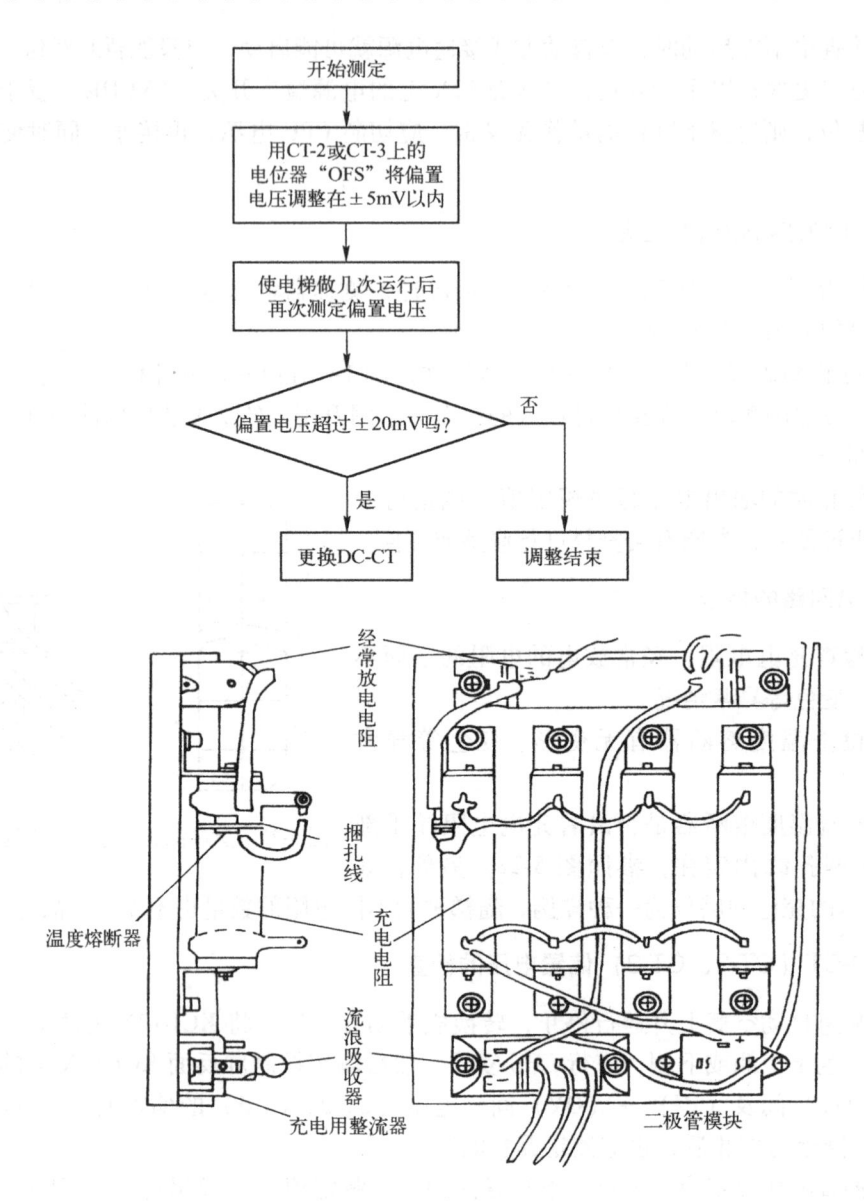

图 5-22 DC-DT 偏差电压流程图

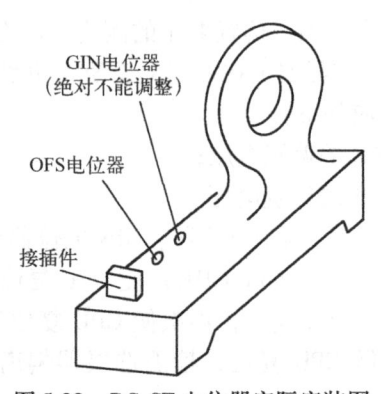

图 5-23 DC-CT 电位器实际安装图

偏置电压测定在调整结束后，进行切断、接通电源。

10. 各种安全检查动作校验

（1） +5V、±15V 电源检查动作的校验。将 KCJ-12X 上的电源检查开关（5V CHK）分别置于上侧、下侧，确认 89# 继电器释放，然后再吸合。电源检查动作不正常时（89# 继电器不释放或不吸合），确认 +5V 及 ±15V，应探明原因，采取恰当的措施。

（2） 过电流检查动作校验。将控制屏反面 KCJ-12X 上的检查插针（OCC）与（OV）短路，让其高速自动运行。确认 89# 继电器释放，电源做 E. STOP（紧急停止动作）。电梯不能再启动后，按故障扫描数据来确认过流检测动作。检查动作不良时考虑为 CT-1（实际是装在散热器上）或插件板不良。应探明原因，并采取恰当的措施。

（3） 用维修计算机做安全检查功能校验。将维修计算机接于 KCJ-10X（CC-CPU 侧）及 KCJ-12X（DR-CPU 侧）的 MIC 接插件上，按照如图 5-24 所示的流程，进行功能检查。用维修计算机校验安全检查功能，应从 CC-CPU 及 DR-CPU 两方面来进行。另外，89# 继电器因从 CPU 来的"或"条件而释放。

安全检查动作不良时，考虑是继电器的故障及插件板接触不良，应查明原因，采取恰当措施。

11. TSD 的检查

TSD 动作及 TSD 临界检查中发生不良现象（平层不良、减速有异常冲击等）时可认为是终端开关等方面的异常。应探明原因，采取恰当的措施。另外，终端开关的动作点应如表 5-23 所示。

表 5-23　终端开关动作点

开关名称 轿厢速度（m/min）	1USD 1DSD	1USDA 1DSDA	2USD 2DSD	2USDA 2DSDA	USR DSR	UL DL	UOT DOT	外壳全长
30	—	—	390±15	—	240±15	−30±15	−290±5	1250
45	—	—	670±15	—	470±15	−30±15	−280±15	1650
60	—	—	1200±15	—	550±15	−30±15	−290±15	2400
90	—	—	2250±15	(650)	1250±15	−30±15	−290±5	3100
105	2950±15	(1750)	2250±15	(650)	1250±15	−30±15	−290±5	3700

注：数值为终端层层站地平与轿厢地板之差（单位为 mm）；"−"表示轿厢超越；符号（）、1USDA、1DSDA、2USDA、2DSDA 分别为辅助触点，为其动作点的参考值；除了动作点尺寸显著不同的场合外，发生不良情况的可能性很少。

12. TLP 动作检查及层站数据的输入

当执行输入层站数据时，电梯会因 TLP 动作在最上层平层，因此动作检查可以与层站数据输入同时进行。层站数据的输入应根据如图 5-24 和图 5-25 所示的流程及表 5-24 来进行。发生 TLP 动作不良（平层不良、减速时异常冲击等）时，可认为是有关终端开关方面的异常。应探明原因，采取恰当的措施。

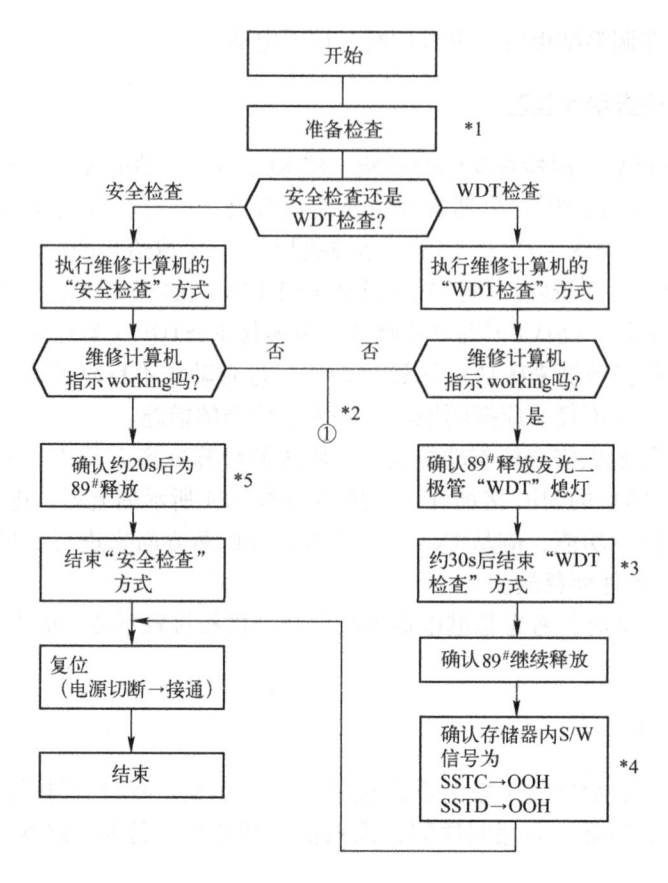

```
                    ┌──────────┐
                    │   开始   │
                    └────┬─────┘
                         │
                    ┌──────────┐
                    │ 准备检查 │ *1
                    └────┬─────┘
                         │
         安全检查    ┌─────────┐    WDT检查
        ┌──────────<安全检查还是>──────────┐
        │          < WDT检查? >           │
        │           └─────────┘            │
┌───────▼────────┐                ┌────────▼───────┐
│执行维修计算机的│                │执行维修计算机的│
│"安全检查"方式  │                │ "WDT检查"方式  │
└───────┬────────┘                └────────┬───────┘
        │       否          否             │
   ┌────▼─────┐                     ┌──────▼─────┐
   │ 维修计算机│──────┐       ┌────│ 维修计算机 │
   │指示working吗?│   │       │    │指示working吗?│
   └────┬─────┘      *2              └──────┬─────┘
        │是          ①                      │是
┌───────▼────────┐                ┌─────────▼──────┐
│确认约20s后为   │ *5             │确认89#释放发光二│
│89#释放         │                │极管"WDT"熄灯    │
└───────┬────────┘                └─────────┬──────┘
        │                                   │
┌───────▼────────┐                ┌─────────▼──────┐
│结束"安全检查"  │                │约30s后结束"WDT"│ *3
│方式            │                │检查"方式       │
└───────┬────────┘                └─────────┬──────┘
        │                                   │
┌───────▼────────┐                ┌─────────▼──────┐
│复位            │                │确认89#继续释放 │
│(电源切断→接通) │                └─────────┬──────┘
└───────┬────────┘                          │
        │                         ┌─────────▼──────┐
   ┌────▼─────┐                   │确认存储器内S/W │
   │   结束   │◄──────────────────│信号为          │ *4
   └──────────┘                   │SSTC→OOH        │
                                   │SSTD→OOH        │
                                   └────────────────┘
```

*1 将检查条件设定如下：轿厢位置—在最下层 DZ 开门区内；全自动方式；门全闭且 SW（开关）OFF（关）；将维修计算机连接到插件板上接插件 MC 上。

*2 动作检查中的维修计算机指示为 "working"，执行安全检查时指示为："60 * DZ * (32 G)"；执行 WDT 检查时，指示为 "60 * (2G)" 时，因检查条件不成立，故检查结束，再确认条件。

*3 WDT 二次动作。

*4 存储地址为：CC 侧 SSWDTC 为 8240H；DR 侧 SSWDTD 为 0280H。

*5 KCJ-12X（DR-CPU）侧在约 24s 后，89# 释放。

图 5-24 TLP 动作检查流程图

表 5-24 易损件目录

序号	零件代号	零件名称	适用范围			备注
			品目号	部件代号	部件名称	
1	YA047C168-01	轿厢导靴靴衬	126	LUB121K08	轿厢滑动导靴	配 8kg 轿厢导轨时用
2	YA047C168-02	轿厢导靴靴衬	126	LUB121K13	轿厢滑动导靴	配 13kg、18kg 轿厢导轨时用
3	YA029C826	对重导靴靴衬	126	YA014B847	对重滑动导靴	配 3kg、5kg 对重导轨时用
4	YA052C703G01	φ48 门挂轮	161~163	YA014A104	层门装置	轿厢门挂轮相同
5	Y436557	门滑块	161~163	YA014A104	层门装置	轿厢门门滑块
6	YA016C991	制动闸瓦用摩擦衬片	101		曳引机	具体规格按曳引机型号定

续表

序号	零件代号	零件名称	适用范围			备注
			品目号	部件代号	部件名称	
7	EL-1370	S3-B 开关	221	YX200C912	终点减速开关	
8	X53BA-02	氖灯	235 262 366		显示器、按钮用	
9	X53BA-02	灯泡	366	PIHA-507 等	厅外层楼指示灯	

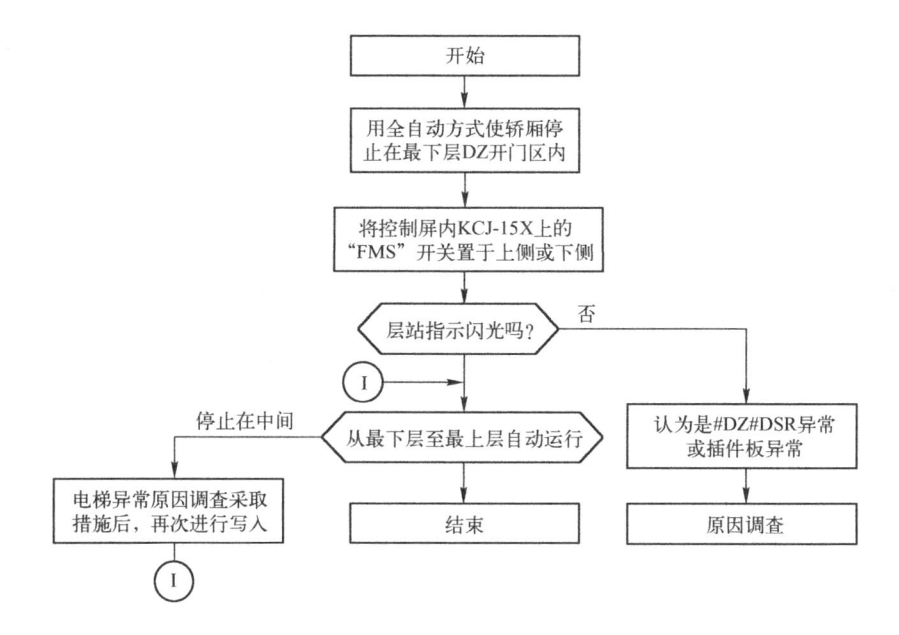

图 5-25　层站数据的输入流程图

技能训练 14

1. 实习目的和要求

（1）掌握电梯故障的检查方法。

（2）掌握各类电梯的一般常见故障的排除方法。

2. 设备、工具

电梯控制柜、常用电工工具、仪器、导线、灯泡等。

3. 实习内容

（1）了解电梯电气控制系统常见故障的现象。

（2）根据电梯故障现象和电路图判断电梯故障的可能范围。

（3）查找电梯故障并分析其原因。

（4）排除故障。

（5）试运行。

4. 实习步骤（以继电器集选控制电梯为例）

（1）电梯故障的演示。人为设置电梯电路故障，然后观察故障现象。其目的是加强对电梯电路故障的感性认识，为故障的正确排除打下基础。另外，通过故障演示所反映的故障现象，再从理论的角度去分析故障产生的原因，达到理论与实际的结合，真正掌握电梯构造。

（2）故障的设置方法有两种，一是短路；二是断路。在实际中，断路故障产生的概率远大于短路，所以故障演示应以断路为主。

电梯故障的演示按表 5-25 进行，并将故障现象记录在表中。

表 5-25 电梯故障的演示

序　号	电　　路	故障点设置位置	故　障　现　象
1	电源电路	FU01 或 FU02 FU1 或 FU2	
2	安全电路	KA72 电路	
3	门锁电路	KA81 电路	
4	厅外召唤电路	FU5 或 FU6	
		KA72 触点	
		KA203 或 KA303	
		KM1 或 KM2 触点	
		KA33 触点	
5	轿内指令控制电路	KA101 电路	
		KA103 电路	
		KA105 电路	
6	楼层控制电路	KA401 或 SQ401	
		KA403 或 SQ401	
		KA405 或 SQ401	
		KA501 电路	
		KA503 电路	
		KA505 电路	
7	选层定向电路	KA11 电路	
		KA21 电路	
8	开关门电路	KA81 电路	
		KA82 电路	
		KA83 电路	
		KA84 电路	
		KA85 电路	
9	启动电路	KA33 电路	

续表

序　号	电　　路	故障点设置位置	故障现象
10	主电动机控制电路	KM1 电路	
		KM2 电路	
		KM3 电路	
		KM4 电路	
		KM5 电路	
		KM6 电路	
		KM7 电路	
		KM8 电路	
11	平层控制电路	KA12 电路	
		KA22 电路	
12	指层电路		

（3）故障设置与排除。在上述故障演示电路中设置故障点，并排除。故障点的设置方法是在线头处用电工胶带将触点包扎，然后还原。

考核与评分标准见表 5-26。

表 5-26　考核与评分标准

项目内容	配分标准	评分标准	扣分	得分
故障分析	30	（1）故障分析、排除故障的思路不正确，每个扣 5~10 分。 （2）标错电路故障范围，每个扣 15 分		
排除故障	70	（1）停电不验电扣 5 分。 （2）工具与仪器使用不当，每次扣 10 分。 （3）排除故障的顺序不对扣 5~10 分。 （4）不能查出故障点每个扣 35 分。 （5）查出故障点但不能排除，每个扣 25 分。 （6）产生新的故障，不能排除每个扣 35 分；可以排除每个扣 15 分		
安全文明生产		违反安全文明生产规程		
定额时间 30min		不允许超时检查，在修复故障过程中允许超时，但以每超 1min 扣 5 分计算		
开始时间：		结束时间：	成绩	

注：除定额时间外，各项内容的最高扣分不得超过配分分数。

习　题　5

（1）电梯电气装置的安装主要有哪些。
（2）查找电梯电气故障的常用方法。
（3）分析开、关门速度慢的故障原因和排除方法。
（4）电梯出现故障应如何进行逻辑分析排除。
（5）分析 ZJX 型电梯不能启动的原因，并写出排除方法。

附录 A 电梯电气安装作业人员考核大纲理论知识考试内容

A.1　基本知识

1. 电梯术语

2. 电梯分类

3. 主要技术参数

4. 技术工作条件

5. 电梯的基本构成

6. 电梯按用途、操纵方式分类

A.2　电梯专业与安全知识

A.2.1　电梯基本原理及整体构造

1. 电梯安全装置

2. 曳引机

3. 电磁制动器

4. 限速器与安全钳

5. 选层器装置及旋转编码器

6. 导轨

7. 层门

8. 缓冲器

9. 对重

10. 钢丝绳

11. 轿厢

12. 井道信息

A.2.2　安全规程

1. 电梯安装安全事故分析及现场管理介绍

2. 安全注意事项

3. 劳保用具

4. 作业开始前的准备

5. 联络与被联络信号

6. 防止坠落、落下措施

7. 工具仪器的使用与检查

8. 动火作业注意事项及易燃物的管理

9. 试运行安全注意事项

A.2.3　电气专业知识

1. 电梯的安全装置

（1）我国国标规定电梯应有的安全措施。

（2）电气安全装置。

2. 电动机与电力拖动

（1）电梯用电动机的特点和机械特性。
（2）交流三相异步电动机的分类、用途及基本构造。
（3）交流三相异步电动机的工作原理及运行特性。
（4）电梯用交流电动机的要求、特点及特性曲线。

3. 变频器基本原理

变频电动机的要求、特点及特性曲线。

4. 电梯的控制电路

（1）概述。
（2）交流单速、双速电梯的控制电路。

A.2.4 电梯电气安装

1. 控制柜（屏）的电气元件的识别

2. 主电源开关安装

3. 接线工艺

4. 安全开关调整

5. 接线工艺

A.2.5 电梯安装维修安全操作规程

（略）

附录 B 电梯电气安装实际操作技能考试内容

B.1 电梯电气安装

1. 线耳压接

2. 闭端端子压接

3. T 接线

4. 随行电缆

5. 按接线图接线

6. 主电源开关安装

7. 电气开关安装

8. 控制柜安装

B.2 常用仪表的使用

（略）

附录 C 电梯电气维修作业人员理论知识考试内容

C.1 电梯的构造

C.1.1 电梯概述

1. 电梯的起源

2. 电梯的发展现状与展望

3. 电梯的定义

4. 电梯按用途、操纵方式分类

C.1.2 机房部分

1. 曳引机、导向轮

2. 控制屏

3. 选层器

4. 限速器

5. 极限开关

C.1.3 井道部分

1. 导轨

2. 缓冲器

3. 控制电缆

4. 补偿装置

5. 限速钢丝绳、张紧轮

6. 接线盒

7. 平层板

8. 对重装置

9. 减速开关及限位开关

C.1.4　轿厢部分

1. 轿厢架

2. 轿底、轿壁、轿顶

3. 轿门及门地坎

4. 轿内操纵箱

5. 电动开关门机

6. 导靴

7. 安全钳装置

8. 平层感应器

9. 称重装置

C.1.5　层站（厅站）部分

1. 层门

2. 层门门锁

3. 层门层楼显示器

4. 层门呼梯按钮

C.1.6 电梯的安全装置

1. 我国国标规定电梯应有的安全措施

2. 机械安全装置

3. 电气安全装置

C.2 电子基础

C.2.1 整流与稳压电路

1. 单相半波、单相桥式整流电路

2. 三相桥式整流电路

3. 集成整流电路（整流堆）

4. 硅稳压管稳压电路的工作原理

5. 三相半波晶闸管整流电路

C.2.2 电动机与电力拖动

1. 三相变压器的基本构造及工作原理

2. 变压器的构造及工作原理

3. 三相变压器的连接组别和矢量图

C.2.3 电梯用电动机的特点和机械特性

1. 交流三相异步电动机的分类、用途及基本构造

2. 交流三相异步电动机的工作原理及运行特性

3. 电梯用交流电动机的要求、特点及特性曲线

C.2.4 变频器基本原理

变频电动机的要求、特点及特性曲线。

C.3 电梯的控制电路

1. 概述

2. 交流单速、双速电梯的控制电路

3. 交流电梯中的主电路

4. 启动、定向、加速、满速运行

5. 选层、换速、平层、消号与停站

6. 电梯的开关门及其他功能电路

7. 开、关门电路

8. 检修运行电路

9. 消防功能电路介绍

10. 安全保护电路介绍

11. 专用状态和司机

12. 检修状态运行

13. 单台交流集选电梯电路分析

（1）概述。
（2）集选控制系统的电气安全保护。

C.4 电梯安装维修安全操作规程

（略）

附录 D 电梯电气维修作业人员实际操作技能考试内容

电梯维修：

1. 典型电梯的常见故障的排除

2. 交流双速信号和集选电梯的故障

3. 正确判断集选控制电梯中较复杂的故障

4. 变频电梯的常见故障排除

5. 交流电动机的维修

6. 自动开门机的维修

7. 强迫减速、终端限位与极限开关的维修

8. 轿门、厅门、门锁和电气联锁的维修检查

参考文献

[1] 李秧耕. 电梯基本原理及安装维修全书. 北京：机械工业出版社，2001.
[2] 梁延东. 电梯控制技术. 北京：中国建筑工业出版社，1997.
[3] 何顺江. 电梯安装与维修. 北京：中国劳动社会保障出版社，2005.
[4] 陈保安. 电梯维修技术. 北京：高等教育出版社．1993.
[5] 陈一才. 现代建筑电气设计与禁忌手册. 北京：机械工业出版社，2001.
[6] 金中林，安振木. 电梯维修保养实用技术. 郑州：河南科学技术出版社，2001.
[7] 钟肇新，范建东，冯太合. 可编程控制器原理及应用（第四版）. 广州：华南理工大学出版社，2008.
[8] 全国电梯标准化技术委员会. 电梯及相关标准汇编（第二版）. 北京：中国标准出版社，2001.

反侵权盗版声明

电子工业出版社依法对本作品享有专有出版权。任何未经权利人书面许可，复制、销售或通过信息网络传播本作品的行为；歪曲、篡改、剽窃本作品的行为，均违反《中华人民共和国著作权法》，其行为人应承担相应的民事责任和行政责任，构成犯罪的，将被依法追究刑事责任。

为了维护市场秩序，保护权利人的合法权益，我社将依法查处和打击侵权盗版的单位和个人。欢迎社会各界人士积极举报侵权盗版行为，本社将奖励举报有功人员，并保证举报人的信息不被泄露。

举报电话：(010) 88254396；(010) 88258888
传　　真：(010) 88254397
E-mail：dbqq@phei.com.cn
通信地址：北京市海淀区万寿路173信箱
　　　　　电子工业出版社总编办公室
邮　　编：100036